U0268006

“十四五”时期国家重点出版物出版专项规划项目

电磁安全理论与技术丛书

铌酸锂太赫兹强源及其应用

Lithium Niobate Strong-field Terahertz Source and Its Applications

◎ 吴晓君 著

人 民 邮 电 出 版 社
北 京

图书在版编目（CIP）数据

锟酸锂太赫兹强源及其应用 / 吴晓君著. -- 北京 : 人民邮电出版社, 2024. -- (电磁安全理论与技术丛书).
ISBN 978-7-115-65992-7

Ⅰ. O441.4

中国国家版本馆 CIP 数据核字第 20246F38W7 号

内 容 提 要

本书系统介绍了超快激光泵浦铌酸锂晶体产生强场太赫兹（THz）波的相关理论、实验技术与应用。全书共 9 章。首先概述了 THz 波的发现及其特点，引入强场 THz 波的概念并介绍当前常见的产生方法；接着详细论述了铌酸锂产生强场 THz 波的理论基础，包括倾斜波前技术发展历程、理论模型以及相关的计算方法等；然后介绍了铌酸锂强场 THz 波产生实验技术，包括实验光路、激光器参数等对 THz 波产生的影响，以及强场 THz 波探测技术；随后探讨了强场 THz 非线性光谱技术，包括强场 THz 泵浦-THz 探测技术等；还介绍了强场 THz 耦合的先进非平衡态探测技术，如局域场增强技术、超快电子衍射探测技术等；最后介绍了强场 THz 技术在半导体材料、电子加速与操控等领域的应用。

本书主要面向物理学、化学、材料科学等领域的科研人员、研究生以及对 THz 技术感兴趣的读者。

◆ 著　　　　吴晓君
　责任编辑　郭　家　顾慧毅
　责任印制　马振武

◆ 人民邮电出版社出版发行　　北京市丰台区成寿寺路 11 号
　邮编　100164　　电子邮件　315@ptpress.com.cn
　网址　https://www.ptpress.com.cn
　北京九天鸿程印刷有限责任公司印刷

◆ 开本：700×1000　1/16
　印张：13.75　　　　2024 年 12 月第 1 版
　字数：270 千字　　　2024 年 12 月北京第 1 次印刷

定价：139.80 元

读者服务热线：(010)81055410　印装质量热线：(010)81055316
反盗版热线：(010)81055315

前　言

太赫兹（THz）频段位于微波与红外波段之间，其独特的性质和潜在的应用价值引起了广泛关注。THz 技术在通信、传感、成像、生物医学等领域展现出了重要的应用前景，有望为科技进步和社会发展带来革命性的影响。然而，当前 THz 技术的发展仍面临着诸多难题与挑战，其中，THz 强源的缺乏是制约其应用的关键因素之一。

为了推动 THz 技术的快速发展，深入研究强场 THz 波的产生、探测和应用具有重要的科学意义和实用价值。本书系统地介绍超快激光泵浦铌酸锂晶体产生强场 THz 波的相关理论、实验技术与应用，旨在为相关领域的研究人员提供有益参考。

本书的写作背景源于各领域对强场 THz 波的迫切需求以及铌酸锂晶体的潜在应用价值。铌酸锂晶体具有非线性系数大、制造工艺成熟、破坏阈值高等优点，通过倾斜波前技术有望实现高能强场 THz 波的产生。然而，目前对于铌酸锂强场 THz 波产生的理论研究仍处于初步阶段，实验技术需要进一步优化和完善。因此，深入研究铌酸锂倾斜波前技术，提高 THz 波的产生效率、光束质量和稳定性，对于推动 THz 技术的发展具有重要意义。

内容安排上，本书共分为 9 章。第 1 章主要介绍了强场 THz 波，为后续各章内容奠定了基础。第 2 章主要介绍了基于超快激光泵浦的强场 THz 波产生方法。第 3 章针对高产生效率、高光束质量、高稳定性的 THz 强源严重缺乏的国内外现状，基于飞秒激光与铌酸锂相互作用机理，聚焦铌酸锂倾斜波前技术产生强场 THz 波的理论，分析了铌酸锂 THz 强源辐射效率饱和机理，为后续更高能量 THz 强源的研制与应用奠定基础。第 4 章从典型的倾斜波前光路构成出发，介绍采用传统光栅实现的倾斜波前光路以及接触光栅法实现的倾斜波前光路等，并介绍激光器参数、倾斜波前元件、成像系统、晶体参数等对强场 THz 波产生的影响。第 5 章介绍了强场

THz 波探测技术，包括直接能量探测器、强场 THz 光斑质量诊断方法和波形诊断技术等内容。第 6 章探讨了强场 THz 非线性光谱技术，包括强场 THz 泵浦-THz 探测技术等，为研究物质的非线性响应和物态调控提供了有力工具。第 7 章介绍了强场 THz 耦合的先进非平衡态探测技术，拓展了 THz 技术在微观尺度上的应用。第 8 章阐述了强场 THz 技术在半导体材料中的应用，包括对半导体材料的能带结构、载流子动力学等的研究，为半导体器件的设计和优化提供了新的思路。第 9 章介绍了强场 THz 波在电子加速与操控中的应用，包括对电子的加速、偏转等的研究，为新型加速器的设计和发展提供了理论基础。

本书的撰写过程得到了团队学生（孔德胤、才家华、李培炎、熊虹婷、刘少杰、张保龙、郝思博、代明聪、耿春艳、杨泽浩、任泽君、李江皓、张铭暄、黄滋宇、王家琦等）的大力支持和帮助，他们在资料收集、文献整理、理论分析、图表绘制等方面付出了辛勤的努力。在此，我衷心感谢他们的付出和贡献。同时，我也要感谢相关领域的专家和学者，他们的研究成果为本书提供了重要的参考和借鉴。

希望本书能够为 THz 领域的研究人员和爱好者提供有益参考，促进 THz 技术的发展和应用。由于本人水平有限，书中难免存在不足之处，欢迎读者批评指正。

吴晓君

2024 年 10 月

目　　录

第 1 章　强场 THz 波简介

日常生活中到处存在电磁波，现代人的生活也离不开电磁波。虽然低频微波和高频光波为人们所熟悉，但太赫兹（THz）波对人们来说相对陌生。本章先从 THz 波的起源出发，详细介绍 THz 波的性质及其特点与价值，然后介绍强场 THz 波的定义与相关应用。

1.1　THz 波

麦克斯韦方程组打开了人类对电磁波的认知大门，此后人类开始尝试产生、探测、操控电磁波，并尝试在各个频率范围应用电磁波。对于低频电磁波，人们通常采用经典电磁学技术来获得；对于高频电磁波，人们则利用光学和量子力学技术制造辐射源（如发光二极管、半导体激光器等）来获得。然而，当电子学技术和光学技术用于研究夹在二者之间的电磁频段（如 THz 频段）时，则面临材料响应速度、器件加工难度，以及系统集成技术等方面的难题与挑战，因此 THz 频段长期未得到开发和利用，它被称为“THz 间隙”或“THz 空白”，如图 1-1 所示。THz 频段在未获得正式命名时被称为“亚毫米波”，在微波技术领域被定义为极高频区，在光学领域被称为远红外区。随着人们对电磁频谱认识的深入和科学技术的快速发展，该频段的重要特性和潜在应用市场逐渐被人们察觉。因此，自 20 世纪末开始，全世界掀起了 THz 科学与技术研究的热潮，并延续至今。

1.1.1　从红外探测到 THz 波的发现

说起 THz 波的起源，首先得从红外探测谈起。1800 年，德国科学家 Herschel 在三棱镜分光实验中发现，在红外这一肉眼不可见的区域，温度计也有示数变化，他猜测一定存在看不见的光子，图 1-2 所示为该实验的装置示意。受限于当时人类对大自然的认知水平，他将这部分不可见的光子的产生归因于红外辐射。为了纪念对发现红外辐射有巨大贡献的 Herschel，人们将后来的红外空间望远镜命名为“Herschel”。

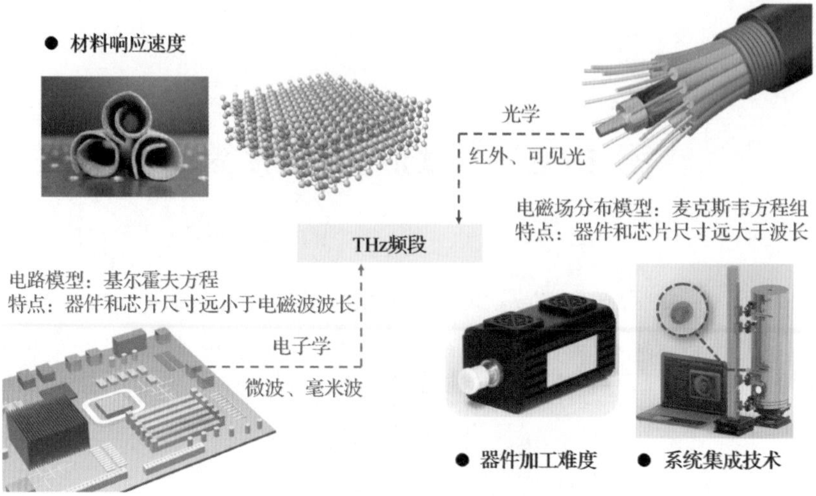

● 材料响应速度

光学

红外、可见光

电磁场分布模型：麦克斯韦方程组
特点：器件和芯片尺寸远大于波长

THz频段

电路模型：基尔霍夫方程
特点：器件和芯片尺寸远小于电磁波波长

电子学

微波、毫米波

● 器件加工难度 ● 系统集成技术

图 1-1　THz 频段与电子学、光学技术的关系

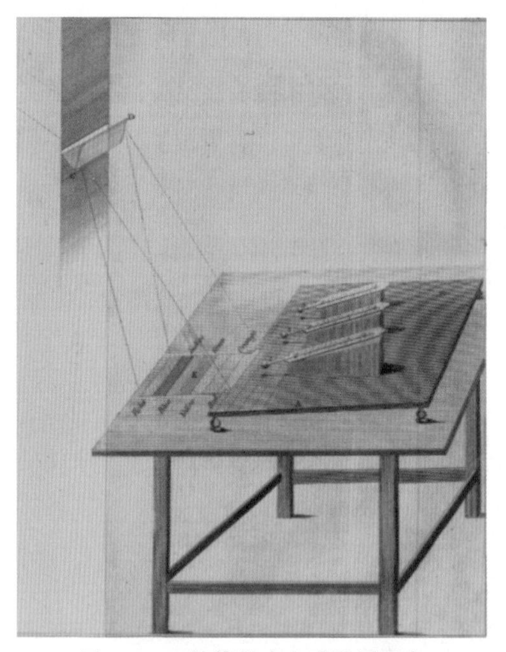

图 1-2　三棱镜分光实验装置示意

在 Herschel 发现红外辐射之后的 20 年里，除了确定红外辐射遵循简单的光学定律之外，科学界几乎没有任何进展，因此并未对红外辐射进行充分的开发和利用。这主要是由于缺乏灵敏且精确的探测器。19 世纪 20 年代，Seebeck 开始研究导电材料结点处的行为。1821 年，Seebeck 发现泽贝克效应，即两种导体或半导体接触产生温差电动势，在红外光照射下会产生一个电压。在那个时期，大多数的物理学家都认为热和光是不同的现象，Seebeck 的发现间接引发了关于热本质的讨论。Seebeck 实验中的输出电压系数很小，为 μV/K 量级，因此无法用于测量非常小的温差。

1829 年，Nobili 依据 Seebeck 发现的热电效应将几个热电偶连接起来，制作了第一个热电堆探测器。在后来的实验中，也有科学家将锑化铋作为热电堆材料，从而大幅提高了红外探测的灵敏度。1833 年，Melloni 提出了将几个铋铜热电偶串联起来的想法，研制出的红外热电堆探测器的探测距离可达 10m，这在当时是非常令人震惊的。这种热电堆结构的输出电压随着热电偶数量的增加而线性增加。

1880 年，Langley 将两个厚度很薄的铂带连接起来形成惠斯通电桥的两个臂，从而研制出铂带测辐射热计。这台仪器的出现使他可以研究远至红外区域的太阳辐照度，并测量不同波长对应的太阳辐照度。测辐射热计的灵敏度比热电堆探测器的灵敏度高得多。Langley 在接下来的 20 年里继续发展测温仪，成功将灵敏度提高了 400 倍。他设计的探测器可探测到 400m 外的奶牛散发的热量，这在当时是了不起的开创性工作（现在人体测温也仅能在几米距离内进行）。图 1-3 展示了红外探测器的发展历程。

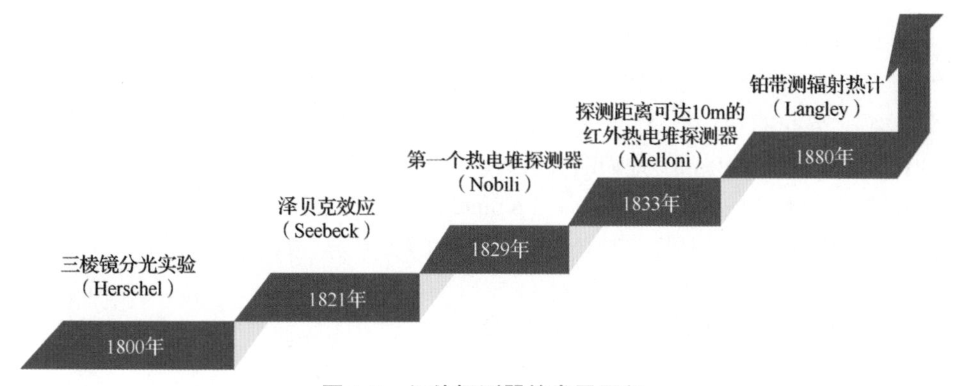

图 1-3　红外探测器的发展历程

那么，红外探测和 THz 波之间有什么联系呢？实际上，从波长来看，THz 波是红外波段沿长波长方向的延伸。THz 波的起源如图 1-4 所示。1865 年，麦克斯韦提出麦克斯韦方程组，并预测“光是电磁波”，可通过电生磁、磁生电的工作原理产生和探测电磁辐射。

1887 年，赫兹在一次放电实验中偶然发现电磁共振现象，随后用火花间隙发生器产生和探测到电磁波。著名的赫兹实验采用的实验装置实际上是充放电装置，赫兹后来通过这个装置测量了电磁波的波长、频率、速度，发现与麦克斯韦的预言一致，从而证实了电磁波的存在，电磁波“诞生于世”。但是，赫兹实验中的电磁波频率很低，后来科学家从电子学和光学角度考虑提取 THz 频段。

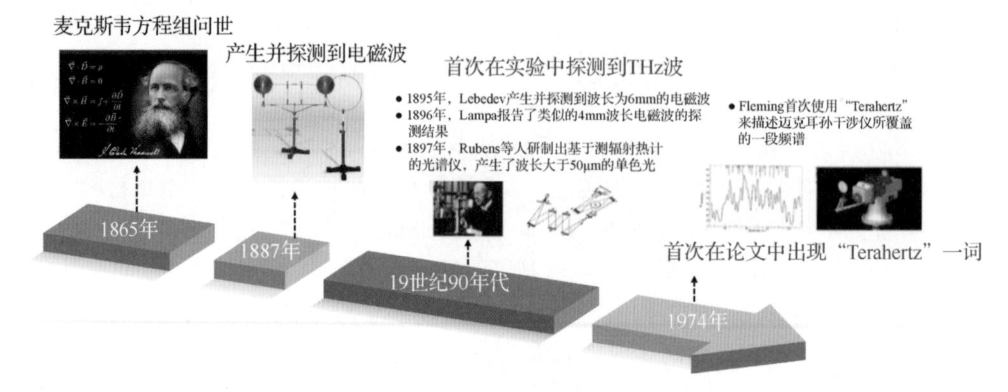

图 1-4　THz 波的起源

1895 年，Lebedev 使用类似赫兹实验中的装置产生并探测到波长为 6mm 的电磁波。1896 年，Lampa 报告了类似的 4mm 波长电磁波的探测结果。1897 年，Rubens 等人研制出基于测辐射热计的光谱仪，并使用红外热源和多个反射板来分离一个非常窄的波长带，产生了波长大于 50μm 的单色光，首次在实验中探测到 THz 波。

上述实验具有非常重大的意义，因为在这些实验之前，人们没有办法标定 THz 频段的辐射能量分布。这个实验为普朗克提供了 THz 频段的辐射能量分布，为普朗克黑体辐射理论的确立奠定了重要基础。20 世纪 20 年代，普朗克对 Rubens 等科学家做出了高度评价。如果没有他们的实验数据支撑，普朗克理论，甚至后来的量子理论不一定会取得开创性的进展。最终，“Terahertz”这个单词出现于 1974 年，Fleming 首次使用这个单词来描述迈克耳孙干涉仪所覆盖的一段频谱。

1.1.2　THz 波在电磁频谱中的位置

那么，到底什么是 THz 波？THz 波位于微波与红外波段之间，通常被定义为 0.1～10THz 频段的电磁波。1THz 对应周期为 1ps，对应波长为 300μm，对应光子能量为 4.1meV，辐射亮温对应 47.6K。近年来，随着 THz 科学与技术的快速发展，THz 频段的定义也有所扩展，图 1-5 展示了 THz 波在电磁频谱中的位置及其频段的扩展。低频段扩展到几十 GHz 的电磁波有时也被人们称为 THz 波，高达 100THz 的频段有时也被人们称为 THz 频段，这使得该频段的频率定义不那么严格。因此，THz 频段的覆盖范围是微波与毫米波覆盖范围之和的 30 倍以上，是各个国家竞相抢占的战略资源，在军用和民用领域都存在大量应用需求。但是，该频段一直处于电子学与光学的交界处，尚未得到充分开发和利用。

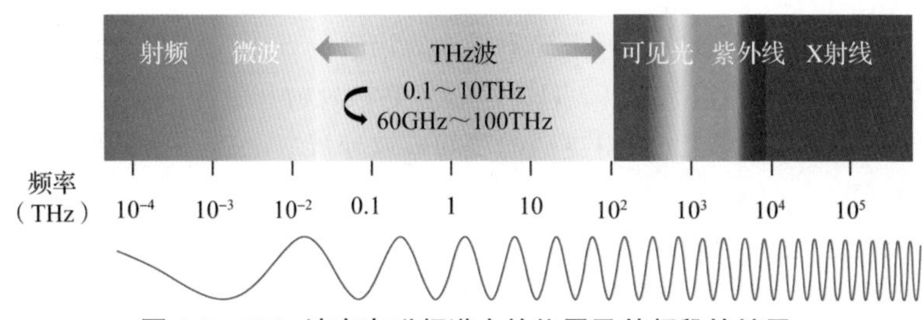

图 1-5　THz 波在电磁频谱中的位置及其频段的扩展

1.1.3　THz 波的特点

THz 波之所以受到广泛关注，与它的一些特点有关。随着电磁频谱被一步步划分和利用，THz 波也得到更广泛的研究与应用。由于处在电磁频谱中的独特频段，THz 波具有以下特点（见图 1-6）。

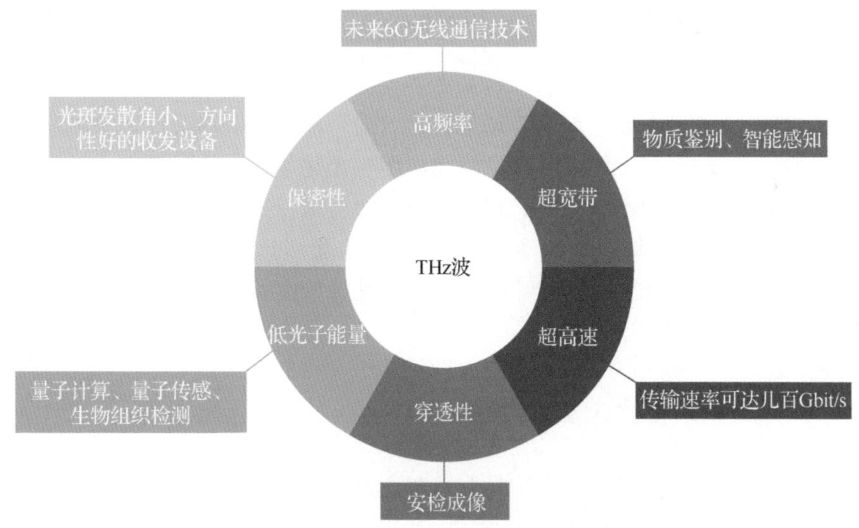

图 1-6　THz 波特点及其对应的应用场景

（1）高频率：相较于传统的无线通信电磁波，THz 波具有更高的载波频率，使得其在高速无线通信技术中有巨大的优势，是未来 6G 无线通信技术的有力支撑。

（2）超宽带：基于光导天线的连续波 THz 系统目前可以覆盖 0.1～2.75THz 频段，而部分超快脉冲式 THz 系统的频谱宽度甚至超过了 30THz。如此宽的频段有助于其在物质鉴别、智能感知等领域发挥独一无二的作用。

（3）超高速：THz 波的带宽大约是长波、中波、短波、微波总带宽（30GHz）的 1000 倍，由香农定理（最大传输速率与带宽成正比）可以得到 THz 波的传输速率为几百 Gbit/s。

（4）穿透性：对于衣物、纸张等不导电的物质，THz 波具有非常好的穿透性。对于导电性好的金属和液态水等，THz 波很容易被反射和吸收。基于这个特点，THz 波可穿透非极性分子材料并获得更高的空间成像分辨率，在安检成像方面已展现出重要应用价值。

（5）低光子能量：1THz 的 THz 波对应的单光子能量约为 4.1meV，对应许多凝聚态物质的费米能级，因此 THz 波可以用于冷光源激励和调控新奇量子物态，服务量子计算与量子传感。不仅如此，低光子能量赋予 THz 波安全性，在电场强度不是太大的情况下，不容易对生物组织产生电离辐射等副作用，可用于生物组织检测。

（6）保密性：THz 波频率高、波长短、方向性好，在未来无线通信应用方面，有望制备光斑发散角小、方向性好的收发设备，减少信道间干扰，具有很好的保密性。

1.2 强场 THz 波

虽然 THz 技术已在航空航天、通信雷达、安全检查、生物医疗等领域展现出重要应用价值，但要想真正将 THz 技术成功应用于上述领域，使其发挥出不可替代的作用，关键在于进一步突破工作在 THz 频段的辐射源、探测器、功能器件所面临的技术难关，以及提高系统技术的性价比、能耗比、集成化水平等。强场 THz 波可用于研究工作在该频段的新材料、新器件，并实现新奇物态调控，激发出更多可能，加快 THz 相关技术的应用。

1.2.1 强场 THz 波的定义与特点

强场 THz 波一般定义为峰值电场强度处于或高于 kV/cm 量级，相应的磁感应强度处于或高于亚特斯拉量级的 THz 脉冲。强场 THz 波具有极强瞬态电场和磁场，可用于自由空间电子加速与调控，可直接激发电子或磁子实现关联效应、超导效应和磁效应等。图 1-7 展示了强场 THz 波的性质，THz 波的光子能量在 meV 量级，具有极低热效应，其能量与量子材料内的多种能量尺度匹配，因此能够实现物相定向操控，还可用于研究非热生物学效应。THz 光场能够实现模式选择的声子调控，通过声子调控这个新的途径来实现对电子性能的调控，从而获得声子诱导的非平衡量子物态，有望推动量子计算、量子传感和量子信息处理等领域的重大技术变革。因此，强场 THz 波可以作为一种独特的冷光源，为光与物质之间的相互作用开辟一片特殊的领域。

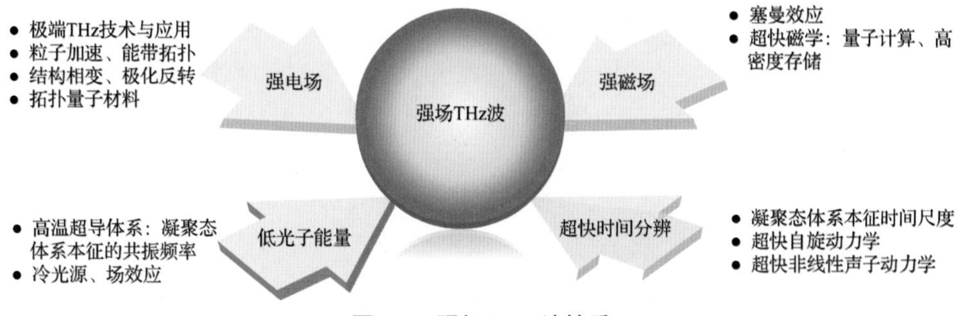

图 1-7　强场 THz 波性质

1.2.2　强场 THz 波的应用

在凝聚态物理领域，许多强关联系统的固有声子和磁振子的振动频率处在 THz 频段。特定频率的强场 THz 波可以激发晶格共振，并诱导产生新的电子结构，发现新物理、新现象，获得新物态。强场 THz 波开辟了一个新的研究方向，称为光量子电子学，面向量子信息处理中的应用。强场 THz 波还可以调整分子取向，从而调节化学工程中的许多催化反应。强场 THz 波也被用来实现电子自旋翻转，实现自旋非线性控制，为未来的超快自旋电子器件研究奠定基础。

此外，强场 THz 波与扫描探针技术结合，可在扫描隧道显微镜尖端形成隧穿电流，突破 THz 波的衍射极限，为调控纳米级材料物态提供新工具。强场 THz 波还可以在多个维度加速、压缩和操纵电子束，为桌面式小型 THz 加速器和阿秒 X 射线源的制造提供了可能。目前，强场 THz 技术取得了许多进展，强场 THz 波已成为发现新物理、新现象以及进行前沿科学研究的有力工具。图 1-8 展示了强场 THz 波在凝聚态物理中的应用。

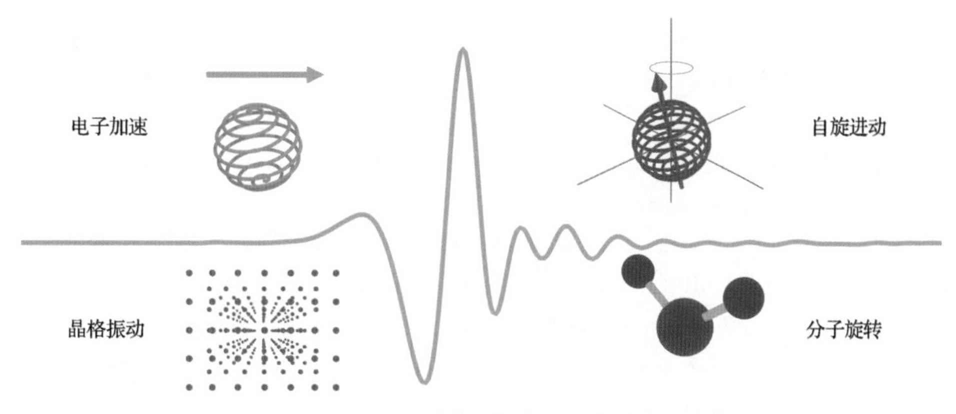

图 1-8　强场 THz 波在凝聚态物理中的应用示意

更具体地，强场 THz 波和应用系统将为不同领域的创新研究提供前所未有的研究手段，本书最后两章将重点讨论各应用专题实例，包括半导体材料、电子加速与操控等。

本章小结

本章概述了 THz 波的发现、特点以及强场 THz 波的定义、特点和潜在应用。

随着飞秒激光技术的不断发展，科学家逐渐可以获得强场 THz 波，为各领域的发展提供强有力的技术支撑。目前，国内外各 THz 研究组正致力于研究如何获得更高能量、更高功率、更高产生效率的 THz 波，相信强场 THz 波将会引发更多新的物理现象，产生更多新的物理机制，开辟一系列颠覆性的前沿研究新方向。

参考文献

[1] HERSCHEL W. II. Experiments on the refrangibility of the invisible rays of the sun[J]. The Philosophical Magazine, 2009, 8(29): 9-15.

[2] ROGALSKI A. History of infrared detectors[J]. Opto-Electronics Review, 2012, 20(3): 279-308.

[3] SEEBECK T J. Magnetische polarisation der metalle und erze durch temperatur-differenz[M]. Berlin: Verlag Von Wilhelm Engelmann, 1895.

[4] LANGLEY S P. The bolometer and radiant Energy[J]. Proceedings of the American Academy of Arts and Sciences, 1880, 16: 342-358.

[5] BARR E S. The infrared pioneers—III. Samuel pierpont Langley[J]. Infrared Physics, 1963, 3(4): 195-206.

[6] DENINGER A J, ROGGENBUCK A, SCHINDLER S, et al. 2.75 THz tuning with a triple-DFB laser system at 1550 nm and InGaAs photomixers[J]. Journal of Infrared, Millimeter, and Terahertz Waves, 2015, 36(3): 269-277.

[7] LI P Y, LIU S J, CHEN X H, et al. Spintronic terahertz emission with manipulated polarization (STEMP)[J]. Frontiers of Optoelectronics, 2022, 15(1): 15.

[8] CHEN X H, WU X J, SHAN S Y, et al. Generation and manipulation of chiral broadband terahertz waves from cascade spintronic terahertz emitters[J]. Applied Physics Letters, 2019, 115(22): 221104.

[9] FANG Z J, WANG H T, WU X J, et al. Nonlinear terahertz emission in the three-dimensional topological insulator Bi_2Te_3 by terahertz emission spectroscopy [J]. Applied Physics Letters, 2019, 115(19): 191102.
[10] KONG D Y, WU X J, WANG B, et al. Broadband spintronic terahertz emitter with magnetic - field manipulated polarizations[J]. Advanced Optical Materials, 2019, 7(20): 1900487.
[11] WANG B, SHAN S Y, WU X J, et al. Picosecond nonlinear spintronic dynamics investigated by terahertz emission spectroscopy[J]. Applied Physics Letters, 2019, 115(12): 121104.
[12] KONG D Y, WU X J, WANG B, et al. High resolution continuous wave terahertz spectroscopy on solid-state samples with coherent detection[J]. Optics Express, 2018, 26(14): 17964-17976.
[13] LIU H B, ZHONG H, KARPOWICZ N, et al. Terahertz spectroscopy and imaging for defense and security applications[J]. Proceedings of the IEEE, 2007, 95(8): 1514-1527.
[14] MCCLATCHEY K, REITEN M, CHEVILLE R. Time resolved synthetic aperture terahertz impulse imaging[J]. Applied Physics Letters, 2001, 79(27): 4485-4487.
[15] WANG S, ZHANG X C. Pulsed terahertz tomography[J]. Journal of Physics D: Applied Physics, 2004, 37(4): R1.
[16] LI O, HE J, ZENG K, et al. Integrated sensing and communication in 6G a prototype of high resolution THz sensing on portable device[C]//2021 Joint European Conference on Networks and Communications & 6G Summit (EuCNC/6G Summit), 2021: 544-549.
[17] CHEVILLE R, GRISCHKOWSKY D. Time domain terahertz impulse ranging studies[J]. Applied Physics Letters, 1995, 67(14): 1960-1962.
[18] IWASZCZUK K, HEISELBERG H, JEPSEN P U. Terahertz radar cross section measurements[J]. Optics Express, 2010, 18(25): 26399-26408.
[19] CHEN F, ZHU Y, LIU S, et al. Ultrafast terahertz-field-driven ionic response in ferroelectric $BaTiO_3$[J]. Physical Review B, 2016, 94(18): 180104.
[20] CHEN S L, CHANG Y C, ZHANG C, et al. Efficient real-time detection of terahertz pulse radiation based on photoacoustic conversion by carbon nanotube nanocomposite[J]. Nature Photonics, 2014, 8(7): 537-542.
[21] KAMPFRATH T, TANAKA K, NELSON K A. Resonant and nonresonant control over matter and light by intense terahertz transients[J]. Nature Photonics, 2013, 7(9): 680-690.

[22] KUBACKA T, JOHNSON J A, HOFFMANN M C, et al. Large-amplitude spin dynamics driven by a THz pulse in resonance with an electromagnon[J]. Science, 2014, 343(6177): 1333-1336.
[23] CHEN F, GOODFELLOW J, LIU S, et al. Ultrafast terahertz gating of the polarization and giant nonlinear optical response in $BiFeO_3$ thin films[J]. Advanced Materials, 2015, 27(41): 6371-6375.
[24] BAIERL S, MENTINK J H, HOHENLEUTNER M, et al. Terahertz-driven nonlinear spin response of antiferromagnetic nickel oxide[J]. Physical Review Letters, 2016, 117(19): 197201.

第 2 章　基于超快激光泵浦的强场 THz 波产生

在过去的几十年中，THz 相关技术经历了快速发展，开始从实验室研究转向实际应用。然而，阻碍其发展的关键因素之一是缺乏 THz 强源。THz 强源的缺乏导致 THz 非线性效应的研究进展缓慢，许多新材料中蕴含的新奇量子物态未能被揭示，采用强场 THz 波加速和操控电子的能力不够，生物医学效应信号也时常淹没在噪声里。因此，研究如何产生强场 THz 波对于研究 THz 波与物质的相互作用并基于此研发相关的高速器件和应用系统至关重要。

理想的 THz 源应该具备以下特点。第一，THz 源的强度足够高。THz 源和其他光源一样可以分成两类：一类是连续波源，追求高平均功率；另一类是脉冲源，追求高能量、高峰值功率和高峰值场强，这样可以实现多种应用。第二，THz 源的脉冲时间足够短，利用皮秒量级的 THz 源可以激发一些超快动力学过程或者进行一些时间分辨的探测工作。第三，THz 源的频谱足够宽，能够覆盖比较大的频率范围，如从 1THz 到几 THz 甚至更宽，不同实验体系均能找到对应的共振频率。

想要获得同时具备上述特点的 THz 源无疑是一个巨大挑战。THz 源的实现手段主要有两种，即电学和光学激励。进一步可细分为真空电子学技术、半导体技术、超快光学技术等。图 2-1 展示了当前常用的几种高性能 THz 源，包括正处于实验室研究阶段的 THz 源和已经在产业界应用的 THz 源。

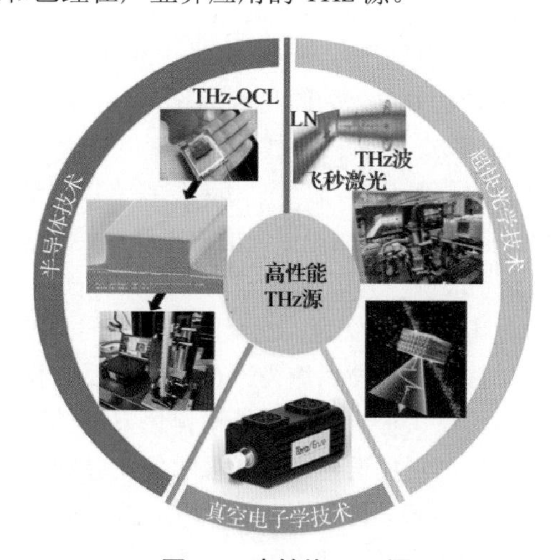

图 2-1　高性能 THz 源

注：QCL 为 Quantum Cascade Laser，量子级联激光器。

真空电子学技术主要利用传统加速器（环形加速器和直线加速器等）来产生高能电子束，电子束的能量可以达到 MeV 量级甚至 GeV 量级，再通过渡越辐射、同步辐射、自由电子激光等方式产生 THz 波。此前，有实验表明利用渡越辐射可实现 600μJ 的 THz 波能量输出。这种方式下的 THz 源体积较大，成本较高，同时也存在一些技术上的挑战。THz 频段在时间上对应皮秒量级的超快过程，如果使用传统加速器产生一个皮秒量级的超快电子束，其加速电场强度要足够大才能得到足够高的辐射强度。但是，当电场强度增大后，短时间内电子聚集成团，电子与电子之间开始相互排斥，电子脉冲宽度变宽。由此，超短电子束的形成与强加速电场之间存在矛盾，这对 THz 源的发展来说是一个巨大的挑战。

基于真空电子学的 THz 源具有体积小、平均功率高等特点，目前市面上已有大量正在销售的产品。基于半导体量子阱材料的 THz 量子级联激光器由米粒大小的芯片和鸡蛋大小的液氮冷却腔构成，已经能够在近室温条件下工作，逐步从实验室研发阶段向产业化迈进。除此之外，利用电场驱动纳米缝中的空气等离子体实现隧穿效应的过程能够获得具有几百毫瓦输出功率的 THz 波，并能完全通过电子学技术获得皮秒量级电学开关。这种基于真空电子学的 THz 源还能被制备在柔性衬底上，奠定了未来实现高频可穿戴 THz 芯片的强源基础。

一种较为广泛的利用光学激励手段产生强场 THz 波的方法是利用飞秒激光与铌酸锂（$LiNbO_3$）晶体相互作用，通过倾斜波前技术获得强场 THz 波。飞秒激光驱动铌酸锂晶体在内部产生 THz 波时，由于飞秒激光和 THz 波在铌酸锂晶体内部的折射率不同，传播速度不同，二者的相位并不匹配。相位匹配对产生强场 THz 波来说至关重要，因此，Hebling 教授提出倾斜波前技术，使得铌酸锂晶体内的飞秒激光与 THz 波的相位相匹配，从而产生强场 THz 波。实验上已经获得毫焦量级甚至数十毫焦量级的强场 THz 波，脉冲输出能量很高。但该方法也存在一些缺点：一是铌酸锂晶体具有损伤阈值，无法承受非常强的飞秒激光；二是铌酸锂晶体自身对 THz 波有吸收作用，会降低输出的 THz 波的能量。因此利用该方法产生的 THz 波一般位于低频段（0.1～2THz）。近年来出现了一种研究热度较高的自旋电子学 THz 源，产生的 THz 波的频谱很宽。具体实现方法是利用飞秒激光驱动两层或者三层纳米厚度的铁磁及非铁磁异质结薄膜，通过激发自旋极化超快电流向面内电荷流转化，获得超宽带强场 THz 波。总之，利用光学激励手段产生强场 THz 波的方法具有极大的发展潜力。

为了进一步获得能量更高的 THz 源，既可以把现有的方案（光学倾斜波前技术方案）进行优化，也可以探索新的技术途径。在优化方面，我们团队在倾斜波前技术方案基础上进行了一些尝试，提出了协同补偿优化方案，包括扩大光校正尺寸以降低单位面积的泵浦强度，使用柱透镜进行成像，优化脉冲啁啾，对光谱进行剪切等，从而提高 THz 波的产生效率，得到了图 2-2 所示的实验结果。该图为 THz 波的产生效率和 THz 波能量随泵浦强度的变化，可以看到随着泵浦强度的增加，THz 波能量逐渐增大，THz 波的产生效率逐渐提高，直至饱和。当泵浦强度为 $25mJ/cm^2$

时，THz 波能量最大可以达到 1.4mJ。此外，还可以基于超快超强激光和等离子体的相互作用获取更强 THz 源。

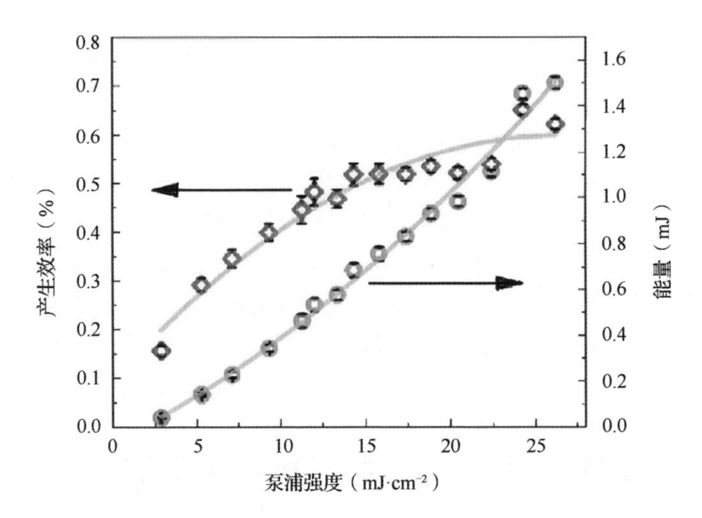

图 2-2　THz 波的产生效率和 THz 波能量随泵浦强度的变化

辐射技术上的重要进展直接加速了 THz 技术的实际应用进程，但 THz 材料、器件、系统方面的研究亟须进一步发展，以填补 THz 非线性光学、极端 THz 科学与应用的研究空白。

除了利用加速器产生相对论电子束，基于超快激光与非线性晶体或者半导体等材料的相互作用，通过光学方法产生台面化 THz 源的研究也取得了重要进展。如图 2-3 所示，根据泵浦材料（固体、液体、气体/等离子体）的不同，此类 THz 源主要分为固体源、液体源、气体源和等离子体源，后三者均与激光诱导等离子体密切相关。固体源包括非线性晶体、大孔径光导天线以及近年出现的强场自旋 THz 发射器等，其中具有代表性的是光导天线和非线性晶体方案。

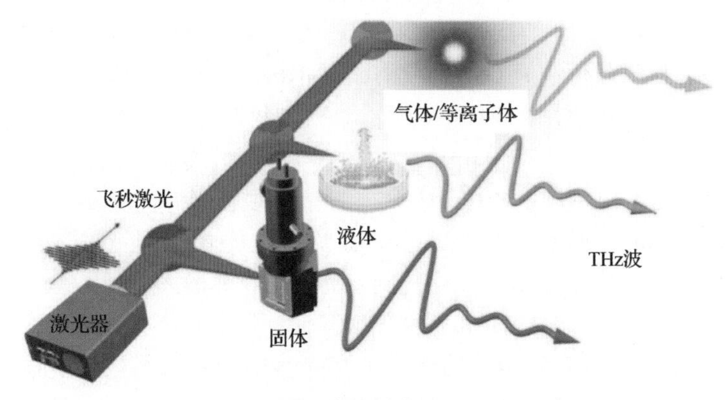

图 2-3　不同泵浦材料产生 THz 源示意

光导天线利用激光泵浦光导材料产生光生载流子，在偏置电场作用下，载流子形成瞬态电流辐射 THz 波。但是，光导材料有限的击穿电压和载流子寿命限制了 THz 波的强度。随着微纳加工技术的发展，近年来出现了一种“金属-半导体-金属”插指型结构的新型光电导 THz 发射器。它与针尖、纳米狭缝或谐振环等器件结合，可实现 THz 局域场增强。Ropagnol 等人利用 ZnSe 插指型大尺寸光导天线，在实验中获得了脉冲能量达 3.6μJ、峰值电场强度达 143kV/cm 的 THz 波。

目前，超短超强激光的峰值功率已经提升到了太瓦（TW，10^{12} W）甚至拍瓦（PW，10^{15}W）量级，相应的峰值聚焦光强已经远超 10^{18}W/cm^2，进入了相对论甚至极端相对论光强水平。利用超短超强激光和等离子体的相互作用已经成功催生或带动了激光聚变新方案、新型粒子加速和超快 X 射线辐射等的研究。利用相对论强激光与等离子体的相互作用同样可以获得强场 THz 波，从而推动非线性 THz 科学的发展。

2.1 基于超快激光泵浦非线性晶体产生强场 THz 波

超快激光可通过光学整流效应产生 THz 波。光学整流效应属于电光晶体中的二阶非线性光学效应。当超快激光在非线性晶体中传播时，泵浦脉冲各频谱分量之间的差频会激发低频振荡的电极化场。差频上限取决于超短脉冲的频谱宽度。因此对于脉冲宽度在亚皮秒量级的超短脉冲，其辐射在 THz 频段。同时，光学整流需满足相位匹配条件，即泵浦脉冲群速度和 THz 波相速度之间要相匹配，这样才能有效激发 THz 波的产生。而大部分晶体对泵浦脉冲和 THz 波的折射率并不相等，因此很难以共线方式实现光学整流的相位匹配。

2002 年，Hebling 等人首次提出并实现了利用倾斜波前法实现光学整流的相位匹配。利用倾斜波前法能够在整个激光光束的横截面上实现相位匹配，大大提高 THz 波的产生效率。利用铌酸锂晶体和倾斜波前光学整流技术，研究人员已经获得了能量超过 10mJ 的 THz 波，峰值电场强度达到 6MV/cm。可通过光学整流产生 THz 波的材料除传统的 GaAs、ZnTe、$LiNbO_3$ 等无机晶体外，还有 DAST、DSTMS、OH1、HMQ-TMS 等有机晶体。通过有机晶体拼接的方法，THz 波能量输出最高可达 900μJ。

ZnTe 晶体通常用于产生弱场 THz 波。随着入射激光脉冲通量的增加，双光子吸收开始主导二阶非线性过程，然后光学整流效率开始降低。在产生强场 THz 波的早期阶段，大尺寸 ZnTe 晶体能够抑制双光子吸收并增大 THz 电场。

然而，为了获得更强的电场，需要使用其他具有更大二阶非线性系数的光学晶体。20 年前，铌酸锂晶体以 4eV 的能隙和 15pm/V 的非线性系数脱颖而出。有关基于铌酸锂晶体产生强场 THz 波方法的介绍会在第 4 章展开。

除铌酸锂晶体外，这里介绍两项基于 DSTMS 晶体的研究成果。Vicario 等人利用中红外激光器激发多个尺寸较小的 DSTMS 晶体所制成的 THz 源，能够产生毫焦量级脉冲能量、GV/m 量级电场以及特斯拉量级磁场。THz 光束聚焦时的特性并未因发射表面的不连续性而劣化，基于 DSTMS 晶体产生 THz 波的效率达 1%。THz 波能量密度达到了 170μJ/cm^2。焦点处单个场脉冲的频率分布为 1～8THz，具有 0.6GV/m 的电场强度和 2T 的磁场强度。

基于超快激光泵浦非线性晶体的 THz 源具有高产生效率、高光束质量、高稳定性和方向性好等优点。增大泵浦激光强度是增大强场 THz 波产生效率的一种简单而直接的方法，然而由于材料损伤阈值的存在，泵浦激光的强度不能太高以免损伤样品。

2.2　飞秒激光诱导等离子体的 THz 波产生

利用传统的光学和电子学技术产生强场 THz 波的方法在前文已介绍。近年来人们还利用另一类方法，由飞秒激光驱动介质（气体、液体、固体）产生等离子体来获得 THz 波。这一方法不仅是 THz 波理论和技术领域的热门课题，更直接推动了强场 THz 科学与应用的发展。下面主要介绍利用飞秒激光诱导等离子体的 THz 波产生。

在正式开始介绍技术之前，首先介绍一些关于超强激光与等离子体相互作用的知识，以便读者更好地理解相关内容。我们在日常生活中接触到的物质呈固态、液态或气态，物质在微观上由分子、原子这样的中性粒子组成。如果使用能量足够大的激光或者高能离子束给物质充能，就可能使电子脱离原子核的束缚而被电离，形成由电子、离子及一部分没有电离的中性原子（分子）组成的混合态。这种状态从整体来看是中性的，但是从微观层面，其内部已经有了带电粒子（电子、离子），而且带电粒子起主导作用，这样的状态就是常说的等离子态。它在物态上属于物质的第四态，宇宙中 99%的已知物质都呈等离子态。

由于等离子体已经是离化的状态，所以原则上来讲等离子体不存在损伤问题，可以使用任意强度的激光去泵浦。多年以前，国内外团队便已经演示了利用激光在空气中产生等离子体细丝来获得 THz 波。飞秒激光在空气中实现能量提高之后，会在传输过程中通过克尔效应形成自聚焦，把空气或者其他的低密度气体离化成等离子体细丝，在细丝周围探测到 THz 波。等离子体是一种强非线性介质，因此产生的 THz 波的频段较宽。为了解决实验中 THz 波强度较低的问题，研究人员采用双色激光场（双色场）驱动等优化方案提高了 THz 波发射强度。这一方案的具体实现是在聚焦透镜后加入 BBO 等倍频晶体，使得焦点处的基频光和倍频光相互作用。由此 THz 波强度就可提高，实现约 10μJ 的能量输出。此外，空气中的等离子体细丝形成以后会发生等离子体散焦效应，细丝相当于复透镜，使得焦斑扩大。尽管可以不断提高激光能量，但由于焦斑大小限制，光强一般低于 10^{15}W/cm^2，即存在饱和效应。激光的潜力在 THz 波产生方面有待进一步探索。

接下来介绍相对论强激光和物质相互作用。1985 年，Mourou 及其学生共同发明了啁啾脉冲放大技术，可以将原有的纳秒激光或者皮秒激光压缩到飞秒量级，脉冲宽度降低使得相应的峰值功率和聚焦后的光强大很多。利用这一技术制成两类超快超强激光装置：一类是前面提到的飞秒激光器，主要代表是钛宝石飞秒激光器，商用类型的脉冲宽度一般为 20～30fs，对应焦量级的峰值能量，百太瓦量级的峰值功率；另一类就是钕玻璃激光装置，能量可以达到焦量级，但由于介质本身的限制，其脉冲宽度在皮秒量级。

这两类激光装置的峰值功率都是比较高的，从太瓦到拍瓦，甚至可以到百拍瓦量级，聚焦光强可以达到 10^{18}～10^{23}W/cm^2。当激光场中的电子在一个光周期内被加速到接近光速时就需要考虑相对论效应的影响，如电子质量会随着速度的增加而增大，同时需要考虑较强光场所产生的磁场对电子的影响。因此，把光强高于 10^{18}W/cm^2 的激光定义为相对论激光，把光强低于 10^{18}W/cm^2 的激光定义为非相对论激光。强激光与物质相互作用时可以实现粒子加速、产生新型辐射源。利用强激光照射靶（固体、液体、气体），靶会由于光场太强立即离化成等离子体，在其周围利用探测器检测就会发现包括电子（1MeV～1GeV）、离子（0.1～100MeV）甚至中子在内的高能粒子，在这样的相互作用过程中，也有一些光子、超快 X 射线的辐射，甚至有 γ 射线辐射。

最早进行的 THz 波产生实验使用的是气体靶，伯克利实验室的 Leemans 教授团队利用超强激光和气体靶的相互作用实现电子加速和 THz 波产生。他们用飞秒激光照射，在气流中离化形成等离子体并激发等离子体尾波。这属于静电振荡，通过激光尾波场加速电子的方式可以获得 0.1～1GeV 的电子束。Leemans 教授发现产生的电子束会在气体靶中前向加速，电子会运动到真空中，那么在气体和真空的界面就会发生渡越辐射。渡越辐射这一概念在 20 世纪 30 年代便已提出，即高速运动的电子遇到金属板等界面后，在穿越前后界面时会辐射出光子的现象。同时该渡越辐射位于 THz 频段，能量较低（亚微焦量级），这是由于气体靶中的尾波加速过程获得的电荷量较少，因此 THz 波的能量较低。如果使用强激光与固体靶相互作用，电子数目相比气体靶会有大幅提升。

2.2.1 气体等离子体产生强场 THz 波

一般材料对飞秒激光的损伤阈值通常为 J/cm^2 量级，对应的光强为 10^{11}～10^{12}W/cm^2 量级。当光强超过一定阈值时，物质会被电离成为等离子体。相比前面提到的晶体或者半导体，等离子体没有损伤问题，原则上可以承受任意光强的泵浦，这为提高 THz 波强度提供了一种全新的思路。

多年前研究人员就利用激光-等离子体相互作用实现了 X 射线短波辐射，并进行了应用演示。而利用激光-等离子体产生 THz 波的研究则是最近十几年逐渐发展起来的，主要利用激光和气体靶相互作用来实现。

表 2-1 记录了等离子体发展历程。Hamster 等人用单色超快激光泵浦氦气，首次观测到气体等离子体中的 THz 波，开启了激光泵浦气体产生 THz 波的研究方向。为提升单色场产生 THz 波的效率，研究人员通过外加恒稳电压实现。

Cook 等人第一次提出了双色场泵浦空气等离子体产生 THz 波的方法。他们在激光焦点前安置了一个薄的 BBO 倍频晶体，探测到的 THz 波强度高出单色场 3 个量级，开辟了双色场泵浦空气等离子体产生 THz 波的研究方向。

2017 年，卢晨晖等人从理论上证实了调谐驱动激光波长，可以有效控制三色激光场（三色场）泵浦方案中的 THz 波的光谱。在三色场中，调谐驱动激光正负失谐可以大大扩展 THz 波的光谱范围，特别是高频光谱分量。通过优化三色场的相对波长可以有效地对 THz 波的高频光谱分量进行调谐。理论研究表明，瞬态的电离事件在强场 THz 波的形成过程中起着重要的作用。

2019 年，Vaicaitis 等人使用能量为 7mJ、中心波长为 790nm 的飞秒激光泵浦光学参量放大器，输出波长可调的信号光（1.2～1.6mm）和闲频光（1.6～2.4mm），将信号光、闲频光和 790nm 的飞秒激光经过合束后聚焦在空气中产生空气等离子体，并辐射 THz 波。他们采用空气偏置相干探测（Air Biased Coherent Detection，ABCD）方法和傅里叶变换光谱仪测量了 THz 波的光谱，通过优化波长、偏振等条件，三色场泵浦产生的 THz 波强度是双色场的 20 倍左右。他们认为这是产生了新的 THz 波的光谱所导致的。

表 2-1　等离子体大事年表

时间	研究人员	研究成果
1993 年	Hamster 等人	单色超快激光泵浦氦气，首次观测到气体等离子体中的 THz 波
2000 年	Cook 等人	双色场泵浦方案将 THz 波的强度提高了 3 个量级
2002 年	Tzortzakis 等人	首次观测到了亚 THz 波（激发空气）
2007 年	Amico 等人	在光丝前向观测到了“空心锥状”的 THz 波
2009 年	Liu 等人	通过加纵向电压增强低频电场强度，辐射变为线偏振
2015 年	Gonzalez 等人	提出多次谐波组合的锯齿波泵浦空气产生 THz 波的方案
2017 年	卢晨晖等人	从理论上证实了调谐驱动激光波长，可以有效控制三色场泵浦方案中的 THz 波的光谱
2018 年	Jacob 等人	采用 800nm 飞秒激光、信号光和闲频光共线传播的方法实现空气等离子体辐射 THz 波
2019 年	Vaicaitis 等人	三色场泵浦产生的 THz 波强度是双色场的 20 倍左右

下面重点介绍中红外双色激光泵浦空气等离子体高效产生THz波的一项突破性研究成果。

该研究使用中红外激光源，系统能够在 20Hz 的重复频率下产生中心波长为3.9μm、最大脉冲能量为 30mJ 的激光脉冲。产生 THz 波采用标准双色激光激励方案，如图 2-4 所示。首先，让基波脉冲（频率为 ω）通过四分之一波片（Quarter-Wave Plate，QWP），随后通过 100μm 厚的 I 型硒化镓（GaSe）晶体，并在其中产生二次谐波脉冲（频率为 2ω）。使用离轴抛物面镜（OAPM1，150mm 焦距），将双色激光脉冲聚焦到环境空气中，以产生等离子体通道。使用另一个离轴抛物面镜（OAPM2，150mm 焦距）收集等离子体通道中产生的 THz 波。

为了将产生的 THz 波与光谱的其余部分分离，特别是与中心频率为 77THz 的基波脉冲分离，使用了空间和频率滤波器的组合。在等离子体通道之后和离轴抛物面镜 OAPM2 之前，放置金属盘[图 2-4（a）中的 MD]。空间滤波器阻挡了大部分中红外辐射。为了去除其余不需要的辐射，使用一个滤波器，即 5mm 厚的高密度聚乙烯（High Density Poly-Ethylene，HDPE）板，将其放置在离轴抛物面镜 OAPM2 之后。使用这种滤波器组合足以进行 THz 滤波。然而，为了防止热释电探测器的探测因强场 THz 波而饱和，在涉及热释电探测器的所有测量中使用一组额外的滤波器，包括一个 5mm HDPE 板、一个 2mm 厚的高阻硅片和一个 0.5mm 厚的低阻硅片。

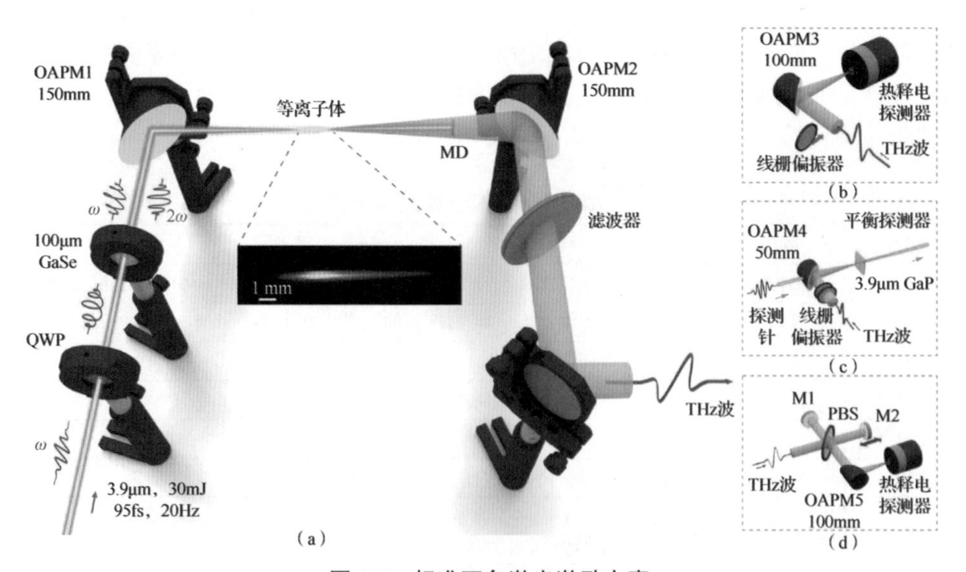

图 2-4　标准双色激光激励方案

（a）实验装置　（b）热释电探测器　（c）电光取样探测　（d）迈克耳孙干涉仪

使用滤波器滤除杂散光和透射的泵浦激光后，将 THz 波引导至检测装置[见图 2-4（b）、（c）和（d）]。为了测量产生的 THz 波能量，该研究使用离轴抛物面镜（OAPM3，100mm 焦距）将其聚焦在热释电探测器[见图 2-4（b）]上。图 2-5（a）为经过等离子体通道后的 THz 波能量随入射激光能量的变化曲线。随着入射激光能量的增加，THz 波能量增加，并且入射激光能量等于 8.12mJ 时，THz 波能量达到最大值 0.185mJ。反过来，图 2-5（b）显示，最大 THz 波转化效率达到 2.36%。THz 波能量和 THz 波转化效率大大超过了所有先前双色成丝实验中获得的数值。例如，与报告的 0.8μm 双色激光脉冲的典型值相比，该研究获得的 THz 波转化效率高出其两个数量级以上。

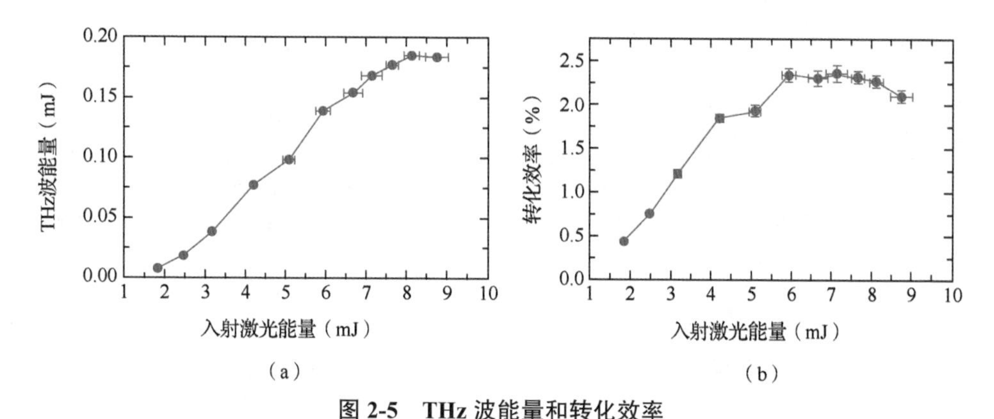

（a）　　　　　　　　　　（b）

图 2-5　THz 波能量和转化效率

（a）THz 波能量随入射激光能量的变化　（b）THz 波转化效率随入射激光能量的变化

THz 源的功率足够高，可以用标准激光功率计测量。当使用中红外激光功率计时，能够仅使用金属盘和一个 5mm 厚的 HDPE 滤波器来检测产生的 THz 波。为了验证测得的能量来自 THz 波，通过让激光压缩器或二次谐波晶体失谐，使得有效产生 THz 波的最佳条件不能被满足，以此抑制 THz 波产生。在这两种情况下，功率计上的信号都消失了。测量的 THz 波能量与使用热释电探测器获得的能量具有相同量级。

最后，虽然可以通过 GaSe 晶体中的光学整流技术产生 THz 波，但已经证实，在实验中相位匹配的条件下，没有观察到源自 GaSe 晶体的 THz 波。为了更加明确这一点，将 HDPE 滤波器放置在 GaSe 晶体之后，允许晶体产生的任何 THz 波通过，而被 HDPE 滤波器阻挡的激光束不会进一步传播。在这些条件下，热释电探测器中的信号下降到其检测极限以下，证明所有记录的 THz 波都是由等离子体产生的。

为了表征产生的 THz 波的偏振，使用相同的检测设置，但在 OAPM3 之前放置旋转线栅偏振器。为了最大化 THz 波能量，调整四分之一波片的快轴，将线偏振的激光脉冲转化为椭圆偏振。然后调整 GaSe 晶体的相位匹配角以获得最高的 THz 波能量。在晶体出口处，基波和二次谐波脉冲呈现椭圆极化，如图 2-6（a）所示，这表明基波和二次谐波的偏振椭圆主轴分别旋转了 135°和 86°。在这些条件下，实现了基波和二次谐波脉冲在同一轴上的偏振的最大互投影，该配置最接近基波和二次谐波脉冲的共线偏振情况，是 THz 波产生的最佳条件。然而，尽管基波和二次谐波脉冲呈现椭圆共线偏振，但测量表明，产生的 THz 波是线性极化的，其偏振平面在基波和二次谐波的主偏振轴之间旋转 121°[见图 2-6（b）]。

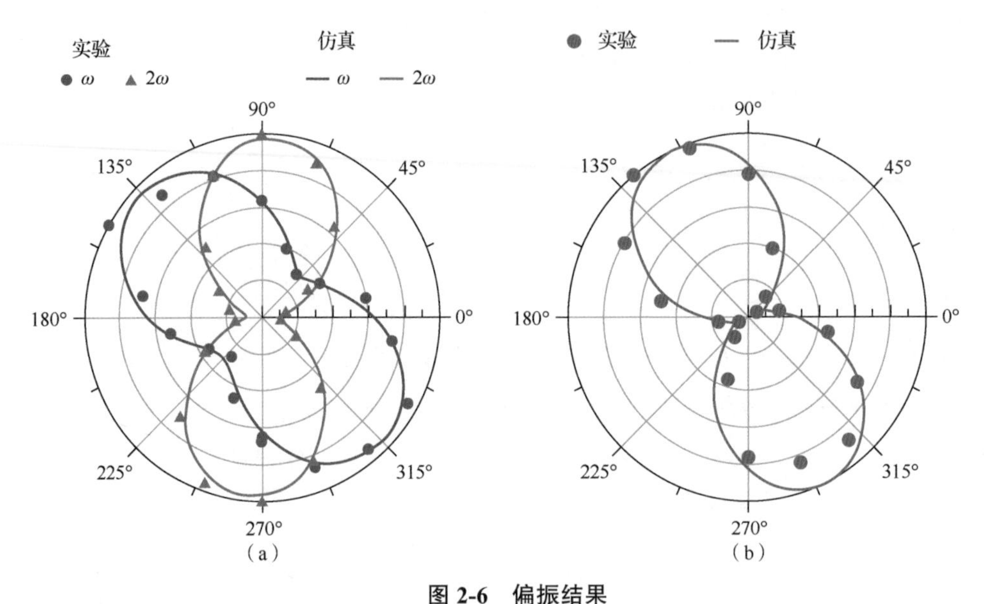

图 2-6　偏振结果

（a）脉冲频率为 ω 和 2ω 的初始偏振结果　（b）THz 波偏振结果

可以采用电光取样技术或自相关测量方法探测 THz 波的光谱特性。电光取样技术允许相干测量 THz 波的电场。在电光取样技术中[见图 2-4（c）]，使用离轴抛物面镜（OAPM4，50mm 焦距）将产生的 THz 波聚焦到 3.9μm 厚的磷化镓（GaP）晶体中。通过带孔抛物面镜，研究人员使用透镜将 40fs 探测波（中心波长 680nm）聚焦到 GaP 晶体表面。在晶体之后将探测波引导至平衡探测器，即可读出 THz 电场信号。为了保证晶体的线性响应，使用两个 5mm 厚的 HDPE 滤波器和一对线栅偏振器来降低 THz 波强度。

图 2-7（a）中的插图显示了 3 次连续扫描的 THz 电场（蓝线）。图 2-7（b）显示了获得的 THz 频谱（蓝线）。虚线表示在相同实验条件下测量的噪声水平。由于检测晶体的厚度有限，出现了 THz 波的多次反射，其中第一次反射在图 2-7（a）中作为回波出现，并导致光谱中出现法布里-珀罗共振。

使用自相关测量方法可获得 THz 波的光谱分布。用于自相关测量的检测装置基于迈克耳孙干涉仪[见图 2-4（d）]，其由偏振分束器（Polarization Beam Splitter，PBS）和两个平面镜（M1 和 M2）组成。在 PBS 之后，使用离轴抛物面镜（OAPM5，100mm 焦距）将 THz 波聚焦在热释电探测器上，图 2-7（a）显示了在 5 次连续扫描中记录的平均 THz 干涉信号（红线）。通过对 THz 信号做傅里叶变换，获得了图 2-7（b）所示的 THz 频谱（红线）。THz 信号在约 7.5THz 处达到峰值，并延伸到更高的频率，这与使用电光取样技术的结果一致。

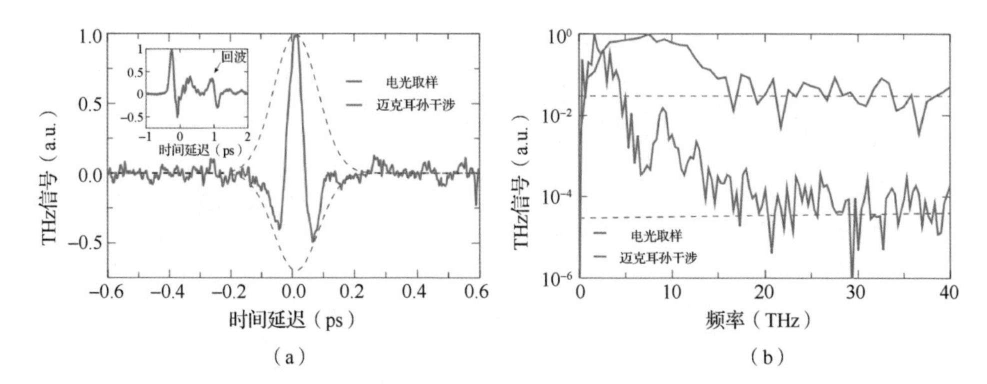

图 2-7　THz 波扫描结果

（a）电光取样和迈克耳孙干涉仪测量到的 THz 波形

（b）对应（a）中的 THz 频谱

为了估计 THz 电场强度，利用生成的 THz 波的光斑轮廓和时域波形。对于光斑轮廓，扫描光束横截面上的光斑轮廓，并通过热释电探测器测量透射能量；对于时域波形，使用电光取样记录的 THz 波形。OAPM4 焦点处的 THz 电场强度为 100～150MV/cm。

在当前实验条件下对双色中红外等离子体成丝和 THz 波的产生进行了详细的数值模拟。使用单向脉冲传播方程以及等离子体浓度速率方程。该方程的初始条件为采用具有两种不同偏振态的双色激光脉冲。在第一种状态下，ω 和 2ω 场是线极化的并且极化方向平行。在第二种状态下，ω 和 2ω 场呈现椭圆极化。图 2-8（a）和（b）显示了两种不同偏振态的初始双色场。在这两种情况下，基波脉冲的输入能量等于 8mJ，二次谐波脉冲的输入能量等于 0.8mJ（总输入激光能量为 8.8mJ）。

在数值模拟中对初始 φ 值进行参数研究，以找到实现最大 THz 波能量的条件。图 2-8（c）显示了 THz 波能量和 THz 波转化效率分别与线偏振和椭圆偏振双色场的初始相位差 φ 的关系。在线偏振极化 φ=0 和椭圆偏振极化 φ=0.8π 时，THz 波能量达到最大值。

数值模拟与实验数据高度一致，因此，可以使用数值模拟来估计初始激光偏振的变化将如何影响实验中的 THz 波产生。在线偏振极化的情况下，所产生的 THz 波的能量是椭圆偏振极化的 2.23 倍。基于此，如果能够正确对齐基波和二次谐波脉冲的极化，就可以估计实验中的 THz 波能量和 THz 波转化效率。对于椭圆偏振极化的初始激光脉冲，通过实验测量到 0.185mJ 的 THz 波能量，可以预期，在线偏振极化的情况下，THz 波能量将增大到 0.413mJ，转化效率达到 4.7%。相应的 THz 峰值电场和磁场强度预计将分别超过 200MV/cm 和 66T。

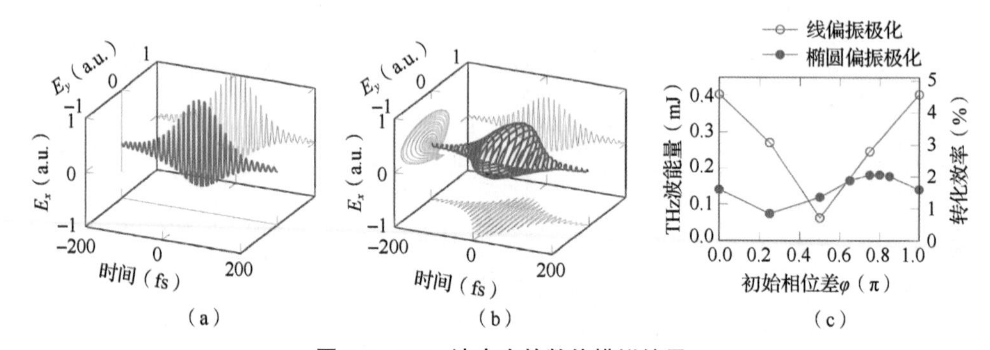

图 2-8　THz 波产生的数值模拟结果

（a）线偏振双色场　（b）椭圆偏振基波和二次谐波双色场　（c）THz 波能量和转化效率

2.2.2　液体等离子体产生强场 THz 波

空气中双色成丝产生 THz 波是目前的主流机制之一，因为它能够通过输入激光参数来控制 THz 波能量和波长。然而，这种控制受到激光能量的限制，促使人们寻找替代机制。

强激光与液体的相互作用已经被大量研究。在气体成丝过程中观察到了大量非线性现象，如自相位调制、波混合、超连续谱产生、脉冲压缩等，由于液体的非线性磁化率和中性密度比空气的高出几个量级，以上现象在液体中变得更加明显。因此预计诸多物理现象（如对称破缺电流产生、多波混合和切伦科夫辐射等）将在液体中得到放大，从而产生强场 THz 波。然而，由于液体在 THz 范围内具有很强的吸收能力，导致这一领域的研究较少。

如果 THz 波产生机制足够有效，液体介质吸收后仍可能出现剩余的 THz 波。这里重点介绍 Indranuj Dey 等人于 2017 年发表于 *Nature Communications* 上的研究成果。研究人员在这项工作中通过超短脉冲诱导液体成丝产生 THz 波，产生的 THz 波能量相比空气中双色成丝（最标准的强源小型化技术）获得的能量高出一个量级。如此高的 THz 波能量将产生 MV/cm 量级的电场，这为各种非线性 THz 光谱应用打开了大门。他们还通过求解液体介质中的非线性脉冲传播方程进一步解释了这种现象。

实验装置示意如图 2-9 所示。一束 800nm、48fs 的激光脉冲（峰值能量为 5～50mJ，重复频率为 10Hz）由焦距为 500mm 的透镜聚焦到一个 50mm 长且盛满丙酮液体的下层反应杯中。液体内部成丝过程中发出的辐射被收集并传输至位于点 F_2 的宽带热释电探测器上。一系列滤波器被用于阻隔可见辐射和中红外辐射。

对该实验装置所产生的 THz 波的能量及极化进行测量。在 28mJ 的激光脉冲下，丙酮液体成丝获得了约 76μJ 的宽带 THz 波能量，相比空气中双色成丝方法获得的能量约高 20 倍，转化效率超过 0.1%；同时，即便输入激光能量低于 0.1mJ，仍可获得可探测的 THz 信号。在偏振方面，双色成丝现象呈现典型偶极子模式。来自液体的宽带 THz 波也表现出类似的偶极子模式，偏振轴几乎垂直于输入偏振方向。在空气和丙酮中获得的偶极最大值与最小值之比约为 1.2，呈现出强去极化特征。

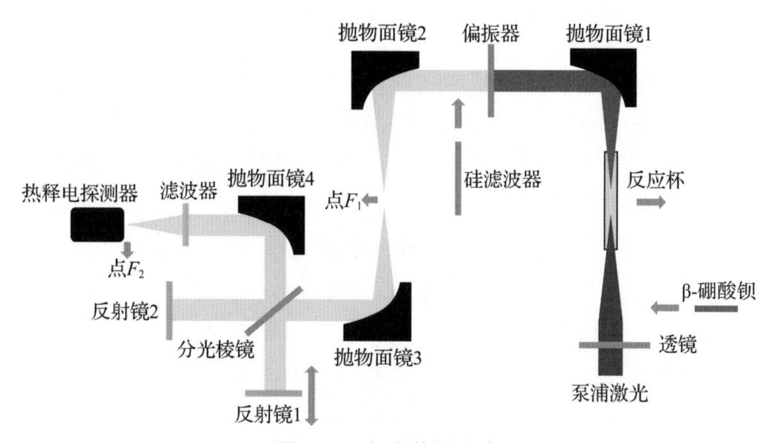

图 2-9　实验装置示意

为了阐明液体中宽带 THz 波产生的物理机理，研究人员基于单向脉冲传播方程进行了一系列模拟。以乙醇为研究对象，得到了具有 3 种不同峰值功率（能量）的激光脉冲的模拟光谱（在光束截面上积分得到）：$1.2P_{cr}$（0.0674μJ）、$12P_{cr}$（0.674μJ）和 $120P_{cr}$（6.74μJ），其中，P_{cr}=0.71MW 是乙醇中自聚焦的临界功率。模拟光谱在距反应杯入口 28mm 处获得，即成丝之后紧接着进行测量。在 $1.2P_{cr}$ 的情况下，脉冲光谱在基波和三次谐波附近表现出光谱展宽，但未达到 THz 频率范围。

然而，随着脉冲峰值功率增加到 $12P_{cr}$，开始形成非常宽的脉冲光谱（即超连续谱），范围从紫外辐射到 THz 波。脉冲峰值功率进一步增加，高达 $120P_{cr}$，会产生更强的超连续谱，在 THz 频段具有更高能量。因此，在高峰值功率下，脉冲的宽频谱在基波和三次谐波之间的频率变得平坦。由于频谱展宽，能量有效地传递到二次谐波周围的频率。二次谐波与基波混合后，通过四波混频和不对称等离子体电流机制，产生了 THz 光谱。在验证实验中，丙酮与乙醇相比，产生的二次谐波信号更高，表明 THz 波产生效率更高，这与实验中的 THz 输出趋势一致。

综上，本部分介绍了一种通过液体中的超快激光成丝产生高能、超宽带 THz 波的非常规方法，它有着非常高的转化效率（>0.1%），且不使用任何晶体或高真空环境。研究中的模拟结果表明，液体中高效产生的 THz 波可以通过强二次谐波分量的局部同相来解释。光谱操纵机制正在进一步研究中。

宽带 THz 波通过吸收液柱传输的确切机制同样需要进一步研究，模拟中考虑到了所有线性效应和非线性效应。从液体中产生宽带 THz 波的方法有望在非线性 THz 光学和光谱学中得到广泛应用。

2.2.3　固体等离子体产生强场 THz 波

从激光和固体靶相互作用的基本物理过程出发，激光与等离子体相互作用会产生高能粒子（能量在 MeV 量级），同时等离子体尺度较大时会激发等离子体波。

现有研究表明，有 3 种方式可以通过强激光与固态物质相互作用产生 THz 波：第一种方式是在靶前进行作用，电子产生后由于能量较高而处于非局域状态，一部分电子在前靶面横向运动，它们产生的横向靶面电流可以驱动 THz 波产生；第二种方式是基于盛政明老师早期提出的线性模式转换理论，将静电波（等离子体波作为一种静电振荡）变成电磁波（THz 波），中国科学院物理研究所李玉同老师团队后来也在实验上进行了验证，证实了 THz 波的转换；第三种方式是基于电子产生后的前向运动，因为强激光驱动的电子大多做前向加速运动，这种方式是近些年备受关注的产生 THz 波的方式。

下面具体介绍基于飞秒激光泵浦固体等离子体产生 THz 波的方案。

首先介绍方案的提出。前文已提到超短超强激光与固体靶相互作用之后可以产生高能电子束（接近光速），这样的电子束会前向运动穿越靶的背面，此时发生渡越辐射。由于高能电子束是由超短超强激光驱动的，因此产生的电子束在时间尺度上本征是超短（fs～ps 量级）的，辐射在 THz 频段。另外，因为固体靶可以提供更多的电子束，所以产生的电子束团的电荷量很大（nC～μC 量级），那么 THz 波的强度和能量也很高。其次对该物理方案进行可行性验证。激光打靶之后的 THz 波能量很高，所以无须借助高灵敏度的探测器，使用普通的热释电探测器配合衰减器即可实现 THz 波的探测。在频谱的基本测量方面，早期将带通、单色、窄带滤波片放置在探测光路中，以选择特定光谱，需要不断更换滤波片才能得到完整的频谱。现已发展为基于单发多路的模式进行测量，将 THz 波分成很多路，每一路上都放置滤波片和探测器，这样就可以通过单发得到一个超宽完整频谱。

此外，对于产生的 THz 波是否准直、是否偏振及偏振方向的问题，以及如何区分所需要的 THz 波和强激光照射在固体靶上使等离子体温度升高所产生的热辐射，都需要实验验证。图 2-10 给出了飞秒激光与固体靶相互作用的示意，可以看到在不同方向上设有滤波片和探测器对 THz 波进行表征，同时探测电子、离子等高能粒子用以解释 THz 波的产生机制。相应实验结果如图 2-11 所示，从早期使用滤波片测量的实验结果中发现确实可以获得宽带 THz 波（带宽低于 30THz），在高频时辐射强度会低一些，主要分布在几个 THz 频段中且分布不平坦，由此证明了该辐射不是热辐射。

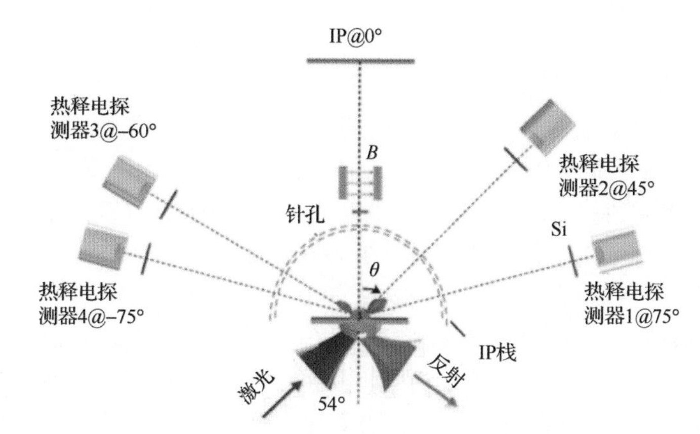

图 2-10　飞秒激光与固体靶相互作用的示意

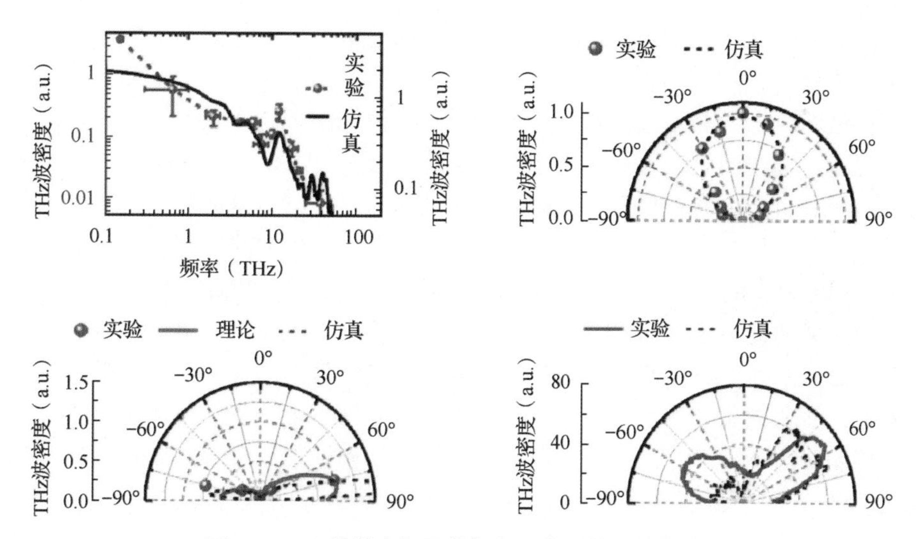

图 2-11　飞秒激光与固体靶相互作用的实验结果

另外，从 THz 波能量随电子电荷量的变化中可见二者之间成平方关系，而热辐射的能量应正比于电子电荷量，这再次证明该辐射不是热辐射而是相干辐射。下一步对辐射的偏振和角分布进行表征，发现在水平面进行测量时，偏振属于线偏振，在实际测量时会有一些椭圆度，实际上该辐射是径向偏振的 THz 波。此外，THz 波的发射方向不像铌酸锂晶体中那样平行准直，而是呈现类似喇叭口的锥角辐射，使用时需要先进行 THz 光束准直，这也符合渡越辐射机制的特征。了解了角分布以及每个方向上的能量，可以推算整个实验中产生的 THz 波能量约为 400μJ，与传统加速器（美国 SLAC 约为 600μJ）的能量差不多，但是该实验中的电子能量约为 1MeV，美国 SLAC 约为 14GeV。二者 THz 波能量相当，主要是由于电荷量差异较大，该实验中固体靶的电荷量约为 5nC，美国 SLAC 为保持短脉冲宽度，保证电荷量约为 350pC，这样的大电荷量电子束提供了高能量 THz 波，这也同时证明了方案的可行性。

虽然获得了渡越辐射的部分特征，如锥角辐射、径向偏振等，但其产生机制仍需进一步验证。渡越辐射作为一种界面效应，改变界面性质可能导致辐射发生变化。实验中采用两种靶进行比较：一种在塑料基底上镀薄铜膜（厚度为 10μm）；另一种不镀膜。实验发现采用铜介质时的 THz 波强度比直接采用塑料的高 40 多倍，这是因为铜的电导率大且更有利于产生 THz 波。

以上实验结果作为直接证据验证了方案的可行性，下一步研究 THz 波能量和峰值功率的优化问题。由于影响 THz 波产生的参数众多，如靶参数、等离子状态等，因此可从基本的物理过程入手。产生的 THz 波是激光加速电子并由电子辐射的，辐射强度与电子电荷量平方成正比，所以可以通过操控电子电荷量提高 THz 波强度。此处的电子电荷量特指靶界面上逃逸电子的电荷量，只有这部分电荷量对 THz 波的产生有贡献。

优化逃逸电子电荷量主要有两种思路：一种是在靶前产生更多电子，总电子数目越多，逃逸的电子电荷量也会越多；另一种是提高电子到达靶背面后的逃逸份额，即总电子电荷量增多的同时也促使逃逸的电子电荷量增多。两种思路对应的技术途径分别是，采用更大能量的皮秒激光器输入更多的激光能量来提高总电荷量，以及在靶背面增加烧蚀脉冲能量，提高逃逸份额，以此来提高总逃逸电子电荷量，从而提高 THz 波强度。

下面介绍基于以上两种思路的技术途径的实验效果。首先介绍利用皮秒激光器驱动的实验效果，这种大能量激光器在国内外均不多，中国科学院物理研究所李玉同团队与英国卢瑟福实验室开展皮秒激光（激光器脉冲宽度 1.5ps，最大单发激光能量 100J）合作，完成了该实验。通过使用 60J 的激光泵浦材料得到 55mJ 的 THz 波能量，峰值功率达到 25GW，这是当时世界上最强的 THz 波。第二种技术途径是采用预脉冲烧蚀靶背面，即将激光作用在靶前产生电子，电子向背面运动直到逃逸出界面。但是电子到达靶背面时还会产生另外一种效应并诱导产生一个电场（电场方向朝靶前），该电场会阻止电子向真空中逃逸，于是在靶背面再增加一个激光脉冲来破坏该电场，增加逃逸电子数目从而提高 THz 波强度。实验发现，电子数目随着预脉冲与主脉冲延迟时间的增加而增加，改变两脉冲之间的延迟时间实际上就是改变电场。延迟时间越长，说明电场破坏得越严重，就会有更多的电子逃逸到真空中，THz 波的强度也会提高，这是符合物理原理的。李玉同团队发现通过这样的方式，THz 波能量可增加至 200mJ，THz 波峰值功率达到了太瓦量级。

下面介绍 THz 脉冲宽度（时间特性）。时间特性在动力学过程研究中非常重要，对于使用高重复频率激光进行的实验，进行时间特性研究的传统手段是电光取样技术，其原理为将 THz 脉冲作用于电光晶体上并改变晶体的折射率，而后利用一个宽度比 THz 脉冲小的探测光脉冲作用于电光晶体，通过差分探测法得到某一特定时间延迟下电光晶体折射率的变化，从而反推 THz 波的强度。通过不断改变探测光与 THz 脉冲之间的时间延迟，即可描述出完整的变化过程。为了得到信噪比相对较高的 THz 时域波形，每个时间延迟对应的信号值需要累加多个脉冲才能得到。例如，对于 1kHz 重复频率而言，100 个脉冲的窗口意味着每个数据点需要 100ms 的测量时间。但是对于低重复频率运行模式的强激光实验而言，这样的时间成本是不能接受的。因此，我们需要新的探测手段。

李玉同团队设想的单发探测方案用具有不同延迟时间的一串探测光脉冲来代替一个探测光脉冲进行扫描，这样就可以在一个延迟时间窗口覆盖整个 THz 波形。

实验上可以采用反射式台阶镜来获得延迟脉冲串。这种镜子有很多台阶，激光脉冲照射在台阶镜上，台阶镜的每个小台阶都会对入射的激光脉冲发生反射。反射的激光脉冲变成子束，相邻子束之间有时间延迟且光程不同，由此得到一串探测光脉冲。实验时，在传统电光取样扫描光路中加入两个反射式台阶镜来增大延迟时间窗口，然后采用 CCD 成像的方法来代替差分探测，测得的结果不是示波器上的信号而是 CCD 中的阵列响应信号。每一个小单元对应不同的台阶高度（即延迟时间），延迟时间可以达到约 31fs，覆盖的时间窗口约 50ps。当产生的 THz 波被 CCD 上的小单元收集到，小单元就会变亮，即探测到信号，对这个信号进行处理就可以得到 THz 波形，该实验中得到的 THz 脉冲宽度是 2ps。

但是，采用这种台阶镜单发波形探测方案无法实现对单个脉冲的测量。实验中使用脉冲宽度为 30fs 的激光去驱动，产生的电子束宽度理论上也应该有几十飞秒，但实测结果远大于物理判断的期望值。这是由于探测光路中选用的电光晶体 ZnTe 不合适。ZnTe 的频率响应范围在 0～3.5THz，而实验中产生的 THz 频率最高可以达到 30THz，使用 ZnTe 相当于只测量了频谱中的低频分量，还需要进一步研究测量超宽谱、超快脉冲的方法。

后来，该团队设计了一种单发 THz 自相关仪，可以实现超宽谱、单发 THz 波探测，其示意如图 2-12 所示。将待测量的 THz 脉冲利用分束镜 1 分成两路，再让这两路 THz 脉冲都照射在 THz 相机上，但是二者入射夹角 θ 很小（实验中设置为 8°），非同轴入射。THz 相机前面的两束 THz 脉冲在波前会有交叉，两束光在交叉处发生相干，此时信号会增强，在 THz 相机上可以把这一时刻对应的空间点记录下来，交叉扫描后 THz 相机上呈现一条线，这是 THz 自相关仪的设计原理。

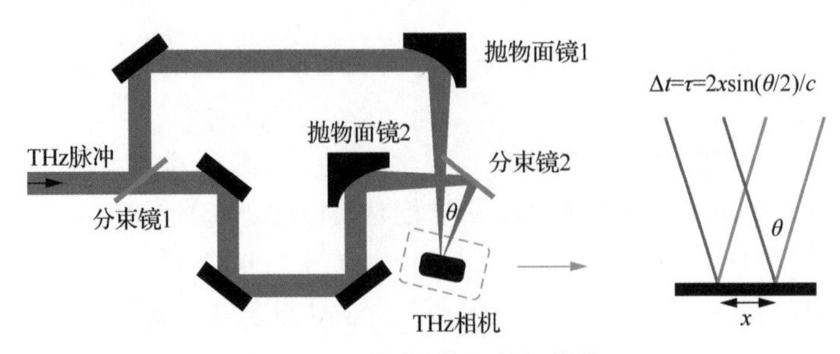

图 2-12　单发 THz 自相关仪

现在已经通过自相关实验得到了 THz 脉冲宽度。在实验上调节脉冲宽度的方法主要有两种，一种是改变靶厚度，另一种是通过改变激光脉冲宽度来改变 THz 脉冲宽度。在改变靶厚度的实验中，分别设置 30μm、50μm、100μm 的铜靶，通过自相关仪扫描比较各种靶厚度下脉冲宽度的变化。结果显示，随着靶厚度的增加，THz 脉冲宽度从 30μm 厚度对应的约 62fs 增加到 100μm 厚度对应的约 90fs。这是因为电子束团在靶中传输时，各个电子速度不一样，会产生速度色散，进而导致脉冲展宽。碰撞散射效应、角发散等也会导致脉冲展宽。

此外，实验上还利用自相关仪测量了脉冲宽度随靶厚度的变化情况。结果显示，在此种情况下，THz 脉冲宽度随靶厚度的变化不明显。因为只取了低频分量进行测量，该探测方案对响应更短脉冲宽度的高频分量是不敏感的，于是该方案中的 THz 脉冲宽度几乎不随靶厚度发生变化。因此，在实验中要有阶段性认识，如果不通过自相关实验测量，可能对 THz 脉冲宽度的认识是不全面的。利用改变激光脉冲宽度的方法实现 THz 脉冲宽度改变的实验结果显示，THz 脉冲宽度随着激光脉冲宽度的增加而增加。这是由于激光脉冲宽度改变会导致电子束团的时间尺度发生改变，进而导致 THz 脉冲宽度发生改变。

下面介绍对 THz 频谱的操控。前面证明了产生的 THz 频谱是宽谱，但是人们仍希望能操控频谱。实际上这种能力在实验中已经有所体现，如利用飞秒激光器驱动进行实验时得到的是频率范围为 0～30THz 的宽谱。而当采用皮秒激光器驱动时会发现 THz 频率向低频方向（2～3THz）移动，这体现了通过改变激光脉冲宽度能实现对产生的 THz 波的频谱范围的操控。前面提到当强激光与固体靶相互作用时，会有电子逃逸发生渡越辐射，产生 THz 波。还提到利用预脉冲烧蚀靶背面会在靶上诱导出电场，电场中呈现前面是电子而后面是离子的类偶极分布。这是一个快速变化的过程，时间尺度在飞秒、皮秒量级，也可以产生 THz 波。这一过程被称作鞘层场辐射（Sheath Radiation，SR），诱导的电场称作鞘层场，与渡越辐射是不一样的。

鞘层场的作用是阻止电子逃逸到真空中，因此会有一部分电子被鞘层场反射回靶内，此时电子又穿越一个界面，随即产生辐射，该过程称为类轫致辐射（Bremsstrahlung-like Radiation，BR）。以上 3 种过程如图 2-13 所示，辐射机理非常复杂。不同过程产生的 THz 频谱不同，通过控制实验参数、突出某些机制就可以实现对频谱的操控。此外，数值模拟和理论计算结果表明，当光束持续时间较短（1ps 以下）时，渡越辐射占主导；当光束持续时间较长（1ps 以上）时，鞘层场辐射占主导，频谱会发生移动。改变激光脉冲宽度且光强保持不变时，频谱发生改变，这与窄带纯调频的结果是不一样的，只是在宏观层面上对频谱的形状进行操控。

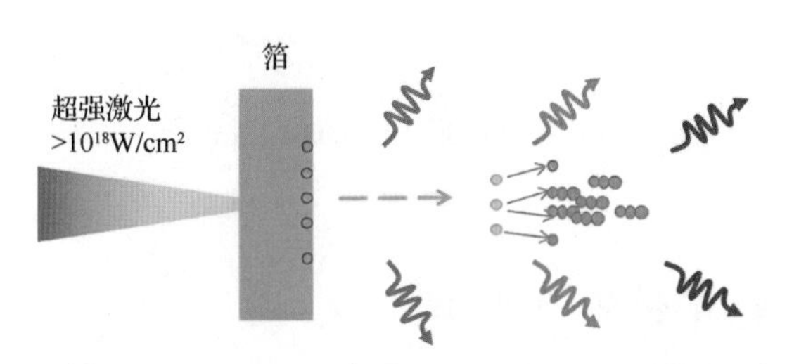

图 2-13　渡越辐射、鞘层场辐射、类韧致辐射示意

这种利用强激光与固体靶相互作用产生的 THz 源兼有强电场、强磁场、低光子能量、超快时间分辨 4 个特点，将为开展多学科问题的研究提供独特手段，并广泛应用于诸如电子加速和操控、凝聚态物理、THz 非线性光学、超快化学、水科学、蛋白质结构动力学、生物学等领域。目前利用强激光与固体靶相互作用获得了能量为 200mJ、脉冲宽度为 1.5～2ps、峰值功率在太瓦量级的 THz 波。与此同时，钛宝石飞秒激光器的峰值功率在可见光波段也可以达到太瓦量级，有助于实现光学波段的相对论光与物质的相互作用。利用拍瓦量级强激光，有望将 THz 与物质的相互作用推进到相对论范畴中，THz 频段的相对论光与物质的相互作用和光学波段的光与物质的相互作用有何区别需要进一步研究。

此外，已经有较多的工作实现了利用 THz 波进行电子加速和偏转，中国科学院物理研究所李玉同团队在固体靶中也实现了电子偏转的初步尝试。这一技术预计在多领域有广阔的应用前景。由于 THz 波的强度仍然不够高，因此在多数情况下，THz 光谱技术仍以探测为主，如利用飞秒激光或中红外光泵浦样品，然后用 THz 波进行探测。但是如果 THz 波的强度足够高，就可以使用 THz 波去泵浦样品，实验布局如图 2-14 所示。利用激光照射在等离子体上产生的 THz 波再去泵浦样品，可以利用激光去探测，也可以利用等离子体产生的 X 射线或者另外的 THz 光束去探测。这样可以发展出多种独特的系统技术，如强场 THz 泵浦-红外飞秒激光探测、强场 THz 泵浦-THz 探测、强场 THz 泵浦-超快 X 射线探测、强场 THz 泵浦-超快电子衍射探测等技术，进而构成了一个强大的研究凝聚态物质科学的平台。

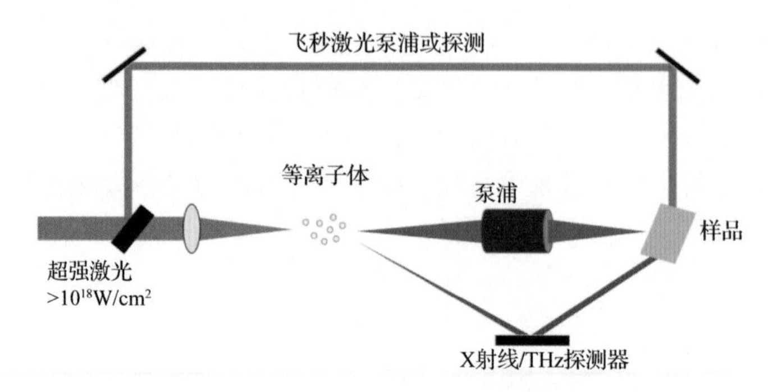

图 2-14　THz 波泵浦样品的实验布局

2.3　金属丝等离子体产生强场 THz 波

除了气体靶、固体靶之外，2017 年，中国科学院上海光学精密机械研究所强场激光物理国家重点实验室研究团队利用高重复频率太瓦级飞秒强激光辐照微结构金属丝靶产生了约 28μJ 的 THz 波，并将其归因于瞬态强电磁场的微型螺旋波荡辐射。

当激光照射在金属丝上瞬间产生强瞬态径向电场，可以引导电子束沿金属丝螺旋运动，并诱发产生周期性的 THz 波。实验证明，该方案利用亚太瓦激光器可以产生定向的强场 THz 波，转化效率高达 1%，并且通过调整金属丝直径可以调整 THz 波的中心频率。

基于强激光激励的金属丝辐射 THz 波的实验装置中，当飞秒强激光照射金属丝时，金属丝上边缘电离表面原子，形成一层密度接近固体的密集等离子体。被电离的电子在表面等离子体中被加热，高能电子从等离子体中逃逸。金属丝上的净正电荷可以同时激发瞬态径向电场，产生的电子可以以螺旋方式沿金属丝运动，同时辐射出 THz 波。

后续又采用两种诊断技术对产生的 THz 波进行表征，分别是利用戈莱探测器直接检测 THz 波的能量和利用单发诊断技术重构 THz 波的时域波形。利用戈莱探测器可以估计出 THz 波的总能量。当入射激光能量为 3mJ、金属丝直径为 50μm、金属丝长度为 10cm 时，测量的 0.1～1THz 频段的 THz 波总能量约为 28μJ，转化效率高达 1%。利用单发诊断技术测量得到 THz 波持续时间约为 5ps。根据探测光束诱导的双折射现象，可以推断 ZnTe 晶体中存在一个电场强度为 5MV/m 的 THz 波。综合考虑晶体中 THz 波的光斑直径，产生了总能量为 25μJ 的 THz 波，该结果与直接利用戈莱探测器测量得到的 THz 波能量基本一样。

当强激光能量为 3mJ、金属丝直径为 50μm 时，改变金属丝长度，利用戈莱探测器获取强场 THz 波能量，发现金属丝长度达到 2mm 时 THz 波能量出现饱和，能量在饱和前呈指数分布。当金属丝长度为 100μm 时，金属丝可以等效为一个平面靶，此时转化效率最低，仅为 10^{-5}。随着金属丝长度增加，转化效率迅速提高，达到最大值约 1%。这些结果表明，当引导电子束沿着金属丝传播时，等离子体产生的 THz 波的能量可提升约 10 倍，因此金属丝在 GHz 频段和 THz 频段可作为一种优良的低损耗、低色散的索末菲波导。

当金属丝长度为 5cm 时，利用单发诊断技术获得直径为 50～90μm 的金属丝产生的 THz 波，通过傅里叶变换计算出其时域波形对应的频谱。在金属丝直径从 90μm 减小到 50μm 的过程中，THz 波的峰值频率从 0.12THz 变为 0.35THz。利用戈莱探测器检测直径为 50μm 的金属丝在水平面上产生的 THz 波的发射角分布，发现 THz 波集中在与金属丝轴线夹角成 10°～30°的窄锥内。在探测器前放置线栅偏振片检测 THz 波的偏振情况，在水平轴上，THz 波以水平偏振为主，消光比为 8；在竖直轴上，THz 波以垂直偏振为主，消光比为 6.5。该结果表明，THz 波主要是径向极化的。

进一步提高激光能量到 700mJ，为防止靶体断裂，激光系统采用单发工作模式。将靶体一端固定在平移电机上，并在每次轰击后沿金属丝轴线方向拉动金属丝，避免在同一点上沉积能量。

实验中采用的第一个靶材是直径为 500μm 的钨丝。钨丝一端存在一个尖端，尖端半径为 500nm，尖端通过半开口角度为 10° 的锥和钨丝连接。泵浦激光照射在距离尖端约 10mm 的金属丝部分。利用 GaP 晶体中的电光效应表征 THz 波的功率谱和瞬态电场。THz 波的时域波形结果表明，准单周期 THz 波中心频率为 0.18THz，半峰全宽为 0.2THz。实验中观察到的 GaP 晶体的最大峰值电场强度为 21MV/m。

实验中采用的第二个靶材是直径为 200μm、长度为 10cm 的线靶，将钨丝穿过塑料板固定，用戈莱探测器检测 THz 波的能量。金属线靶发射的 THz 波能量为 3.4mJ，其中 88%为正向传播，能量转化效率为 0.5%。针尖靶和线靶的能量差源于金属丝直径对电子行为的影响，较粗的金属丝具有较低的初始电场。同样在戈莱探测器前放置线栅偏振片，测量 THz 波的偏振情况，研究 THz 波能量关于偏振片方位角变化的情况。实验结果表明，THz 波的能量与偏振片的方位角基本无关。该结果说明，线靶辐射的 THz 波可能是圆偏振或者径向偏振。在 THz 滤波器的左半边区域放置一个金属屏蔽板，用余弦平方函数进行拟合。拟合的余弦平方函数出现一个 22°的位移角，表明空间上非均匀的径向极化场在垂直方向上存在较强的向下分量。

2.4 飞秒激光泵浦磁性材料及其异质结产生强场 THz 波

2013 年，Kampfrath 等人使用了特别设计的铁磁和非铁磁材料组成的磁性异质结成功辐射了 THz 脉冲，如图 2-15 所示。他们从实验和理论上证实了飞秒激光作用于 Fe/Ru 或 Fe/Au 异质结（铁磁层/重金属层）产生瞬态自旋电流并通过逆自旋霍尔效应（Inverse Spin Hall Effect，ISHE）产生面内电荷流，可以辐射 0.3～20THz 的宽带 THz 信号。但当时的 THz 发射效率仍然较低，该工作也仅强调将 THz 波用作无接触的测量超快自旋电流的安培表，表明铁磁与非铁磁材料组合而成的异质结可以调控自旋电流，实现对超快自旋电流的产生、调控和探测。

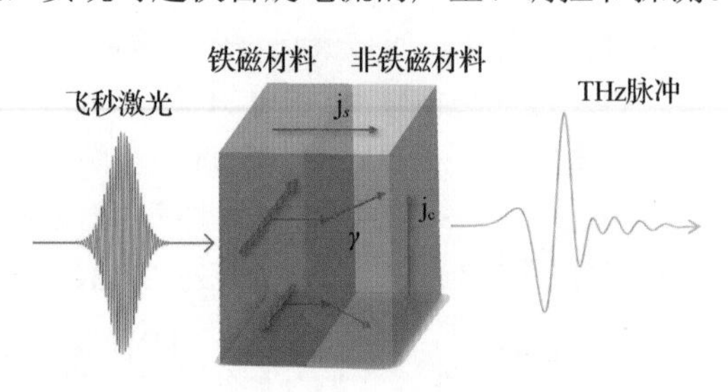

图 2-15　磁性异质结辐射 THz 脉冲示意

2016 年，Kampfrath 等人优化了铁磁材料种类、非铁磁材料种类、结构组合、金属层厚度等，进一步提高了自旋 THz 发射效率。首先，他们尝试了若干种铁磁材料，选取了对近红外激光吸收能力强，可以产生较大自旋电流的铁磁材料。然后他们通过实验筛选出具有大自旋霍尔角的非铁磁材料，发现钨（W）和铂（Pt）是较好的选择。再次，他们利用法布里-珀罗干涉效应，优化了每层材料的厚度，找到了多层材料的最佳厚度。通过在铁磁材料的背面回收利用反向流动的自旋电流，采用与铂金属具有相反自旋霍尔角的钨材料，实现了正向和反向自旋电流的相干叠加，极大提高了 THz 发射效率。最终实验使用了总厚度为 5.8nm 的 W/CoFeB/Pt 三层异质结材料，在 10fs 振荡器泵浦条件下，实现了 1～30THz 超宽带 THz 脉冲发射，如图 2-16 所示，在辐射强度、成本、带宽和灵活性等方面优于毫米量级的非线性晶体 ZnTe、GaP 以及商用光导天线。

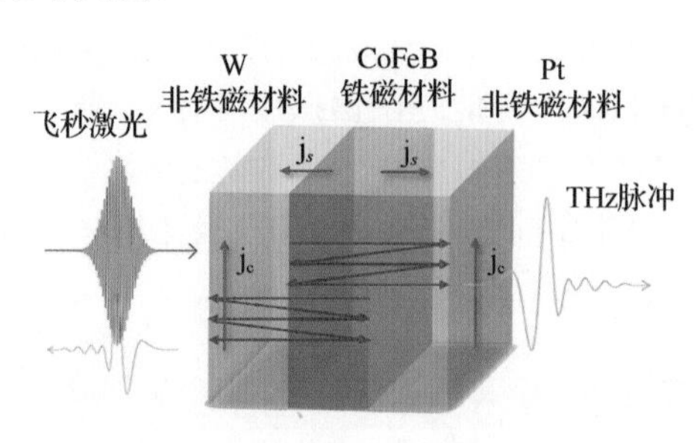

图 2-16　W/CoFeB/Pt 三层异质结材料产生 THz 脉冲示意

与传统的基于非自旋过程的 THz 源相比，普遍的自旋 THz 源发射的 THz 波的偏振方向与样品方位角无关。根据逆自旋霍尔效应，THz 波的偏振方向由异质结的外部磁场决定，与外部磁场方向垂直。这一性质极大扩展了自旋源操控的研究，下面介绍关于自旋 THz 波的偏振调控进展。

2019 年，我们团队通过对磁场的调控产生了椭圆偏振 THz 波[见图 2-17（a）]。通过控制外部磁场的分布来调控自旋 THz 波的手性、方位角和椭圆度，实现了椭圆偏振且手性可调的 THz 波。同年，团队又实现了圆偏振 THz 波的产生和调控。采用两个 W/CoFeB/Pt 异质结样品，通过级联发射的方式，利用两级之间空气对飞秒激光和 THz 波的折射率差异所引起的 90°相位差，产生了高质量的圆偏振 THz 波。还可以通过调控两级发射器的外部磁场方向，控制发射的两级 THz 波之间的偏振方向，使得两级信号满足线偏振合成圆偏振的条件，从而产生圆偏振 THz 波[见图 2-17（b）]。此外，Hongsong Qiu 还将液晶 THz 波板与自旋源相结合，通过外加电压控制，实现相位连续可调以及椭圆度可调的单频圆偏振 THz 波。

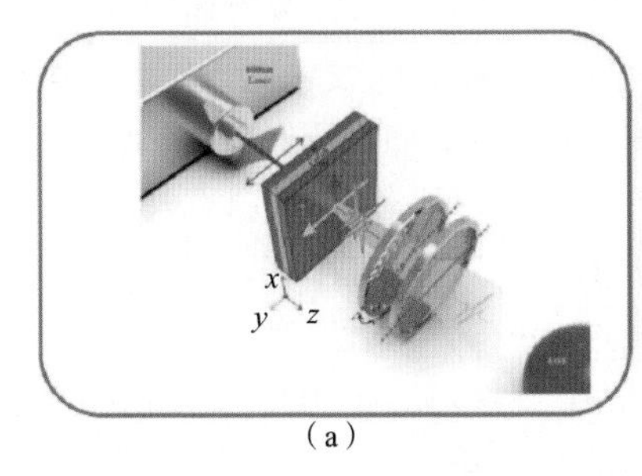

（a）

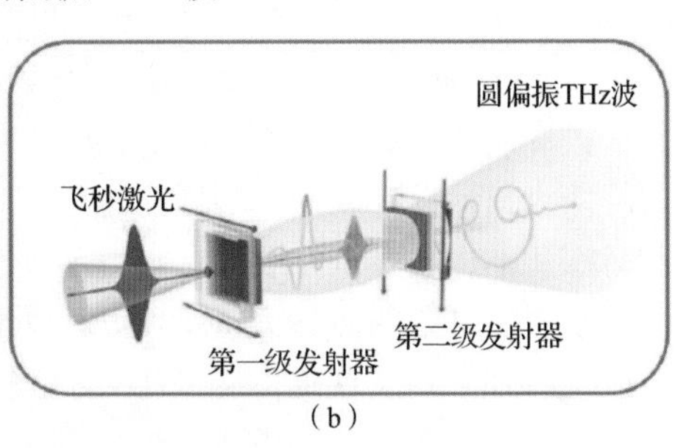

（b）

图 2-17　自旋 THz 波的偏振调控

（a）通过非均匀外部磁场分布调控产生椭圆偏振 THz 波　（b）调控两级发射器的外部磁场方向实现圆偏振 THz 波

由于飞秒激光诱导的自旋 THz 波涉及超快光学、逆自旋霍尔效应、超快自旋电流的产生和注入、自旋电荷转化等物理过程，因此这种 THz 波非常适合作为研究超快动力学和自旋电子学的载体，有望实现更多的新应用。下面介绍自旋 THz 波在研究新物理方面的应用进展。

2018 年，Seifert 等人研究了自旋 THz 波中的自旋-泽贝克效应，激光激发 YIG/Pt 双层结构产生温度梯度差，自旋电流的变化反映了激光激发电子产生的热过程。这一结果表明，有效的自旋转移由金属-绝缘体界面散射的电子驱动，并依赖于载流子倍增。2019 年，我们团队实现了双泵浦 THz 波发射，通过两束可变时延的泵浦光泵浦 W/CoFeB/Pt 异质结发射 THz 波[见图 2-18（a）]。利用自旋 THz 波这种非接触式的探测方式，通过测量得到 THz 信号再反推自旋电流的特征，进而分析两束泵浦光引起的自旋电流之间的非线性效应。

2020 年，我们团队发现拓扑绝缘体薄膜 Bi_2Te_3 也能实现 THz 波发射[见图 2-18（b）]，并通过光伏效应实现了对 THz 波的手性、椭圆度和主轴等的多维度调控。

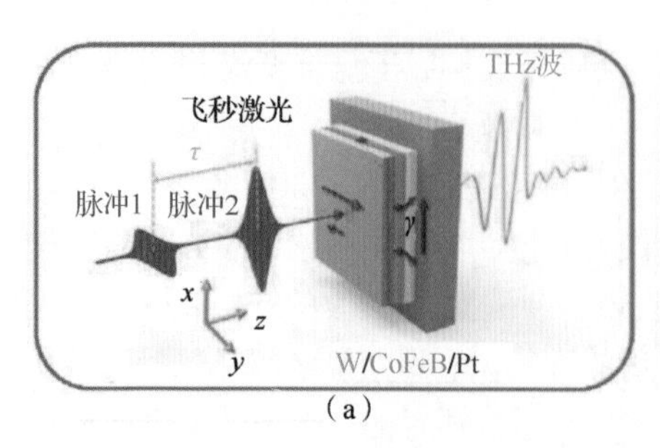

(a)

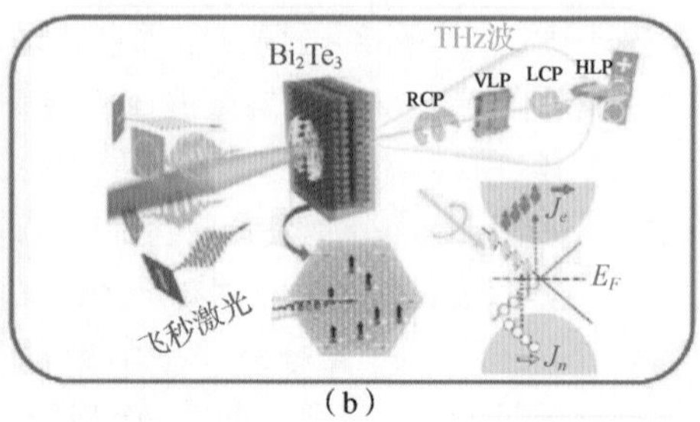

(b)

图 2-18　自旋 THz 波的新物理和新应用

（a）双泵浦 THz 波 （b）拓扑绝缘体 THz 波

目前，采用自旋 THz 发射器来实现 THz 源，需要克服三大难题和挑战：第一，高能飞秒激光泵浦导致样品易损坏；第二，大尺寸发射器导致样品磁化不均匀；第三，超短脉冲对应超宽频谱的精确探测难以实现等。我们团队针对上述难题和挑战，通过扩大泵浦光斑面积，降低泵浦能量密度，采用激光 THz 发射光谱技术，获得相关材料的破坏阈值；进而通过制备超大尺寸发射器样品，通过反铁磁-铁磁交换偏置效应，克服大尺寸发射器导致的样品磁化不均匀的问题；对于超宽频谱探测，通过使用超薄探测晶体进行电光取样，获得了大于 10 THz 的超宽带 THz 波。

实验装置示意如图 2-19 所示，对于总厚度为 6nm 的 4 英寸（1 英寸≈2.54 厘米）$IrMn_3/Co_{20}Fe_{60}B_{20}/W$ 反铁磁自旋 THz 发射器，被反铁磁层（$IrMn_3$）磁化的铁磁层（$Co_{20}Fe_{60}B_{20}$）在飞秒激光激发下产生纵向飞秒自旋电流。当自旋电流从前向和后向流入 W 和 $IrMn_3$ 层，通过逆自旋霍尔效应，纵向自旋电流被高效地转化为横向面内电荷流。因为 W 和 $IrMn_3$ 具有大自旋霍尔角且自旋霍尔角符号相反的特性，使得 THz 波实现了相干增强。组成发射器的材料在 THz 频段无声子的共振吸收，可实现无带隙的超宽带 THz 发射。在充入氮气的环境下测试，THz 脉冲宽度为 110fs，频谱宽度达到 10THz 以上。与铌酸锂倾斜波前技术产生的强场 THz 脉冲相比，电场强度基本达到同一个量级，但是在短脉冲和宽频谱上，本实验展现出独特的优势。当单脉冲能量为 55mJ、脉冲宽度为 20fs、功率密度为 $0.7mJ/cm^2$ 的激光泵浦到 4 英寸样品上时，获得了单脉冲能量 8.6nJ、聚焦光斑 175μm、峰值电场强度为 242kV/cm 的 THz 脉冲。更令人欣喜的是，THz 信号并未饱和，样品结构还可以进一步优化，可以承受更高能量的泵浦激光，从而获得更强 THz 脉冲输出。

为进一步提高反铁磁自旋 THz 发射器的电场强度，我们团队总结了两个最重要的因素：第一，自旋 THz 发射器受热效应影响严重，传统玻璃衬底导热性差，热积累效应尤其明显；第二，自旋 THz 发射器对泵浦激光的利用率低，自旋 THz 发射器厚度只有几纳米，通常只能吸收 50%～60%的泵浦激光。针对上述两个因素，通过更换导热性更好的硅衬底来抑制热积累对 $IrMn_3/Co_{20}Fe_{60}B_{20}/W$ 异质结辐射效率的影响。为了避免硅衬底的光电导效应并提高泵浦激光的利用率，在衬底和自旋 THz 发射器之间设计了由 $[HfO_2(92nm)|SiO_2(136nm)]_x$ 组成的一维光子晶体（Photonic

Crystal，PC）结构。使用中心波长为 800nm、重复频率为 1kHz 的钛宝石激光放大器泵浦样品，在泵浦能量为 5.5mJ 的情况下可以得到 1.01MV/cm 的峰值电场强度和 62.5nJ 的 THz 波能量。由于这个不需要外部磁场的 THz 源拥有 110fs 的极短脉冲宽度，同时覆盖 0.1～10THz 这一宽频谱，因此该样品有潜力应用于多个领域。此外，我们团队通过改变磁场位置验证了大尺寸的 $W/Co_{20}Fe_{20}B_{60}/Pt$ 样品难以实现饱和磁化，严重影响其辐射效率。实验验证了由交换偏置或耦合效应引起的面内磁场在 4 英寸 $IrMn_3/Co_{20}Fe_{60}B_{20}/W$ 样品中能稳定保持，因此反铁磁自旋 THz 发射器有望被广泛应用。

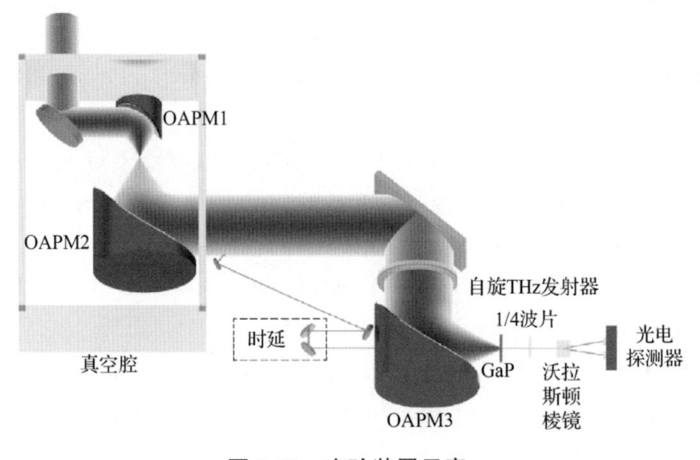

图 2-19　实验装置示意

本章小结

THz 源作为 THz 技术发展的重要动力，对非线性效应、量子物态和生物医学相关研究具有重要意义。

利用超快激光泵浦产生强场 THz 波，根据泵浦材料的不同，THz 源可以分为固体源、液体源、气体源和等离子体源。本章对飞秒激光诱导等离子体、金属丝等离子体和磁性材料及其异质结产生强场 THz 波的方法进行了介绍。基于超快激光泵浦非线性晶体的 THz 源具有高产生效率、高光束质量、高稳定性和较好方向性等优点，但是材料损伤阈值的存在限制了使用的泵浦激光强度，影响了 THz 波强度，等离子体相比之下则没有这样的限制。飞秒激光泵浦磁性材料及其异质结产生强场 THz 波的方法基于超快自旋动力学这一新领域的理论，研究人员先后基于“铁磁-非铁磁”和“非铁磁-铁磁-非铁磁”的磁性异质结产生了强场 THz 波。自旋 THz 波非常适合作为研究超快动力学和自旋电子学的载体，是近年来 THz 领域的研究热点。

参考文献

[1] LI P, LIU S, CHEN X, et al. Spintronic terahertz emission with manipulated polarization (STEMP)[J]. Frontiers of Optoelectronics, 2022, 15(1): 1-15.

[2] HEBLING J, ALMÁSI G, KOZMA I, et al. Velocity matching by pulse front tilting for large-area THz-pulse generation[J]. Optics Express, 2002, 10(21): 1161-1166.

[3] ZHANG B, MA Z, MA J, et al. 1.4-mJ high energy terahertz radiation from lithium niobates[J]. Laser & Photonics Reviews, 2021, 15(3): 2000295.

[4] VICARIO C, MONOSZLAI B, HAURI C P. GV/m single-cycle terahertz fields from a laser-driven large-size partitioned organic crystal[J]. Physical Review Letters, 2014, 112(21): 213901.

[5] KOULOUKLIDIS A D, GOLLNER C, SHUMAKOVA V, et al. Observation of extremely efficient terahertz generation from mid-infrared two-color laser filaments[J]. Nature Communications, 2020, 11(1): 1-8.

[6] COOK D J, HOCHSTRASSER R M. Intense terahertz pulses by four-wave rectification in air[J]. Optics Letters, 2000, 25(16): 1210-1212.

[7] HAMSTER H, SULLIVAN A, GORDON S, et al. Subpicosecond, electromagnetic pulses from intense laser-plasma interaction[J]. Physical Review Letters, 2008, 71(17): 2725-2728.

[8] LU C, ZHANG C, ZHANG L, et al. Modulation of terahertz-spectrum generation from an air plasma by tunable three-color laser pulses[J]. Physical Review A, 2017, 96(5): 053402.

[9] VAIČAITIS V, BALACHNINAITĖ O, MORGNER U, et al. Terahertz radiation generation by three-color laser pulses in air filament[J]. Journal of Applied Physics, 2019, 125(17): 173103.

[10] VICARIO C, SHALABY M, HAURI C P. Subcycle extreme nonlinearities in GaP induced by an ultrastrong terahertz field[J]. Physical Review Letters, 2017, 118(8): 083901.

[11] DEY I, JANA K, FEDOROV V Y, et al. Highly efficient broadband terahertz generation from ultrashort laser filamentation in liquids[J]. Nature Communications, 2017, 8(1): 1184.

[12] KOSAREVA O, PANOV N, MAKAROV V, et al. Polarization rotation due to femtosecond filamentation in an atomic gas[J]. Optics Letters, 2010, 35(17): 2904-2906.

[13] LIAO G Q, LI Y T, ZHANG Y H, et al. Demonstration of coherent terahertz transition radiation from relativistic laser-solid interactions[J]. Physical Review Letters, 2016, 116(20): 205003.

[14] KAMPFRATH T, BATTIATO M, MALDONADO P, et al. Terahertz spin current pulses controlled by magnetic heterostructures[J]. Nature Nanotechnology, 2013, 8(4): 256-260.

[15] BAIERL S, HOHENLEUTNER M, KAMPFRATH T, et al. Nonlinear spin control by terahertz-driven anisotropy fields[J]. Nature Photonics, 2016, 10(11): 715-718.

[16] KONG D, WU X, WANG B, et al. Broadband spintronic terahertz emitter with magnetic - field manipulated polarizations[J]. Advanced Optical Materials, 2019, 7(20): 1900487.

[17] CHEN X, WU X, SHAN S, et al. Generation and manipulation of chiral broadband terahertz waves from cascade spintronic terahertz emitters[J]. Applied Physics Letters, 2019, 115(22): 221104.

[18] SEIFERT T S, JOSEPH B, BARKER J, et al. Femtosecond formation dynamics of the spin Seebeck effect revealed by terahertz spectroscopy[J]. Nature Communications, 2018, 9(1): 1-11.

[19] WANG B, SHAN S, WU X, et al. Picosecond nonlinear spintronic dynamics investigated by terahertz emission spectroscopy[J]. Applied Physics Letters, 2019, 115(12): 121104.

[20] ZHAO H, CHEN X, OUYANG C, et al. Generation and manipulation of chiral terahertz waves in the three-dimensional topological insulator Bi_2Te_3[J]. Advanced Photonics, 2020, 2(6): 2.

第3章　铌酸锂强场THz波产生理论

基于铌酸锂倾斜波前技术产生THz波是目前获取THz强源的有效途径之一。在该技术的引领下，目前基于飞秒激光与物质相互作用可获得高能强场THz波。然而，辐射效率、光束质量、稳定性等还有待进一步提升。本章针对国内外严重缺乏高产生效率、高光束质量、高稳定性（简称"三高"）THz强源的现状，基于飞秒激光与铌酸锂晶体相互作用机理，聚焦铌酸锂倾斜波前技术产生"三高"THz强源辐射理论，分析铌酸锂THz强源辐射效率饱和机理，为后续学习更高能量极端THz强源的研制与应用奠定基础。

3.1　倾斜波前技术发展历程

下面介绍铌酸锂产生THz波的光学整流机制、倾斜波前理论模型的发展以及基于铌酸锂倾斜波前技术产生强场THz波的发展历程。

3.1.1　光学整流机制

常见的相位匹配有角度相位匹配（共线）、温度相位匹配、准相位匹配、角度相位匹配（不共线）和切伦科夫相位匹配。前两种的可调节范围并不大，不太适用于THz波和远红外这两个折射率差别比较大的情况。第三种比较适用于多周期THz波的产生。第四种对泵浦激光的横截面积有限制，不利于通过提高激光能量和增加面积来提高THz波产生效率。第五种，即切伦科夫相位匹配，只有当泵浦激光脉冲的横向光斑尺寸小于指定THz波长时，产生指定波长的THz波的效率才会比较高。此外，切伦科夫相位匹配产生的THz波是锥面波，不是平面波，较难收集。

3.1.2　倾斜波前理论的提出

利用倾斜波前技术产生THz波的过程需要考虑两个不同频段的波（THz波和泵浦激光）之间的相互作用，以及各种线性和非线性过程，所以模型十分复杂。主要的模型演变以及各个模型之间的关系绘制在图 3-1 中。倾斜波前理论经历了四代模型的演变：

（1）第一代用简单的 1D 模型预测 THz 波形；

（2）第二代基于线型源解析解与卷积运算得到 2D 模型的 THz 波形；

（3）第三代聚焦波函数的严格解，得到更准确的 THz 波形和能量；

（4）第四代基于传播方向上的慢变包络近似并考虑级联效应等重要物理过程，使得理论预测可以更准确地解释实验现象。

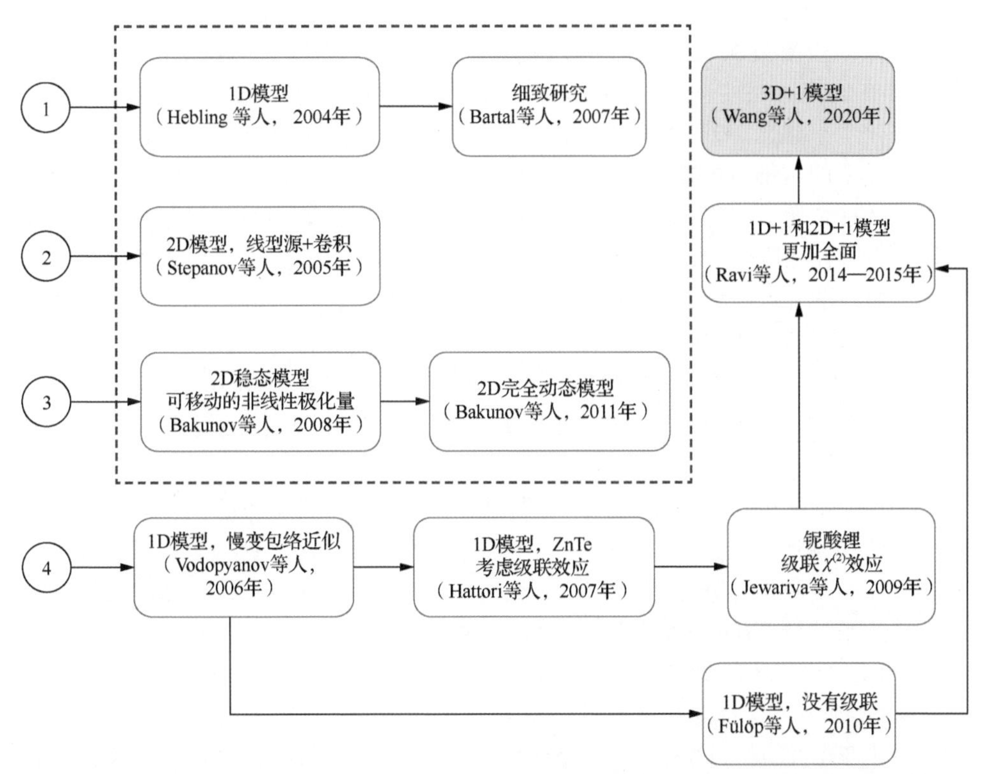

图 3-1　倾斜波前理论模型演变（最左侧框代表较为独立的模型，右上角框代表最新的模型，其余框代表对前期独立模型的补充和改进，虚线内为早期的理论模型）

2004 年，Hebling 等人提出了第一代模型——简单的 1D 模型，用以预测产生的 THz 光谱随倾斜波前角的变化。从 2004 年起，对于倾斜波前技术产生 THz 波的理论研究和数值计算方法已经发展了近 20 年。2007 年，Bartal 等人在 Hebling 的简单模型基础上，细致研究了温度、泵浦激光脉冲宽度、晶体长度等参数对 THz 波输出的影响。2005 年，Stepanov 等人使用线型源的切伦科夫型发射模型的解析解和实际泵浦激光强度分布的卷积运算来研究倾斜波前在传输过程中的演化，提出了第二代模型。第一代模型和第二代模型相对简略，但已经可以定性分析实验中产生的一些现象。2008 年，Bakunov 等人提出了第三代模型，这是一个基于麦克斯韦方程组的有严格解的 2D 稳态模型，它的激励源是由泵浦激光激发的可移动的非线性极化量。这个模型解决了简单 1D 模型中的诸多问题，例如无法求得真实电场强度、无法考虑脉冲横向尺寸、无法完整描述倾斜波前脉冲，以及未考虑 THz 波在出射面的透射率等问题。2011 年，Bakunov 等人又基于之前的工作提出了 2D 完全动态模型。

虽然 Bakunov 等人的模型已经考虑了诸多因素，但尚未考虑倾斜波前产生 THz 波的关键效应——级联效应。在另一条基于慢变包络近似求解波动方程的路线上，这一效应被加入模型之中，由此产生了第四代模型。Vodopyanov 等人于 2006 年在研究周期性反转电光晶体时，采用慢变包络近似方法，使用频域上的非线性极化量来建立 1D 模型，并采用卷积来计算差频产生的 THz 波，它是很多理论仿真模型的基础。2007 年，Hattori 等人发现在相位完美匹配且无吸收的理想条件下，级联光学整流过程会产生高强度的 THz 波，其效率可以超过 Manley-Rowe 极限。为研究级联效应，他们提出了一个基于 ZnTe 的 1D 模型，引入了材料的色散和吸收，并且使用两个独立的方程来分别描述 THz 波和泵浦激光的演化以及相互作用。2009 年，Jewariya 等人在这个模型的基础上，深入研究了铌酸锂的级联 $\chi^{(2)}$ 效应，同时得出级联效应可以高效产生宽带 THz 波这一结论。新模型论述了将 2D 模型映射到 1D 模型计算的可行性，但是这就意味着无法考虑光斑尺寸和强度分布。

2010 年，Fülöp 等人提出了一个类似的 1D 模型。模型考虑了材料色散和角色散导致的泵浦激光脉冲宽度变化，并且通过 Drude 模型（德鲁德模型）引入了光致载流子导致的 THz 波的吸收。此外，他们还将晶体沿平行于脉冲波前方向分割成片来计算 THz 波产生效率。从 2014 到 2015 年，Ravi 等人提出了 1D+1 和 2D+1 模型，并且在 2019 年给出了 2D+1 模型在泵浦激光无耗情况下的解析解。1D+1 和 2D+1 模型都充分考虑了 THz 波和泵浦激光之间的耦合相互作用（包含差频产生 THz 波和级联效应）、材料吸收、角色散、材料色散、自相位调制和受激拉曼散射，其中 2D+1 模型还考虑了倾斜波前装置导致的泵浦时空变化。2020 年，Wang 等人在 Ravi 等人的基础上提出了 3D+1 模型，可以额外考虑第三轴上的因素对模型的影响。

3.2 倾斜波前理论基础

对于铌酸锂产生 THz 波的理论研究依旧处于初步阶段，还没有成熟的理论工具来对基于铌酸锂倾斜波前技术产生 THz 波的过程进行准确仿真。本节将详细地介绍现在较为成熟的“3D+1”模型的理论推导，并简要介绍相关数学公式和计算方法。

3.2.1　理论模型需考虑的关键因素

本节聚焦飞秒激光泵浦铌酸锂产生强场 THz 波的物理效应。飞秒激光与物质相互作用产生 THz 波的机理十分复杂，影响 THz 波产生效率的关键因素如图 3-2 所示。

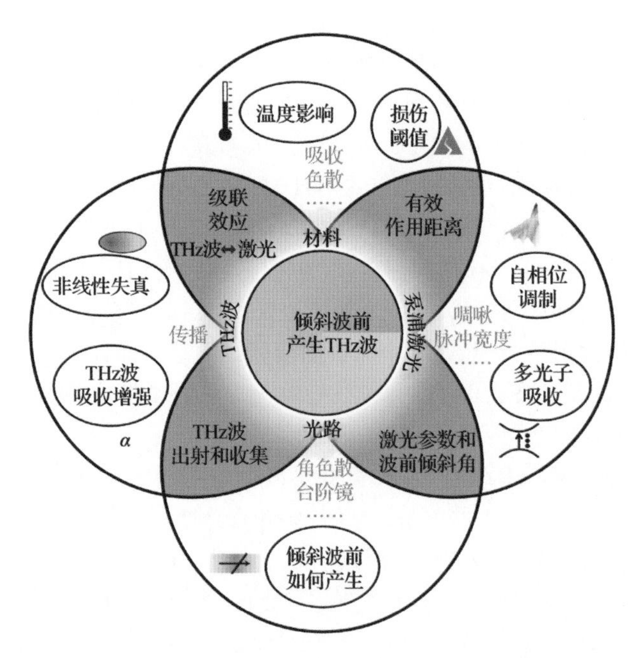

图 3-2　影响 THz 波产生效率的关键因素

（1）有效作用距离或最大 THz 非相干距离与晶体尺寸。首先，有效作用距离与晶体对 THz 波的吸收系数有关，Hebling 等人直接使用了吸收系数的倒数来估算有效作用距离。2013 年，Bodrov 等人提出，自相位调制（Self-Phase Modulation，SPM）效应会导致 THz 波产生效率饱和，并且基于该理论估计了饱和能流密度。这意味着通过提高能流密度来提高产生效率是有极限的，而且为了更准确地估计 THz 波产生效率，模型必须考虑 SPM 效应，甚至其他高阶非线性效应。超短泵浦激光脉冲（30fs）在铌酸锂中传播时，其 SPM 效应相比较长脉冲的更加强烈，导致频谱展宽和劣化，造成有效作用距离较短。这个问题可以通过外加啁啾的方式（将泵浦激光脉冲拉长）来解决。但是采用这个方式会降低脉冲强度，影响非线性效应，从而降低 THz 波产生效率。

（2）多光子吸收效应导致激光吸收增强，从而间接导致 THz 波吸收增强。THz 波吸收可以分为两部分：一部分是由介质本身的吸收特性导致的；另一部分是激光激发的载流子造成的额外吸收。

（3）受限于使用光栅产生倾斜波前的方法，以及实验过程中的校准问题，非线性失真效应会导致远离相位匹配角的泵浦激光能量无法有效转化为 THz 波。可借鉴最新研究成果设法解决，如可以将泵浦激光制备成椭圆形状，提高相位匹配角附近的能量转化效率，或采取更加独特的光学结构和设计铌酸锂晶体表面结构，这在理论上可以提高 THz 波产生效率。

（4）如何收集产生的 THz 波也是一个重要的问题。主要需要解决的是 THz 波从铌酸锂的出射面出射时的界面反射问题，这个问题已经被充分讨论。Zhang 等人发现可以利用柔性聚酰亚胺材料在铌酸锂表面进行增透。这个方法是一个临时解决方法，要想完美地透射出所有的 THz 波能量，需要采用超宽带设计。

（5）铌酸锂对 THz 波的吸收率和在 THz 频段的折射率都会受到温度的影响。可以通过液氮降温来大幅降低 THz 的吸收率，提高 THz 波产生效率。

（6）由于铌酸锂的激光损伤阈值有限，同时考虑到前面所述的 SPM 和多光子吸收问题，通常需要限制入射到铌酸锂上的能流密度。这意味着需要大光斑和大晶体。如何加工大尺寸铌酸锂晶体也是一个重要的问题。而且，晶体变大后，激光和 THz 波在晶体中传播的距离变长，可能会使某些效应变得更加明显，某些效应不再明显，这些都是需进一步研究的内容。

（7）级联效应使得 THz 波产生效率超过 Manley-Rowe 极限（曼利-罗极限）。根据 Manley-Rowe 关系（曼利-罗关系），一个差频光子通过一个泵浦光子的湮灭产生，因此产生的 THz 光子数不能超过泵浦光子数。同时，由于 THz 波中光子的能量很小，所以能量转化效率很低。然而，发射一个 THz 光子后，泵浦光子的能量或者频率会降低一些，如果满足相位匹配条件，这个低能量的光子将继续产生 THz 光子，从而使 THz 波产生效率得到极大提升，超过 Manley-Rowe 极限。

因此，如果想让理论预测更符合实验结果，需要综合考虑上述各方面因素。

3.2.2 电磁理论基础

本节将简要介绍 3D+1 模型的理论基础，从数学基础开始一步步深入，详细地推导出波动方程。

1. 数学基础

Nabla 算子（又称倒三角算符），可以写作 $\vec{\nabla}$，这样可以强调 Nabla 算子在计算过程中的类似矢量的性质。三维 Nabla 算子可以表示为：

$$\vec{\nabla}=\left(\frac{\partial}{\partial x},\frac{\partial}{\partial y},\frac{\partial}{\partial z}\right) \tag{3-1}$$

所以，求散度就可以按照矢量内积规则：

$$\vec{\nabla}\cdot\vec{A}=\frac{\partial A_x}{\partial x}+\frac{\partial A_y}{\partial y}+\frac{\partial A_z}{\partial z} \tag{3-2}$$

求旋度可以按照矢量外积规则：

$$\vec{\nabla}\times\vec{A}=\begin{pmatrix}\hat{x} & \hat{y} & \hat{z}\\ \dfrac{\partial}{\partial x} & \dfrac{\partial}{\partial y} & \dfrac{\partial}{\partial z}\\ A_x & A_y & A_z\end{pmatrix} \tag{3-3}$$

下面是常见的矢量恒等式：

$$\vec{\nabla}(fg)=f\vec{\nabla}g+g\vec{\nabla}f \tag{3-4a}$$

$$\vec{\nabla}(\vec{u}\cdot\vec{v})=\vec{u}\times(\vec{\nabla}\times\vec{v})+\vec{v}\times(\vec{\nabla}\times\vec{u})+(\vec{u}\cdot\vec{\nabla})\vec{v}+(\vec{v}\cdot\vec{\nabla})\vec{u} \tag{3-4b}$$

$$\vec{\nabla}\cdot(f\vec{v})=f(\vec{\nabla}\cdot\vec{v})+\vec{v}\cdot(\vec{\nabla}f) \tag{3-4c}$$

$$\vec{\nabla}\cdot(\vec{u}\times\vec{v})=\vec{v}\cdot(\vec{\nabla}\times\vec{u})-\vec{u}\cdot(\vec{\nabla}\times\vec{v}) \tag{3-4d}$$

$$\vec{\nabla}\times(f\vec{v})=(\vec{\nabla}f)\times\vec{v}+f(\vec{\nabla}\times\vec{v}) \tag{3-4e}$$

$$\vec{\nabla}\times(\vec{u}\times\vec{v})=\vec{u}(\vec{\nabla}\cdot\vec{v})-\vec{v}(\vec{\nabla}\cdot\vec{u})+(\vec{v}\cdot\vec{\nabla})\vec{u}-(\vec{u}\cdot\vec{\nabla})\vec{v} \tag{3-4f}$$

2. 麦克斯韦方程组

在经典理论中，光是电磁波，可以在自由空间传播或以振荡电场和磁场形式通过材料介质传播。

尽管电磁波的波长范围可以从长无线电波到伽马射线，但日常常说的“光”的频率范围仅限从真空紫外线到远红外。由于 THz 波介于微波和远红外之间，常常被称为“THz wave”或“THz light”。要正确描述光在介质中的传播（无论是真空还是物质介质），一般需要知道 6 个标量函数以及它们与位置和时间的关系。这些函数不是独立的，可通过麦克斯韦方程联系起来。

麦克斯韦方程组由 4 个相互耦合的方程组成，涉及光的电场矢量和磁场矢量，麦克斯韦方程组在真空中的微分形式如下。

（1）法拉第电磁感应定律：

$$\vec{\nabla}\times\vec{E}=-\mu_0\frac{\partial\vec{H}}{\partial t} \tag{3-5a}$$

（2）修正的安培环路定理：

$$\vec{\nabla}\times\vec{H}=\vec{J}_f+\varepsilon_0\frac{\partial\vec{E}}{\partial t} \tag{3-5b}$$

（3）电场高斯定律：

$$\vec{\nabla}\cdot\varepsilon_0\vec{E}=\rho_f \tag{3-5c}$$

（4）磁场高斯定律：

$$\vec{\nabla}\cdot\mu_0\vec{H}=0 \tag{3-5d}$$

额外地，电荷守恒定律由实验证明，也可由修正的安培环路定理和电场高斯定律导出：

$$\vec{\nabla}\cdot\vec{J}_f=-\frac{\partial\rho_f}{\partial t} \tag{3-5e}$$

其中，t 是时间，$\vec{E}=\vec{E}(\vec{r},t)$ 是电场矢量，$\vec{H}=\vec{H}(\vec{r},t)$ 是磁场矢量，μ_0 是真空磁导率，ε_0 是真空介电常数，$\vec{J}_f$ 是自由电流密度，ρ_f 是自由电荷密度。麦克斯韦方程组中只有 3 个方程是独立的。

在介质中，考虑到物质与电磁波的宏观相互作用，麦克斯韦方程组可被改写成：

$$\vec{\nabla}\times\vec{E}=-\frac{\partial\vec{B}}{\partial t} \tag{3-6a}$$

$$\vec{\nabla}\times\vec{H}=\vec{J}_f+\frac{\partial\vec{D}}{\partial t} \tag{3-6b}$$

$$\vec{\nabla}\cdot\vec{D}=\rho_f \tag{3-6c}$$

$$\vec{\nabla}\cdot\vec{B}=0 \tag{3-6d}$$

其中，$\vec{D}=\vec{D}(\vec{r},t)$ 是电位移矢量，$\vec{B}=\vec{B}(\vec{r},t)$ 是磁感应强度矢量。

大多数情况下，我们研究的是理想不导电、无自由电荷、非磁性介质（$\mu\approx\mu_0$），μ 是磁导率。式（3-6）改写为：

$$\vec{\nabla}\times\vec{E}=-\mu_0\frac{\partial\vec{H}}{\partial t} \tag{3-7a}$$

$$\vec{\nabla}\times\vec{H}=\varepsilon\frac{\partial\vec{E}}{\partial t} \tag{3-7b}$$

$$\vec{\nabla}\cdot\varepsilon\vec{E}=0 \tag{3-7c}$$

$$\vec{\nabla}\cdot\mu_0\vec{H}=0 \tag{3-7d}$$

其中，ε 是介电常数。

3. 非均匀线性介质中的波动方程

对式（3-7a）和式（3-7b）两端求旋度，并利用矢量恒等式（3-4）可以得到：

$$\vec{\nabla}\left(\vec{\nabla}\cdot\vec{E}\right)-\vec{\nabla}^2\vec{E}=-\mu_0\vec{\nabla}\times\frac{\partial\vec{H}}{\partial t} \tag{3-8a}$$

$$\vec{\nabla}\left(\vec{\nabla}\cdot\vec{H}\right)-\vec{\nabla}^2\vec{H}=\vec{\nabla}\varepsilon\times\frac{\partial\vec{E}}{\partial t}+\varepsilon\left(\vec{\nabla}\times\frac{\partial\vec{E}}{\partial t}\right) \tag{3-8b}$$

展开式（3-7c）得到：

$$\vec{\nabla}\cdot\varepsilon\vec{E}=\vec{\nabla}\varepsilon\cdot\vec{E}+\varepsilon\vec{\nabla}\cdot\vec{E}=0\Rightarrow\vec{\nabla}\cdot\vec{E}=-\frac{\vec{\nabla}\varepsilon}{\varepsilon}\cdot\vec{E} \tag{3-9}$$

考虑到非均匀线性介质中的$\vec{\nabla}\ln\varepsilon=\frac{\vec{\nabla}\varepsilon}{\varepsilon}$，将式（3-9）和式（3-7a）代入式（3-8a），将式（3-9）和式（3-7b）代入式（3-8b）。注意到$\vec{\nabla}\times\frac{\partial}{\partial t}\equiv\frac{\partial}{\partial t}\left(\vec{\nabla}\times\right)$，可得非磁性、各向同性、非均匀线性介质中的波动方程：

$$\vec{\nabla}^2\vec{E}+\vec{\nabla}\left(\vec{E}\cdot\vec{\nabla}\ln\varepsilon\right)-\mu_0\varepsilon\frac{\partial^2\vec{E}}{\partial t^2}=0 \tag{3-10a}$$

$$\vec{\nabla}^2\vec{H}+\vec{\nabla}\ln\varepsilon\times\left(\vec{\nabla}\times\vec{H}\right)-\varepsilon\mu_0\frac{\partial^2\vec{H}}{\partial t^2}=0 \tag{3-10b}$$

4. 均匀线性介质中的波动方程与单色波

在均匀线性介质中，$\vec{\nabla}\ln\varepsilon=0$，波动方程变为：

$$\vec{\nabla}^2\vec{E}-\mu_0\varepsilon\frac{\partial^2\vec{E}}{\partial t^2}=0 \tag{3-11a}$$

$$\vec{\nabla}^2\vec{H}-\varepsilon\mu_0\frac{\partial^2\vec{H}}{\partial t^2}=0 \tag{3-11b}$$

式（3-11）的一组解是谐波函数，表述的是依赖于时间变量的正弦波，即单色波，其拥有的属性为角频率 ω（以 rad/s 为单位）。一般来说，与单色波相关的电场和磁场可以表示为：

$$\vec{E}\left(\vec{r},t\right)=\vec{E}_0\left(\vec{r}\right)\cos\left[\omega t+\varphi\left(\vec{r}\right)\right] \tag{3-12a}$$

$$\vec{H}\left(\vec{r},t\right)=\vec{H}_0\left(\vec{r}\right)\cos\left[\omega t+\varphi\left(\vec{r}\right)\right] \tag{3-12b}$$

其中，E_0为电场振幅，H_0为磁场振幅，$\varphi\left(\vec{r}\right)$是初始相位，式（3-12）写成复数形式：

$$\vec{E}\left(\vec{r},t\right)=\mathrm{Re}\left[\vec{E}_0\left(\vec{r}\right)\mathrm{e}^{\mathrm{i}\left[\omega t+\varphi\left(\vec{r}\right)\right]}\right]=\frac{1}{2}\left[\tilde{E}\left(\vec{r}\right)\mathrm{e}^{\mathrm{i}\omega t}+c.c.\right] \tag{3-13a}$$

$$\vec{H}\left(\vec{r},t\right)=\mathrm{Re}\left[\vec{H}_0\left(\vec{r}\right)\mathrm{e}^{\mathrm{i}\left[\omega t+\varphi\left(\vec{r}\right)\right]}\right]=\frac{1}{2}\left[\tilde{H}\left(\vec{r}\right)\mathrm{e}^{\mathrm{i}\omega t}+c.c.\right] \tag{3-13b}$$

其中，$\tilde{E}\left(\vec{r}\right)=\vec{E}_0\left(\vec{r}\right)\mathrm{e}^{\mathrm{i}\varphi\left(\vec{r}\right)}$，$\tilde{H}\left(\vec{r}\right)=\vec{H}_0\left(\vec{r}\right)\mathrm{e}^{\mathrm{i}\varphi\left(\vec{r}\right)}$，$c.c.$为复数共轭量。为了方便，我们定义复矢量$\tilde{A}=\dot{A}_1\vec{u}_1+\dot{A}_2\vec{u}_2+\dot{A}_3\vec{u}_3$，$\dot{A}_1,\dot{A}_2,\dot{A}_3$是复数分量。复数形式的麦克斯韦方程组为：

$$\vec{\nabla}\times\tilde{E}=-\mathrm{i}\omega\mu_0\tilde{H} \tag{3-14a}$$

$$\vec{\nabla}\times\tilde{H}=\mathrm{i}\omega\varepsilon\tilde{E} \tag{3-14b}$$

$$\vec{\nabla}\cdot\varepsilon\tilde{E}=0 \tag{3-14c}$$

$$\vec{\nabla}\cdot\tilde{H}=0 \tag{3-14d}$$

波动方程（3-10）变为：

$$\vec{\nabla}^2\tilde{E}+\vec{\nabla}\left(\tilde{E}\cdot\vec{\nabla}\ln\varepsilon\right)+\omega^2\mu_0\varepsilon\tilde{E}=0 \tag{3-15a}$$

$$\vec{\nabla}^2\tilde{H}+\vec{\nabla}\ln\varepsilon\times\left(\vec{\nabla}\times\tilde{H}\right)+\omega^2\varepsilon\mu_0\tilde{H}=0 \tag{3-15b}$$

注意，这里的 $\tilde{E}$ 和 $\tilde{H}$ 都不再和时间 t 有关，只和位置有关。

5. 均匀非线性介质中的波动方程

前面已经介绍了均匀线性介质中的波动方程，接下来介绍均匀非线性介质中的波动方程。通过对波动方程的推导和修改，我们可以对铌酸锂辐射 THz 波这一过程进行理论计算。需要注意的是，下面的公式推导都假定电磁波是在非线性、非磁性、各向同性、均匀介质中传播。

我们知道，电位移矢量也可以用极化矢量 $\vec{P}$ 描述：

$$\vec{D}=\varepsilon_0\vec{E}+\vec{P} \tag{3-16}$$

对于非线性介质，极化矢量写作：

$$\vec{P}=\varepsilon_0\chi_{\mathrm{L}}\vec{E}+\vec{P}_{\mathrm{NL}} \tag{3-17}$$

其中，χ_{L} 是线性极化率，$\vec{P}_{\mathrm{NL}}$ 是非线性极化矢量。如果考虑到各向异性的二阶非线性介质，$\vec{P}_{\mathrm{NL}}$ 的各个分量可以描述为（爱因斯坦求和约定）：

$$\left(\vec{P}_{\mathrm{NL}}\right)_l=P_{\mathrm{NL}l}=\sum_{m,n}2d_{lmn}E_mE_n \tag{3-18}$$

其中，d_{lmn} 是非线性系数。可以将式（3-16）变为：$\vec{D}=\varepsilon_0\vec{E}+\varepsilon_0\chi_{\mathrm{L}}\vec{E}+\vec{P}_{\mathrm{NL}}=\varepsilon\vec{E}+\vec{P}_{\mathrm{NL}}$，于是麦克斯韦方程组变为：

$$\vec{\nabla}\times\vec{E}=-\mu_0\frac{\partial\vec{H}}{\partial t} \tag{3-19a}$$

$$\vec{\nabla}\times\vec{H}=\frac{\partial}{\partial t}\left(\varepsilon\vec{E}+\vec{P}_{\mathrm{NL}}\right) \tag{3-19b}$$

$$\vec{\nabla}\cdot\left(\varepsilon\vec{E}+\vec{P}_{\mathrm{NL}}\right)=0 \tag{3-19c}$$

$$\vec{\nabla}\cdot\mu_0\vec{H}=0 \tag{3-19d}$$

经过类似均匀线性介质中的波动方程的计算，就可以得到：

$$\vec{\nabla}^2\vec{E}-\vec{\nabla}\left(\vec{\nabla}\cdot\vec{E}\right)-\mu_0\varepsilon\frac{\partial^2}{\partial t^2}\vec{E}-\mu_0\frac{\partial^2}{\partial t^2}\vec{P}_{\mathrm{NL}}=0 \tag{3-20}$$

式（3-20）就是均匀非线性介质中的波动方程。如果仅考虑 3 种频率的单色光（$\omega_1+\omega_2=\omega_3$）可得：

$$\vec{E}_{\omega1}=\frac{1}{2}\left(\tilde{E}_1\mathrm{e}^{\mathrm{i}\omega_1 t}+c.c.\right) \tag{3-21a}$$

$$\vec{E}_{\omega2}=\frac{1}{2}\left(\tilde{E}_2\mathrm{e}^{\mathrm{i}\omega_2 t}+c.c.\right) \tag{3-21b}$$

$$\vec{E}_{\omega3}=\frac{1}{2}\left(\tilde{E}_3\mathrm{e}^{\mathrm{i}\omega_3 t}+c.c.\right) \tag{3-21c}$$

将 $\vec{E}=\vec{E}_{\omega1}+\vec{E}_{\omega2}+\vec{E}_{\omega3}$ 代入非线性方程（3-20）可得 i 分量：

$$\begin{aligned}&\frac{1}{2}\vec{\nabla}^2\left(\dot{E}_{1i}\mathrm{e}^{\mathrm{i}\omega_1 t}+\dot{E}_{2i}\mathrm{e}^{\mathrm{i}\omega_2 t}+\dot{E}_{3i}\mathrm{e}^{\mathrm{i}\omega_3 t}+c.c.\right)-\frac{\partial}{\partial i}\left(\vec{\nabla}\cdot\vec{E}\right)\\&+\frac{1}{2}\left(\mu_0\varepsilon_1\omega_1^2\dot{E}_{1i}\mathrm{e}^{\mathrm{i}\omega_1 t}+\mu_0\varepsilon_2\omega_2^2\dot{E}_{2i}\mathrm{e}^{\mathrm{i}\omega_2 t}+\mu_0\varepsilon_3\omega_3^2\dot{E}_{3i}\mathrm{e}^{\mathrm{i}\omega_3 t}+c.c.\right)\\&-\mu_0\varepsilon\frac{\partial^2}{\partial t^2}P_{\mathrm{NL}i}=0\end{aligned} \tag{3-22}$$

其中，$i=x,y,z$。

根据式（3-18），可以得到非线性极化分量：

$$\begin{aligned}P_{\mathrm{NL}i}=&\frac{1}{2}\sum\nolimits_{j,k}d_{ijk}\left(\dot{E}_{1j}\mathrm{e}^{\mathrm{i}\omega_1 t}+\dot{E}_{2j}\mathrm{e}^{\mathrm{i}\omega_2 t}+\dot{E}_{3j}\mathrm{e}^{\mathrm{i}\omega_3 t}+c.c.\right)\times\\&\left(\dot{E}_{1k}\mathrm{e}^{\mathrm{i}\omega_1 t}+\dot{E}_{2k}\mathrm{e}^{\mathrm{i}\omega_2 t}+\dot{E}_{3k}\mathrm{e}^{\mathrm{i}\omega_3 t}+c.c.\right)\end{aligned} \tag{3-23}$$

在展开过程中，我们会发现其中出现了许多和频与差频项，我们只需要保留最终频率为 ω_1、ω_2 或者 ω_3 的项即可。假设材料是无损耗的，则 d_{ijk} 是实数，且 $d_{ijk}=d_{ikj}$。然后把各分量按照频率分组：

$$\begin{aligned}P_{\mathrm{NL}i}^{\omega_1}&=\frac{1}{2}\sum_{j,k}d_{ijk}\left(\dot{E}_{3j}\dot{E}_{2k}^*+\dot{E}_{2j}^*\dot{E}_{3k}\right)\mathrm{e}^{\mathrm{i}(\omega_3-\omega_2)t}+c.c.\\&=\sum_{j,k}d_{ijk}\dot{E}_{3j}\dot{E}_{2k}^*\mathrm{e}^{\mathrm{i}(\omega_3-\omega_2)t}+c.c.\end{aligned} \tag{3-24}$$

$$\begin{aligned}P_{\mathrm{NL}i}^{\omega_2}&=\frac{1}{2}\sum_{j,k}d_{ijk}\left(\dot{E}_{3j}\dot{E}_{1k}^*+\dot{E}_{1j}^*\dot{E}_{3k}\right)\mathrm{e}^{\mathrm{i}(\omega_3-\omega_1)t}+c.c.\\&=\sum_{j,k}d_{ijk}\dot{E}_{3j}\dot{E}_{1k}^*\mathrm{e}^{\mathrm{i}(\omega_3-\omega_1)t}+c.c.\end{aligned} \tag{3-25}$$

$$\begin{aligned}P_{\mathrm{NL}i}^{\omega_3}&=\frac{1}{2}\sum_{j,k}d_{ijk}\left(\dot{E}_{1j}\dot{E}_{2k}+\dot{E}_{2j}\dot{E}_{1k}\right)\mathrm{e}^{\mathrm{i}(\omega_2+\omega_1)t}+c.c.\\&=\sum_{j,k}d_{ijk}\dot{E}_{2j}\dot{E}_{1k}\mathrm{e}^{\mathrm{i}(\omega_2+\omega_1)t}+c.c.\end{aligned} \tag{3-26}$$

代入式（3-22），得：

$$\begin{aligned}&\frac{1}{2}\vec{\nabla}^2\left(\dot{E}_{1i}\mathrm{e}^{\mathrm{i}\omega_1 t}+\dot{E}_{2i}\mathrm{e}^{\mathrm{i}\omega_2 t}+\dot{E}_{3i}\mathrm{e}^{\mathrm{i}\omega_3 t}+c.c.\right)\\&-\frac{1}{2}\frac{\partial}{\partial i}\left[\vec{\nabla}\cdot\left(\tilde{E}_1\mathrm{e}^{\mathrm{i}\omega_1 t}+\tilde{E}_2\mathrm{e}^{\mathrm{i}\omega_2 t}+\tilde{E}_3\mathrm{e}^{\mathrm{i}\omega_3 t}+c.c.\right)\right]\\&+\frac{1}{2}\left(\mu_0\varepsilon_1\omega_1^2\dot{E}_{1i}\mathrm{e}^{\mathrm{i}\omega_1 t}+\mu_0\varepsilon_2\omega_2^2\dot{E}_{2i}\mathrm{e}^{\mathrm{i}\omega_2 t}+\mu_0\varepsilon_3\omega_3^2\dot{E}_{3i}\mathrm{e}^{\mathrm{i}\omega_3 t}+c.c.\right)\\&+\mu_0\left(\omega_1^2P_{\mathrm{NL}i}^{\omega_1}+\omega_2^2P_{\mathrm{NL}i}^{\omega_2}+\omega_3^2P_{\mathrm{NL}i}^{\omega_3}\right)=0\end{aligned}\tag{3-27}$$

可以将式（3-27）基于频率整理为：

$$\mathcal{P}_1\mathrm{e}^{\mathrm{i}\omega_1 t}+\mathcal{P}_1^*\mathrm{e}^{-\mathrm{i}\omega_1 t}+\mathcal{P}_2\mathrm{e}^{\mathrm{i}\omega_2 t}+\mathcal{P}_2^*\mathrm{e}^{-\mathrm{i}\omega_2 t}+\mathcal{P}_3\mathrm{e}^{\mathrm{i}\omega_3 t}+\mathcal{P}_3^*\mathrm{e}^{-\mathrm{i}\omega_3 t}=0\tag{3-28}$$

其中（以 $\mathcal{P}_1$ 为例）：

$$\mathcal{P}_1=\frac{1}{2}\vec{\nabla}^2\dot{E}_{1i}-\frac{1}{2}\frac{\partial}{\partial i}\left(\vec{\nabla}\cdot\tilde{E}_1\right)+\frac{1}{2}\mu_0\varepsilon_1\omega_1^2\dot{E}_{1i}+\mu_0\omega_1^2\sum_{j,k}d_{ijk}\dot{E}_{3j}\dot{E}_{2k}^*\tag{3-29}$$

考虑到式（3-28）对任意时间 t 都成立，可以取不同的 t，获取 6 个不同的方程来解耦式（3-28）的 6 个项。可以利用公约数设置谐振项 $\mathrm{e}^{\mathrm{i}\omega_2 t}=B$ 和 $\mathrm{e}^{\mathrm{i}\omega_3 t}=C$，令 $\mathrm{e}^{\mathrm{i}\omega_1 t}$ 分别为 A、A' 和 A''，可得：

$$\begin{cases}A\mathcal{P}_1+A^*\mathcal{P}_1^*+B\mathcal{P}_2+B^*\mathcal{P}_2^*+C\mathcal{P}_3+C^*\mathcal{P}_3^*=0\\A'\mathcal{P}_1+A'^*\mathcal{P}_1^*+B\mathcal{P}_2+B^*\mathcal{P}_2^*+C\mathcal{P}_3+C^*\mathcal{P}_3^*=0\\A''\mathcal{P}_1+A''^*\mathcal{P}_1^*+B\mathcal{P}_2+B^*\mathcal{P}_2^*+C\mathcal{P}_3+C^*\mathcal{P}_3^*=0\end{cases}\tag{3-30}$$

易得 $\mathcal{P}_1=0$，则有：

$$\vec{\nabla}^2\dot{E}_{1i}-\frac{\partial}{\partial i}\left(\vec{\nabla}\cdot\tilde{E}_1\right)+\mu_0\varepsilon_1\omega_1^2\dot{E}_{1i}+\mu_0\omega_1^2\sum_{j,k}2d_{ijk}\dot{E}_{3j}\dot{E}_{2k}^*=0\tag{3-31}$$

设 $k_{01}=\frac{\omega_1}{c}$（$c$为真空中的光速），$\mu_0\varepsilon_1\omega_1^2=c^2\mu_0\varepsilon_1k_{01}^2=\frac{1}{\mu_0\varepsilon_0}\mu_0\varepsilon_1k_{01}^2=\varepsilon_{r1}k_{01}^2=n_1^2k_{01}^2$（$n_1$ 为折射率）。再定义 $\chi_{ijk}\equiv\frac{2d_{ijk}}{\varepsilon_1}$，式（3-31）可以化简为：

$$\vec{\nabla}^2\dot{E}_{1i}-\frac{\partial}{\partial i}\left(\vec{\nabla}\cdot\tilde{E}_1\right)+n_1^2k_{01}^2\dot{E}_{1i}+k_{01}^2\sum_{j,k}\chi_{ijk}\dot{E}_{3j}\dot{E}_{2k}^*=0\tag{3-32}$$

写成矢量形式$\left[\text{设}\tilde{N}_1=\left(\sum_{j,k}\chi_{1jk}\dot{E}_{3j}\dot{E}_{2k}^*,\sum_{j,k}\chi_{2jk}\dot{E}_{3j}\dot{E}_{2k}^*,\sum_{j,k}\chi_{3jk}\dot{E}_{3j}\dot{E}_{2k}^*\right)\right]$：

$$\vec{\nabla}^2\tilde{E}_1-\vec{\nabla}\left(\vec{\nabla}\cdot\tilde{E}_1\right)+n_1^2k_{01}^2\tilde{E}_1+k_{01}^2\tilde{N}_1=0\tag{3-33a}$$

基于同样的方法，可以得到 ω_2 和 ω_3 对应的公式：

$$\vec{\nabla}^2\tilde{E}_2-\vec{\nabla}\left(\vec{\nabla}\cdot\tilde{E}_2\right)+n_2^2k_{02}^2\tilde{E}_2+k_{02}^2\tilde{N}_2=0\tag{3-33b}$$

$$\vec{\nabla}^2\tilde{E}_3-\vec{\nabla}\left(\vec{\nabla}\cdot\tilde{E}_3\right)+n_3^2k_{03}^2\tilde{E}_3+k_{03}^2\tilde{N}_3=0\tag{3-33c}$$

其中，$\tilde{N}_2=\left(\sum_{j,k}\chi_{1jk}\dot{E}_{3j}\dot{E}_{1k}^{*},\sum_{j,k}\chi_{2jk}\dot{E}_{3j}\dot{E}_{1k}^{*},\sum_{j,k}\chi_{3jk}\dot{E}_{3j}\dot{E}_{1k}^{*}\right)$，$\tilde{N}_3=\left(\sum_{j,k}\chi_{1jk}\dot{E}_{2j}\dot{E}_{1k},\sum_{j,k}\chi_{2jk}\dot{E}_{2j}\dot{E}_{1k},\sum_{j,k}\chi_{3jk}\dot{E}_{2j}\dot{E}_{1k}\right)$。为了方便，可以直接写出 3 个频率通用的波动方程：

$$\vec{\nabla}^2\tilde{E}-\vec{\nabla}\left(\vec{\nabla}\cdot\tilde{E}\right)+n^2k_0^2\tilde{E}+k_0^2\tilde{N}=0 \tag{3-34}$$

3.2.3　波束传输法和铌酸锂倾斜波前技术的理论模型

基于前面的基础波动方程，我们可以进一步假设、简化和推导，最终得到倾斜波前技术的理论模型。

1. 基于横向电磁场参数的波动方程

为了描述光在非均匀介质（如光波导）中的传播，考虑到晶体中的光都近似沿着同一个方向传播，需要采用电场或磁场的横向分量来重写波动方程。如果给定介质的折射率沿波传播方向变化比较缓慢，则电场和磁场的横向分量和纵向分量能够被解耦。假设有一束沿着 z 方向传播的单色波，我们将导出横向分量的波动方程。这些方程将是开发“光束传播”方程的起点。对于二阶非线性介质，一般不可能得到横向分量的波动方程，因为非线性极化可以同时诱导场的横向分量和纵向分量，造成横向分量和纵向分量耦合。然而，我们可以推导出一个通用的波动方程，作为发展非线性介质的“光束传播”方程的起点。

现在已经发展出许多强大的数值方法，例如，时域有限差分法（Finite-Difference Time-Domain，FDTD）可以通过求解麦克斯韦方程组来计算受源分布和附加边界条件影响的区域内的电磁场分布。然而，当 FDTD 应用于铌酸锂时，它的计算效率很低，因此需要特殊的数值方法。激光在铌酸锂中传播时，大多朝一个方向，而且没有类似超材料一样的散射现象，可以近似为傍轴传播。在傍轴传播中，假设介电常数分布 $\varepsilon\left(\vec{r}\right)$ 沿 z 方向缓慢变化，即 $\frac{\partial\varepsilon\left(\vec{r}\right)}{\partial z}\approx 0$，电磁场的横向分量与纵向分量可以实现解耦。慢变包络近似下的电磁场波动方程是波束传输法（Beam Propagation Method，BPM）的起点。这种方法描述的是，初始电磁场沿轴向在足够短的纵向台阶中的传播过程。

在使用铌酸锂产生 THz 波的实验中，激光和 THz 波的偏振方向是一致的，因此只需要考虑一个偏振方向（$\tilde{E}\rightarrow\dot{E}$）即可。倾斜波前技术要求泵浦激光脉冲和 THz 波的传播方向是不一致的，这导致两者中至少有一个是倾斜传播。假设 THz 波的传播方向为 z 方向，而泵浦激光脉冲的传播方向是倾斜的，两个脉冲的传播方向（波矢）都在 ZX 平面。

我们把电场矢量沿横向（垂直于电磁波传播方向，下标为 t）和纵向（沿电磁波传播方向，下标为 z）分离：

$$\tilde{E}_t(\vec{r}) = \dot{E}_x(\vec{r})\vec{u}_x + \dot{E}_y(\vec{r})\vec{u}_y \tag{3-35}$$

$$\tilde{E}(\vec{r}) = \tilde{E}_t(\vec{r}) + \dot{E}_z(\vec{r})\vec{u}_z \tag{3-36}$$

Nabla 算子分离结果如下：

$$\vec{\nabla} = \vec{\nabla}_t + \frac{\partial}{\partial z}\vec{u}_z \tag{3-37}$$

$$\vec{\nabla}_t = \frac{\partial}{\partial x}\vec{u}_x + \frac{\partial}{\partial y}\vec{u}_y \tag{3-38}$$

展开式（3-19c）：

$$(\vec{\nabla}_t\varepsilon)\cdot\vec{E}_t + \frac{\partial\varepsilon}{\partial z}E_z + \varepsilon(\vec{\nabla}\cdot\vec{E}) + \vec{\nabla}\cdot\vec{P}_{\mathrm{NL}} = 0 \tag{3-39}$$

一般来说，不可能根据二阶非线性介质的横向分量获得波动方程，因为非线性极化可以产生额外的场的横向分量和纵向分量。假设介质在 z 方向是缓变的，$\frac{\partial\varepsilon}{\partial z}\approx 0$，并且假设是低非线性介质，即 $\vec{\nabla}\cdot\vec{P}_{\mathrm{NL}}\approx 0$，我们得到 $\vec{\nabla}\cdot\vec{E}\approx -\frac{1}{\varepsilon}(\vec{\nabla}_t\varepsilon)\cdot\vec{E}_t$，对应单色波：$\nabla\cdot\tilde{E}\approx -\frac{\vec{\nabla}_t\varepsilon}{\varepsilon}\cdot\tilde{E}_t = -\frac{\vec{\nabla}_t n^2}{n^2}\cdot\tilde{E}_t$。

将其代入式（3-34）中，可以得到：

$$\vec{\nabla}^2\tilde{E} + \vec{\nabla}\left(\frac{\vec{\nabla}_t n^2}{n^2}\cdot\tilde{E}_t\right) + n^2k_0^2\tilde{E} + k_0^2\tilde{N} = 0 \tag{3-40}$$

分离出横向分量：

$$\vec{\nabla}^2\tilde{E}_t + \vec{\nabla}_t\left(\frac{\vec{\nabla}_t n^2}{n^2}\cdot\tilde{E}_t\right) + n^2k_0^2\tilde{E}_t + k_0^2\tilde{N}_t = 0 \tag{3-41}$$

2. BPM 公式和铌酸锂倾斜波前模型

一个传播方向在 ZX 平面、偏振方向平行于 y 轴的电磁波的电场可以写成慢变包络近似形式 $\tilde{E}_t = \tilde{A}_t\mathrm{e}^{-\mathrm{i}(k_z z + k_x x)}$，其中 $k_z = n_0k_0\cos\gamma$，$k_x = n_0k_0\sin\gamma$，γ 是波矢倾斜角度，n_0 是介质的参考有效折射率，$k_0 = \frac{\omega}{c}$。$\tilde{A}_t = \dot{A}_y\vec{u}_y$，且 $\tilde{A}_t = \tilde{A}_t(\omega, x, y, z)$。先计算如下公式：

$$\vec{\nabla}^2\tilde{E}_t = \left(\vec{\nabla}^2\tilde{A}_t - 2\mathrm{i}k_z\frac{\partial\tilde{A}_t}{\partial z} - k_z^2\tilde{A}_t - 2\mathrm{i}k_x\frac{\partial\tilde{A}_t}{\partial x} - k_x^2\tilde{A}_t\right)\mathrm{e}^{-\mathrm{i}(k_z z + k_x x)} \tag{3-42}$$

将 $\vec{E}_t$ 代入式（3-41）中，可以得到：

$$\begin{gathered}\left(\vec{\nabla}^2\tilde{A}_t - 2\mathrm{i}k_z\frac{\partial\tilde{A}_t}{\partial z} - 2\mathrm{i}k_x\frac{\partial\tilde{A}_t}{\partial x}\right) + \vec{\nabla}_t\left(\frac{\vec{\nabla}_t n^2}{n^2}\cdot\tilde{A}_t\right) + \\ (n^2k_0^2 - k_x^2 - k_z^2)\tilde{A}_t + k_0^2\tilde{N}_t\mathrm{e}^{\mathrm{i}(k_z z + k_x x)} = 0\end{gathered} \tag{3-43}$$

慢变包络近似要求包络 $\dot{A}_y$ 关于 z 的二阶导数很小，可以引入下面的条件：

$$\left|\frac{\partial^2 \dot{A}_y}{\partial z^2}\right| \ll 2n_0k_0\left|\frac{\partial \dot{A}_y}{\partial z}\right| \tag{3-44}$$

上述公式可以简化为全矢量 BPM 公式：

$$\begin{aligned}2\mathrm{i}k_z\frac{\partial \tilde{A}_t}{\partial z} &= \vec{\nabla}_t^2\tilde{A}_t - 2\mathrm{i}k_x\frac{\partial \tilde{A}_t}{\partial x} + \vec{\nabla}_t\left(\frac{\vec{\nabla}_t n^2}{n^2}\cdot\tilde{A}_t\right) + \\ &\left(n^2k_0^2 - k_x^2 - k_z^2\right)\tilde{A}_t + k_0^2\tilde{N}_t\mathrm{e}^{\mathrm{i}(k_z z + k_x x)}\end{aligned} \tag{3-45}$$

在使用铌酸锂产生 THz 波的实验中，大多直接使用整块铌酸锂，没有进行材料结构上的设计，因此参考（有效）折射率和材料折射率可以认为是相等的。为了简化计算过程和结构影响，在理论模型中，可以让铌酸锂充满整个空间，然后通过设定其他参数（例如非线性系数和吸收系数）是否为 0 来引入晶体形状对 THz 波的影响。假设铌酸锂的折射率为 n_{LN}，晶体中电磁波的有效折射率可以估计为 $n_0 = n_{\mathrm{LN}}$，再考虑铌酸锂的吸收，则铌酸锂的复数折射率 $n = n_0 - \mathrm{i}\kappa$。假设 n_{LN} 和 κ（消光系数）都和位置无关（$\vec{\nabla}_t n^2 = 0$），则全矢量 BPM 公式可以进一步简化为：

$$2\mathrm{i}k_z\frac{\partial \tilde{A}_t}{\partial z} = \vec{\nabla}_t^2\tilde{A}_t - 2\mathrm{i}k_x\frac{\partial \tilde{A}_t}{\partial x} - \left(2\mathrm{i}\kappa n_0 + \kappa^2\right)k_0^2\tilde{A}_t + k_0^2\tilde{N}_t\mathrm{e}^{\mathrm{i}(k_z z + k_x x)} \tag{3-46}$$

通常晶体的吸收量是很小的，可以假设 $\kappa \ll n_0$，则可以忽略 κ^2。其中，$\kappa k_0 = \alpha_E = \dfrac{1}{2}\alpha$，$\alpha_E$ 是电场衰减系数，α 是能量/功率衰减系数。设 $k = n_0k_0$，式(3-46)可以简化为：

$$2\mathrm{i}k_z\frac{\partial \tilde{A}_t}{\partial z} = \vec{\nabla}_t^2\tilde{A}_t - 2\mathrm{i}k_x\frac{\partial \tilde{A}_t}{\partial x} - \mathrm{i}\alpha k\tilde{A}_t + k_0^2\tilde{N}_t\mathrm{e}^{\mathrm{i}(k_z z + k_x x)} \tag{3-47}$$

由于偏振方向都是 y 方向，非线性部分可以进一步简化为（以 ω_1 为例）：$\tilde{N}_1 \to \dot{N}_1 = \chi^{(2)}\dot{E}_3\dot{E}_2^*$。假设 $\chi^{(2)}$ 是常数，与频率无关。式（3-47）简化为（以 ω_1 为例）：

$$2\mathrm{i}k_z\frac{\partial \dot{A}_t}{\partial z} = \vec{\nabla}_t^2\dot{A}_t - 2\mathrm{i}k_x\frac{\partial \dot{A}_t}{\partial x} - \mathrm{i}\alpha k\dot{A}_t + k_0^2\dot{N}_t\mathrm{e}^{\mathrm{i}(k_z z + k_x x)} \tag{3-48}$$

在铌酸锂产生 THz 波的实验中，使用的泵浦激光是超快脉冲，THz 波是通过超快脉冲内部不同的频率成分（分量）的非线性作用产生的。THz 波也有较宽的频率范围，因此铌酸锂倾斜波前的非线性项需要进一步修改。可以使用卷积来描述泵浦激光中相隔 THz 频率（$\varOmega$）的两频点之间的相互作用（注意只计算一次），所有频率的非线性贡献加起来作为一个非线性项：

$$\dot{N}(\varOmega) = \chi^{(2)}\int_0^{\infty}\dot{E}(\omega+\varOmega)\dot{E}^*(\omega)\mathrm{d}\omega \tag{3-49}$$

设泵浦激光的频域形式为$\dot{E}(\omega)=\dot{A}(\omega)\mathrm{e}^{-\mathrm{i}\left[k_z(\omega)z+k_x(\omega)x\right]}$。将其代入式（3-49）得到：

$$\dot{N}(\Omega)=\chi^{(2)}\int_0^{\infty}\dot{A}(\omega+\Omega)\dot{A}^*(\omega)\mathrm{e}^{\mathrm{i}\left[k_z(\omega)z+k_x(\omega)x-k_z(\omega+\Omega)z-k_x(\omega+\Omega)x\right]}\mathrm{d}\omega \tag{3-50}$$

对于THz波，其传播方向是z方向，因此它的BPM公式中没有x分量[$\gamma=0$，$k_x=0$，$k_z=k_0n_0=k(\Omega)$]，通过式（3-48），可以得到THz波的BPM公式：

$$2\mathrm{i}k(\Omega)\frac{\partial\dot{A}(\Omega)}{\partial z}=\left[\vec{\nabla}_t^2-\mathrm{i}\alpha k(\Omega)\right]\dot{A}(\Omega)+k_0^2(\Omega)\dot{N}(\Omega)\mathrm{e}^{\mathrm{i}k(\Omega)z} \tag{3-51}$$

代入非线性项和$k_0=\dfrac{\Omega}{c}$，BPM公式变为：

$$2\mathrm{i}k(\Omega)\frac{\partial\dot{A}(\Omega)}{\partial z}=\left[\vec{\nabla}_t^2-\mathrm{i}\alpha k(\Omega)\right]\dot{A}(\Omega)+\frac{\Omega^2}{c^2}\chi^{(2)}\int_0^{\infty}\dot{A}(\omega+\Omega)\dot{A}^*(\omega)\mathrm{e}^{-\mathrm{i}(\Delta k_z z+\Delta k_x x)}\mathrm{d}\omega \tag{3-52}$$

其中，$\Delta k_z=k_z(\omega)+k(\Omega)-k_z(\omega+\Omega)$，$\Delta k_x=k_x(\omega)-k_x(\omega+\Omega)$。

泵浦激光自身频率分量之间的非线性作用产生THz波，产生的THz波也会和泵浦激光相互作用，导致激光频率变化。设THz波形式为$\dot{E}(\Omega)=\dot{A}(\Omega)\mathrm{e}^{-\mathrm{i}k(\Omega)z}$，其中$\dot{A}(\Omega)=\dot{A}(\Omega,x,y,z)$，则泵浦激光的二阶非线性项为：

$$\begin{aligned}\dot{N}^{(2)}(\omega)&=\chi^{(2)}\int_0^{\infty}\dot{E}(\omega+\Omega)\dot{E}^*(\Omega)\mathrm{d}\Omega+\chi^{(2)}\int_0^{\infty}\dot{E}(\omega-\Omega)\dot{E}(\Omega)\mathrm{d}\Omega\\&=\chi^{(2)}\int_{-\infty}^{\infty}\dot{A}(\omega+\Omega)\dot{A}^*(\Omega)\mathrm{e}^{\mathrm{i}\left[k(\Omega)z-k_z(\omega+\Omega)z-k_x(\omega+\Omega)x\right]}\mathrm{d}\Omega\end{aligned} \tag{3-53}$$

除了这个非线性项，对于泵浦激光，我们还需要考虑三阶非线性项，即考虑SPM、自陡和受激拉曼效应，可以使用二阶非线性折射率来描述：

$$\dot{N}^{(3)}(\omega)=\varepsilon_0 n^2(\omega_0)\mathcal{F}\left[A_{\mathrm{op}}(t)\int_{-\infty}^{\infty}n_2(\tau)A_{\mathrm{op}}^2(t)\mathrm{d}\tau\right] \tag{3-54}$$

其中$\mathcal{F}$代表傅里叶变换，$n_2(\tau)=\mathcal{F}\left[n_2(\omega-\omega_0)\right]$，$A_{\mathrm{op}}(t)=\mathcal{F}^{-1}\left[\dot{E}(\omega)\right]=\mathcal{F}^{-1}\left\{\dot{A}(\omega)\mathrm{e}^{-\mathrm{i}\left[k_z(\omega)z+k_x(\omega)x\right]}\right\}$。$n_2$为非线性折射率，$\omega_0$为参考中心频率。

铌酸锂对激光的吸收很小，可以忽略，即$\alpha=0$。通过式（3-48），可以得到泵浦激光的BPM公式：

$$2\mathrm{i}k_z(\omega)\frac{\partial\dot{A}(\omega)}{\partial z}=\left[\vec{\nabla}_t^2-2\mathrm{i}k_x(\omega)\frac{\partial}{\partial x}\right]\dot{A}(\omega)+\frac{\omega^2}{c^2}\dot{N}(\omega)\mathrm{e}^{\mathrm{i}\left[k_z(\omega)z+k_x(\omega)x\right]} \tag{3-55}$$

代入非线性项$\dot{N}(\omega)=\dot{N}^{(2)}(\omega)+\dot{N}^{(3)}(\omega)$，可得：

$$\begin{aligned}2\mathrm{i}k_z(\omega)\frac{\partial\dot{A}(\omega)}{\partial z}=&\left[\vec{\nabla}_t^2-2\mathrm{i}k_x(\omega)\frac{\partial}{\partial x}\right]\dot{A}(\omega)+\\&\frac{\omega^2}{c^2}\chi^{(2)}\int_{-\infty}^{\infty}\dot{A}(\omega+\Omega)\dot{A}^*(\Omega)\mathrm{e}^{\mathrm{i}\left[\Delta k_z z+\Delta k_x x\right]}\mathrm{d}\Omega+\\&\varepsilon_0 n^2(\omega_0)\frac{\omega^2}{c^2}\mathcal{F}\left[A_{\mathrm{op}}(t)\int_{-\infty}^{\infty}n_2(\tau)A_{\mathrm{op}}^2(t)\mathrm{d}\tau\right]\mathrm{e}^{\mathrm{i}\left[k_z(\omega)z+k_x(\omega)x\right]}\end{aligned} \tag{3-56}$$

式（3-52）和式（3-56）这两个公式便是铌酸锂倾斜波前模型。

3. 一维模型、二维模型、三维模型之间的关系

实际上，一维（1D+1）模型、二维（2D+1）模型是三维（3D+1）模型的简化。主要的简化体现在式（3-52）和式（3-56）的右边第一项：

$$\begin{cases}\left[\vec{\nabla}_t^2-\mathrm{i}\alpha k(\Omega)\right]\dot{A}(\Omega)=\left[\underbrace{\frac{\partial^2}{\partial x^2}+\overbrace{\frac{\partial^2}{\partial y^2}}^{\text{2D+1忽略}}}_{\text{1D+1忽略}}-\mathrm{i}\alpha k(\Omega)\right]\dot{A}(\Omega)\\ \left[\vec{\nabla}_t^2-2\mathrm{i}k_x(\omega)\frac{\partial}{\partial x}\right]\dot{A}(\omega)=\left[\underbrace{\frac{\partial^2}{\partial x^2}+\overbrace{\frac{\partial^2}{\partial y^2}}^{\text{2D+1忽略}}-2\mathrm{i}k_x(\omega)\frac{\partial}{\partial x}}_{\text{1D+1忽略}}\right]\dot{A}(\omega)\end{cases} \tag{3-57}$$

其中，2D+1 模型忽略了两个公式中的 $\frac{\partial^2}{\partial y^2}$ 部分。铌酸锂倾斜波前技术在 y 方向上的主要影响参数是泵浦激光光斑的形状，通常它是椭圆形的。如果这个椭圆非常细长（y 方向尺寸远大于 x 方向尺寸），可以将其假设为一个矩形，那么使用 2D+1 模型进行仿真具有一定的准确性。1D+1 模型忽略了 x 分量和 y 分量，也就是不考虑横向分量，是比较粗糙的模型。

3.2.4　分离变量法

本节介绍一些求解理论模型（微分方程组）的方法，主要是分离变量法。

1. 分离变量法介绍

式（3-52）和式（3-56）是两个非线性微分方程，只能通过数值求解的方式获得精确值。这里整理两个方程：

$$\frac{\partial\dot{A}(\Omega)}{\partial z}=\frac{1}{2\mathrm{i}k(\Omega)}\left[\vec{\nabla}_t^2-\mathrm{i}\alpha k(\Omega)\right]\dot{A}(\Omega)+\frac{\Omega^2\chi^{(2)}}{2\mathrm{i}k(\Omega)c^2}\int_0^{\infty}\dot{A}(\omega+\Omega)\dot{A}^*(\omega)\mathrm{e}^{-\mathrm{i}(\Delta k_z z+\Delta k_x x)}\mathrm{d}\omega \tag{3-58a}$$

$$\begin{aligned}\frac{\partial\dot{A}(\omega)}{\partial z}=&\frac{1}{2\mathrm{i}k_z(\omega)}\left[\vec{\nabla}_t^2-2\mathrm{i}k_x(\omega)\frac{\partial}{\partial x}\right]\dot{A}(\omega)\\&+\frac{\omega^2\chi^{(2)}}{2\mathrm{i}k_z(\omega)c^2}\int_{-\infty}^{\infty}\dot{A}(\omega+\Omega)\dot{A}^*(\Omega)\mathrm{e}^{\mathrm{i}(\Delta k_z z+\Delta k_x x)}\mathrm{d}\Omega\\&+\frac{\omega^2\varepsilon_0 n^2(\omega_0)}{2\mathrm{i}k_z(\omega)c^2}\mathcal{F}\left[A_{\mathrm{op}}(t)\int_{-\infty}^{\infty}n_2(\tau)A_{\mathrm{op}}^2(t)\mathrm{d}\tau\right]\mathrm{e}^{\mathrm{i}\left[k_z(\omega)z+k_x(\omega)x\right]}\end{aligned} \tag{3-58b}$$

方程左边可以视为 THz 波和泵浦激光的电场随传播距离 z 的变化。方程右边是各种线性和非线性源，为了方便书写，设算符 $\hat{D}$ 代表线性，$\hat{N}$ 代表非线性：

$$\hat{D}_{\Omega} = \frac{1}{2\mathrm{i}k(\Omega)}\left[\vec{\nabla}_t^2 - \mathrm{i}\alpha k(\Omega)\right] \tag{3-59}$$

$$\hat{D}_{\omega} = \frac{1}{2\mathrm{i}k_z(\omega)}\left[\vec{\nabla}_t^2 - 2\mathrm{i}k_x(\omega)\frac{\partial}{\partial x}\right] \tag{3-60}$$

这里描述了两个方程中的线性变化量，考虑了 THz 波横向分布和衰减影响以及激光电场的横向分布和传播方向。

$$\hat{N}_{\Omega}\dot{A}(\Omega) = \frac{\omega^2\chi^{(2)}}{2\mathrm{i}k_z(\omega)c^2}\int_{-\infty}^{\infty}\dot{A}(\omega+\Omega)\dot{A}^*(\Omega)\mathrm{e}^{\mathrm{i}(\Delta k_z z+\Delta k_x x)}\mathrm{d}\Omega \tag{3-61}$$

$$\begin{aligned}\hat{N}_{\omega}\dot{A}(\omega) &= \frac{1}{2\mathrm{i}k_z(\omega)}\left[\vec{\nabla}_t^2 - 2\mathrm{i}k_x(\omega)\frac{\partial}{\partial x}\right]\dot{A}(\omega) \\ &+ \frac{\omega^2\varepsilon_0 n^2(\omega_0)}{2\mathrm{i}k_z(\omega)c^2}\mathcal{F}\left[A_{\mathrm{op}}(t)\int_{-\infty}^{\infty}n_2(\tau)A_{\mathrm{op}}^2(t)\mathrm{d}\tau\right]\mathrm{e}^{\mathrm{i}\left[k_z(\omega)z+k_x(\omega)x\right]}\end{aligned} \tag{3-62}$$

这里描述了产生 THz 波的过程，以及激光的非线性过程（自相位调制等）和级联上下变频效应。考虑 $\dot{A}(\Omega)$、$\dot{A}(\omega)$ 和 z 的关系，式（3-58）可以写成：

$$\frac{\partial\dot{A}(\Omega,z)}{\partial z} = \left(\hat{D}_{\Omega}+\hat{N}_{\Omega}\right)\dot{A}(\Omega,z) \tag{3-63a}$$

$$\frac{\partial\dot{A}(\omega,z)}{\partial z} = \left(\hat{D}_{\omega}+\hat{N}_{\omega}\right)\dot{A}(\omega,z) \tag{3-63b}$$

假设，沿 z 方向往前走一小步 $h\to 0$，可以得到解如下：

$$\begin{cases}\dot{A}(\Omega,z+h) = \exp\left[h\left(\hat{D}_{\Omega}+\hat{N}_{\Omega}\right)\right]\dot{A}(\Omega,z) \\ \dot{A}(\omega,z+h) = \exp\left[h\left(\hat{D}_{\omega}+\hat{N}_{\omega}\right)\right]\dot{A}(\omega,z)\end{cases} \tag{3-64}$$

使用 Baker-Campbell-Hausdorff 公式：

$$\begin{aligned}&\exp\left(h\hat{a}\right)\exp\left(h\hat{b}\right) \\ &= \exp\left(h\hat{a}+h\hat{b}+\frac{1}{2}\left[h\hat{a},\ h\hat{b}\right]+\frac{1}{12}\left[h\hat{a}-h\hat{b},\left[h\hat{a},\ h\hat{b}\right]\right]+\cdots\right) \\ &= \exp\left(h\hat{a}+h\hat{b}+\frac{h^2}{2}\left[\hat{a},\ \hat{b}\right]+\frac{h^3}{12}\left[\hat{a}-\hat{b},\left[\hat{a},\ \hat{b}\right]\right]+\cdots\right)\end{aligned} \tag{3-65}$$

在极限情况下，可以得到如下近似：

$$\lim_{h\to 0}\left[\exp\left(h\hat{a}\right)\exp\left(h\hat{b}\right)\right] = \exp\left(h\hat{a}+h\hat{b}\right) \tag{3-66}$$

$$\lim_{h\to 0}\left[\exp\left(h\hat{a}\right)\right]=\lim_{h\to 0}\left(\hat{1}+h\hat{a}+\frac{h^2}{2}\hat{a}\hat{a}+\cdots\right)=\hat{1}+h\hat{a} \tag{3-67}$$

采用对称性近似得到：

$$\begin{aligned}&\dot{A}(\Omega,z+h)=\\&\exp\left(\frac{h}{2}\hat{D}_\Omega\right)\exp\left[\int_z^{z+h}\hat{N}_\Omega(z')\mathrm{d}z'\right]\exp\left(\frac{h}{2}\hat{D}_\Omega\right)\dot{A}(\Omega,z)\\&\approx\exp\left(\frac{h}{2}\hat{D}_\Omega\right)\exp\left(h\hat{N}_\Omega\right)\exp\left(\frac{h}{2}\hat{D}_\Omega\right)\dot{A}(\Omega,z)\end{aligned} \tag{3-68a}$$

$$\begin{aligned}&\dot{A}(\omega,z+h)=\\&\exp\left(\frac{h}{2}\hat{D}_\omega\right)\exp\left[\int_z^{z+h}\hat{N}_\omega(z')\mathrm{d}z'\right]\exp\left(\frac{h}{2}\hat{D}_\omega\right)\dot{A}(\omega,z)\\&\approx\exp\left(\frac{h}{2}\hat{D}_\omega\right)\exp\left(h\hat{N}_\omega\right)\exp\left(\frac{h}{2}\hat{D}_\omega\right)\dot{A}(\omega,z)\end{aligned} \tag{3-68b}$$

2. 算符的计算方法

为了数值计算式（3-68），可以通过傅里叶变换来求微分。以 THz 线性算符为例，先展开线性部分：

$$\exp\left(\frac{h}{2}\hat{D}_\Omega\right)\dot{A}(\Omega,z)=\left[\hat{1}+\frac{h}{2}\hat{D}_\Omega+\frac{1}{2}\left(\frac{h}{2}\hat{D}_\Omega\right)^2+\cdots\right]\dot{A}(\Omega,z) \tag{3-69}$$

$\dot{A}(\Omega,x,y,z)$ 可以通过 $\dot{A}(\Omega,k_x',k_y',z)$ 的横向傅里叶变换得到：

$$\begin{aligned}\dot{A}(\Omega,x,y,z)&=\mathcal{F}_{xy}^{-1}\left[\dot{A}(\Omega,k_x',k_y',z)\right]\\&=\iint_{-\infty}^{\infty}\dot{A}(\Omega,k_x',k_y',z)\mathrm{e}^{\mathrm{i}(k_x'x+k_y'y)}\mathrm{d}k_x'\mathrm{d}k_y'\end{aligned} \tag{3-70}$$

其中，$\mathcal{F}^{-1}$ 代表傅里叶逆变换，k_x' 和 k_y' 是空间频率，这里为了和波矢区分，加上了“'”符号。先计算 $\hat{D}_\Omega\dot{A}(\Omega,x,y,z)$，注意 $\hat{D}_\Omega=\frac{1}{2\mathrm{i}k(\Omega)}\left[\vec{\nabla}_t^2-\mathrm{i}\alpha k(\Omega)\right]$：

$$\begin{aligned}\hat{D}_\Omega\dot{A}(\Omega,x,y,z)&=\iint_{-\infty}^{\infty}\hat{D}_\Omega\left[\dot{A}(\Omega,k_x,k_y,z)\mathrm{e}^{\mathrm{i}(k_x'x+k_y'y)}\right]\mathrm{d}k_x'\mathrm{d}k_y'\\&=\iint_{-\infty}^{\infty}\dot{A}(\Omega,k_x,k_y,z)\hat{D}_\Omega\mathrm{e}^{\mathrm{i}(k_x'x+k_y'y)}\mathrm{d}k_x'\mathrm{d}k_y'\end{aligned} \tag{3-71}$$

计算 $\hat{D}_\Omega\mathrm{e}^{\mathrm{i}(k_xx+k_yy)}$：

$$\hat{D}_\Omega\mathrm{e}^{\mathrm{i}(k_xx+k_yy)}=-\frac{k_x'^2+k_y'^2+\mathrm{i}\alpha k(\Omega)}{2\mathrm{i}k(\Omega)}\mathrm{e}^{\mathrm{i}(k_x'x+k_y'y)} \tag{3-72}$$

设 $D(\Omega,k_x',k_y')=-\frac{k_x'^2+k_y'^2+\mathrm{i}\alpha k(\Omega)}{2\mathrm{i}k(\Omega)}$。注意，$D(\Omega,k_x',k_y')$ 和 x、y、z 无关。于

是得到：

$$\hat{D}_{\Omega}\dot{A}(\Omega,x,y,z)=\iint_{-\infty}^{\infty}\dot{A}(\Omega,k_x^{'},k_y^{'},z)D(\Omega,k_x^{'},k_y^{'})\mathrm{e}^{\mathrm{i}(k_x^{'}x+k_y^{'}y)}\mathrm{d}k_x^{'}\mathrm{d}k_y^{'} \tag{3-73}$$

计算 $\hat{D}_{\Omega}\hat{D}_{\Omega}\dot{A}(\Omega,x,y,z)$：

$$\hat{D}_{\Omega}\hat{D}_{\Omega}\dot{A}(\Omega,x,y,z)=\iint_{-\infty}^{\infty}\dot{A}(\Omega,k_x,k_y,z)D^2(\Omega,k_x^{'},k_y^{'})\mathrm{e}^{\mathrm{i}(k_x^{'}x+k_y^{'}y)}\mathrm{d}k_x^{'}\mathrm{d}k_y^{'} \tag{3-74}$$

最后可以得出：

$$\exp\left(\frac{h}{2}\hat{D}_{\Omega}\right)\dot{A}(\Omega,x,y,z)=\mathcal{F}_{xy}^{-1}\left\{\exp\left[\frac{h}{2}D(\Omega,k_x^{'},k_y^{'})\right]\mathcal{F}_{xy}\left[\dot{A}(\Omega,x,y,z)\right]\right\} \tag{3-75}$$

对于激光的线性部分，可以使用相同的计算过程得到：

$$\exp\left(\frac{h}{2}\hat{D}_{\omega}\right)\dot{A}(\omega,x,y,z)=\mathcal{F}_{xy}^{-1}\left\{\exp\left[\frac{h}{2}D(\omega,k_x^{'},k_y^{'})\right]\mathcal{F}_{xy}\left[\dot{A}(\omega,x,y,z)\right]\right\} \tag{3-76}$$

其中：

$$D(\omega,k_x^{'},k_y^{'})=\frac{-k_x^{'2}-k_y^{'2}+2k_x(\omega)k_x^{'}}{2\mathrm{i}k_z(\omega)} \tag{3-77}$$

对于非线性部分，前面的公式中已经包含利用傅里叶变换的部分，对于其他部分，是否尽可能使用傅里叶变换来计算，这需要根据具体的公式来决定。

当然还有很多其他的算法，例如 Runge-Kutta 法、可变步长有限差分法和有限元法，此处不赘述。

本章小结

本章对倾斜波前技术进行了详细梳理，然后讨论倾斜波前理论模型。首先讨论了实验中发现的影响 THz 波产生效率的关键因素以及其对 THz 波的能量及产生效率的影响，这些都是理论模型需要考虑的因素。然后简要回顾了电磁理论基础，内容涵盖数学基础，麦克斯韦方程组，非均匀线性介质、均匀线性介质和均匀非线性介质中的波动方程。接着基于非线性介质中的波动方程，考虑倾斜波前技术的特点，通过波束传输法获得了铌酸锂倾斜波前技术的理论模型，并详细地介绍了理论模型中各个参数是如何引入的，还介绍了模型之间的关系。最后介绍了用于求解理论模型的分离变量法。本章详细的梳理和介绍将有助于读者理解铌酸锂产生强场 THz 波的过程，对强场 THz 波产生实验也具有一定的指导作用。

参考文献

[1] WANG L, KROH T, MATLIS N H, et al. Full 3D + 1 modeling of the tilted-pulse-front setups for single-cycle terahertz generation[J]. Journal of the Optical Society of America B, 2019, 37(4): 1000-1007.

[2] RAVI K, HUANG W R, CARBAJO S, et al. Limitations to THz generation by optical rectification using tilted pulse fronts[J]. Optics Express, 2014, 22(17): 20239-20251.

[3] BALAC S, MAHÉ F. Embedded Runge–Kutta scheme for step-size control in the interaction picture method[J]. Computer Physics Communications, 2013, 184(4): 1211-1219.

[4] DEITERDING R, GLOWINSKI R, OLIVER H, et al. A reliable split-step fourier method for the propagation equation of ultra-fast pulses in single-mode optical fibers[J]. Journal of Lightwave Technology, 2013, 31(12): 2008-2017.

[5] HEBLING J, STEPANOV A G, ALMÁSI G, et al. Tunable THz pulse generation by optical rectification of ultrashort laser pulses with tilted pulse fronts[J]. Applied Physics B, 2004, 78(5): 593-599.

[6] BARTAL B, KOZMA I Z, STEPANOV A G, et al. Toward generation of μJ range sub-ps THz pulses by optical rectification[J]. Applied Physics B, 2007, 86(3): 419-423.

[7] STEPANOV A G, KUHL J, KOZMA I Z, et al. Scaling up the energy of THz pulses created by optical rectification[J]. Optics Express, 2005, 13(15): 5762-5768.

[8] KLEINMAN D, AUSTON D. Theory of electrooptic shock radiation in nonlinear optical media[J]. IEEE Journal of Quantum Electronics, 1984, 20(8): 964-970.

[9] BAKUNOV M I, BODROV S B, TSAREV M V. Terahertz emission from a laser pulse with tilted front: phase-matching versus Cherenkov effect[J]. Journal of Applied Physics, 2008, 104(7): 073105-073113.

[10] BAKUNOV M I, BODROV S B, MASHKOVICH E A. Terahertz generation with tilted-front laser pulses: dynamic theory for low-absorbing crystals[J]. Journal of the Optical Society of America B, 2011, 28(7): 1724-1734.

[11] RAVI K, KÄRTNER F. Analysis of terahertz generation using tilted pulse fronts[J]. Optics Express, 2019, 27(3): 3496-3517.

[12] WU X, CARBAJO S, RAVI K, et al. Terahertz generation in lithium niobate driven by Ti:sapphire laser pulses and its limitations[J]. Optics Letters, 2014, 39(18): 5403-5406.
[13] WU X, CALENDRON A L, RAVI K, et al. Optical generation of single-cycle 10 MW peak power 100 GHz waves[J]. Optics Express, 2016, 24(18): 21059-21069.
[14] GINÉS LIFANTE PEDROLA. Beam propagation method for design of optical waveguide devices[M]. Chichester: John Wiley & Sons, 2015.

第 4 章　铌酸锂强场 THz 波产生实验技术

从第 3 章介绍的铌酸锂倾斜波前理论中发现，在实验实现上，需要综合考虑第 3 章中提到的各种因素，才能产生具有高效率、高能量、高光束质量的 THz 波。本章从典型的倾斜波前光路构成出发，介绍采用传统光栅实现的倾斜波前光路以及用接触光栅法实现的倾斜波前光路等，然后介绍激光器参数、倾斜波前元件、成像系统、晶体参数等对强场 THz 波产生的影响。

4.1　铌酸锂倾斜波前光路

4.1.1　典型的倾斜波前光路

铌酸锂倾斜波前技术是产生强场 THz 波的最有效的方法之一，在实验中，基于飞秒激光泵浦铌酸锂晶体的典型倾斜波前光路如图 4-1 所示。倾斜波前装置主要包含泵浦激光器、波前倾斜元件、成像系统、铌酸锂晶体、THz 波诊断装置等。飞秒激光脉冲先经过平面反射镜，随后经光栅的负一阶衍射后穿过透镜系统成像于铌酸锂晶体中，辐射出 THz 波。产生的 THz 波与探测光在 ZnTe 晶体内实现了时间和空间的重合，并通过四分之一波片、沃拉斯顿棱镜和平衡探测器组成的电光取样系统，基于线性电光效应原理进行相干探测，扫描探测光延迟线即可进行 THz 波形的时间分辨探测。THz 光斑形状可以通过 THz 相机进行表征。

4.1.2　接触光栅法倾斜波前光路

典型的倾斜波前光路中的一个关键元件是光栅，其作用是将泵浦激光能量面进行倾斜，从而有助于实现相位匹配。利用典型的倾斜波前光路产生 THz 波有一个重要的优点，即通过增加泵浦能量和光斑尺寸就能获得更高的 THz 波能量。随着泵浦能量的增加，需要对晶体进行大面积激发，以防止强烈的泵浦激光对晶体造成损害。

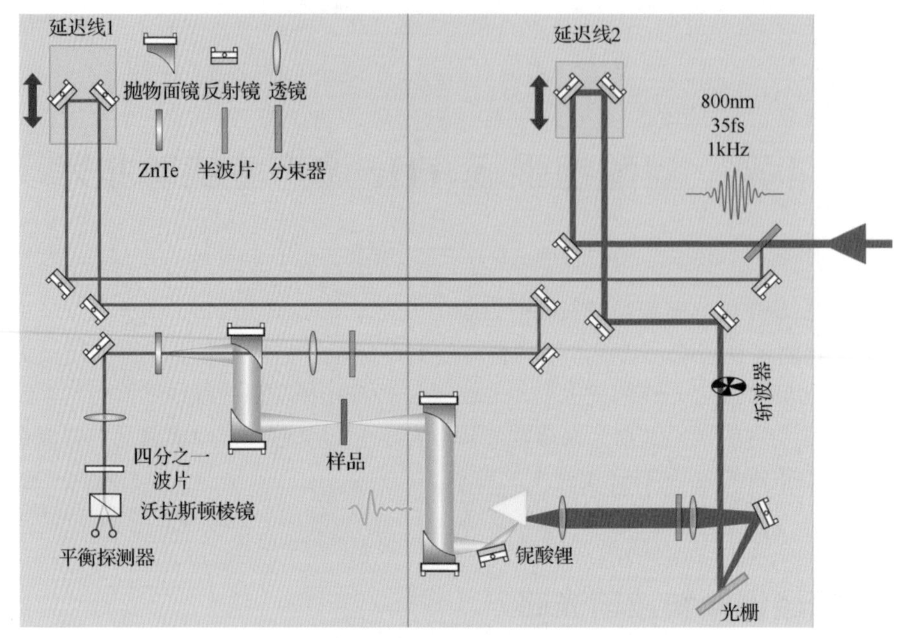

图 4-1 基于飞秒激光泵浦铌酸锂晶体的典型倾斜波前光路

然而，大面积激发可能会导致在光栅到晶体的成像过程中产生误差，从而限制THz 波产生效率。同时，铌酸锂晶体中泵浦激光和 THz 波之间的非共轭几何结构使得 THz 波输出不均匀。在这样的几何结构下，THz 波在铌酸锂晶体中的路径长度主要取决于输出面的位置，并且由于铌酸锂晶体的强吸收和晶体中的级联过程，THz 波的输出强度和光谱依赖于路径长度，THz 波的不均匀性会在大面积激发时被加强。因此，这种典型的实验装置不完全适用于对晶体的大面积激发，由此催生了接触光栅（Contact Grating, CG）实验装置。

匈牙利佩奇大学的 Pálfalvi 等人在 2008 年率先提出接触光栅方案，主要用于抑制脉冲失真效应、提高倾斜波前光学整流的转化效率和增强 THz 波能量。Pálfalvi 等人首先分析了由衍射光栅和成像光学元件组成的倾斜波前装置在大尺寸泵浦光束情况下产生的脉冲失真，然后利用典型的单透镜成像实验装置进行了计算分析。他们通过波长分别为 795.3nm 和 804.7nm 的光谱成分的相对群延迟之差来估计在铌酸锂晶体中产生 THz 波的泵浦脉冲宽度。将能量为 6mJ、脉冲宽度为 100fs、中心波长为 800nm 的泵浦脉冲，在 2mm 厚的铌酸锂晶体中进行相位匹配从而产生 THz 波，计算结果显示当两波长的相对群延迟在泵浦光斑中心（x=0mm，x 为横跨泵浦光斑的横向坐标）附近时，两波长的相对群延迟之差为 0。但是，当 x=2.5mm 时，两波长的相对群延迟之差高达 10ps，如图 4-2（a）所示。

Pálfalvi 等人认为造成泵浦脉冲宽度变化较大的原因是所需的脉冲前沿与光栅的像表面不匹配。于是，为了减小这种变化，他们设计了将泵浦光束垂直入射到光栅上，并使用双透镜望远镜进行 1∶1 成像，如图 4-2（b）中的插图所示。同时，在输入的脉冲中施加适量的恒定啁啾，最大限度地减小脉冲宽度。

通过深入研究，Pálfalvi 等人发现通过省略成像光学元件使光栅与晶体表面直接接触，可以实现更高的 THz 波产生效率。图 4-2（c）所示为 Pálfalvi 等人设计的接触光栅方案，该方案对泵浦光斑的尺寸没有限制，可以大幅增加泵浦光斑尺寸、泵浦能量，以增加 THz 波能量。同时，该装置可以在晶体的任何位置实现无误差成像。预计利用该方案，通过 5mm 的泵浦光斑，可以获得 1.1%的 THz 波产生效率，同时对输出的 THz 波的光束质量也会有一定的改善。

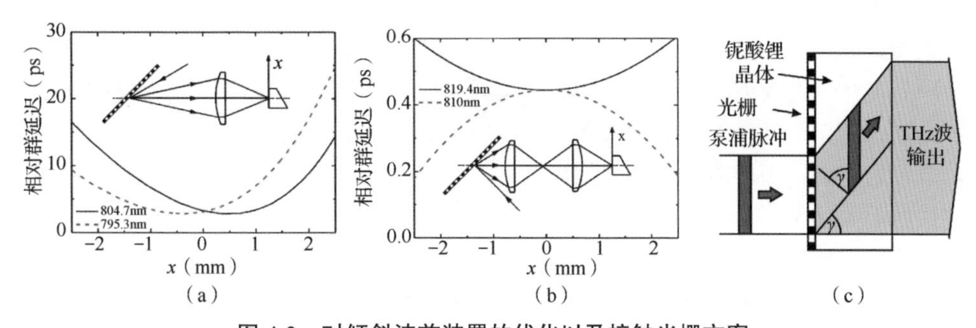

图 4-2　对倾斜波前装置的优化以及接触光栅方案

（a）优化前相对群延迟　（b）优化后相对群延迟　（c）接触光栅方案

该方案的局限性可能来自光栅角色散和晶体中的材料色散造成的泵浦脉冲宽度变宽。当然，这种类型的失真在传统的成像实验装置中也存在，但是相对于成像装置带来的误差，该方案的误差是可以忽略的。

获得高能量、高光束质量以及高峰值电场强度的 THz 波，一直是科学家不断追求的目标，这对于凝聚态物理、电子加速等多个领域有重要意义。为了使 THz 波在多领域实现价值，佩奇大学的 Fülöp 等人于 2011 年从理论上分析了利用接触光栅方案的倾斜波前装置产生 THz 波的优化条件。Fülöp 等人首先利用此前提出的类似 1D 模型进行了数值计算，研究产生的 THz 电场强度。计算结果表明，泵浦脉冲宽度是 THz 波产生过程中的重要实验参数，通过使用 600fs 的泵浦脉冲，THz 峰值电场强度可以直接在晶体输出处增加 4 倍以上，达到 MV/cm 水平。

同时，计算结果预测，当晶体被冷却到 10K 并使用 500fs 的泵浦脉冲时，THz 峰值电场强度比室温下利用 100fs 泵浦脉冲的增大约一个数量级。此外，在此前的研究中，科学家发现，泵浦光斑尺寸在接触光栅方案中没有限制。因此，Fülöp 等人认为使用这种优化后的泵浦脉冲宽度，并冷却晶体，再与接触光栅方案相结合，将会产生峰值电场强度在 100MV/cm 水平的 THz 波以及几十毫焦的 THz 波能量。基于此，Fülöp 等人提出 3 个有助于提高 THz 波产生效率的方法，分别为采用更长的傅里叶变换极限泵浦脉冲、对铌酸锂晶体低温冷却以及采用较大的泵浦光斑尺寸和泵浦能量。该工作从理论上计算、分析了在倾斜波前装置中应用接触光栅方案时，可以有效提高 THz 波产生效率的条件，为进一步实验提供了参考。

光栅是倾斜波前装置中的重要元件，泵浦效率受光栅的衍射效率影响很大。于是，尽管接触光栅方案有实验可行性，但仍需要进一步工作来优化光栅的衍射效率。2010 年，Nagashima 和 Kosuge 在铌酸锂晶体表面上设计了一种深矩形光栅，并通过模态分析法研究了该光栅结构的参数。Nagashima 和 Kosuge 设计的矩形光栅深度为 0.5μm，宽度为 0.12～0.14μm。利用铌酸锂晶体通过倾斜波前技术产生 THz 波的一个重要条件是激光脉冲与 THz 波在铌酸锂晶体中满足相位匹配。在该工作中，他们研究了利用中心波长为 1030nm 的 YAG（$Y_3Al_5O_{12}$）激光器提供激光脉冲时的相位匹配条件，得出波前倾斜角、入射角、衍射角和光栅周期等参数。采用空气或者熔融石英作为光栅前填充的入射介质，泵浦激光从空气或者熔融石英注入光栅表面，并分别计算该光栅结构的衍射效率。计算结果显示由空气填充的光栅的最大一阶衍射效率为 40%，由熔融石英填充的光栅的最大一阶衍射效率为 90%。很明显，后者更适用于大功率 THz 波的产生。

虽然，Nagashima 和 Kosuge 设计的新型光栅理论上可以将衍射效率提高到 90%，但是以这种设计制造的接触光栅装置在实验实现上较为困难。2014 年，Tsubouchi 等人提出了一种具有高衍射效率的法布里-珀罗谐振器接触光栅方案，并在实验上实现了 THz 波的产生。Tsubouchi 等人设计的法布里-珀罗谐振器接触光栅装置如图 4-3（a）所示，在掺 Mg（摩尔百分比为 1.3%）铌酸锂晶体衬底上沉积了由 Ta_2O_5 和 Al_2O_3 组成的多层膜，并在最外层制备了光栅槽。经过数值优化，第一层（Ta_2O_5）的厚度为 120nm，第二层（Al_2O_3）的厚度为 250nm，光栅槽深度为 260nm，脊宽度为 252nm。

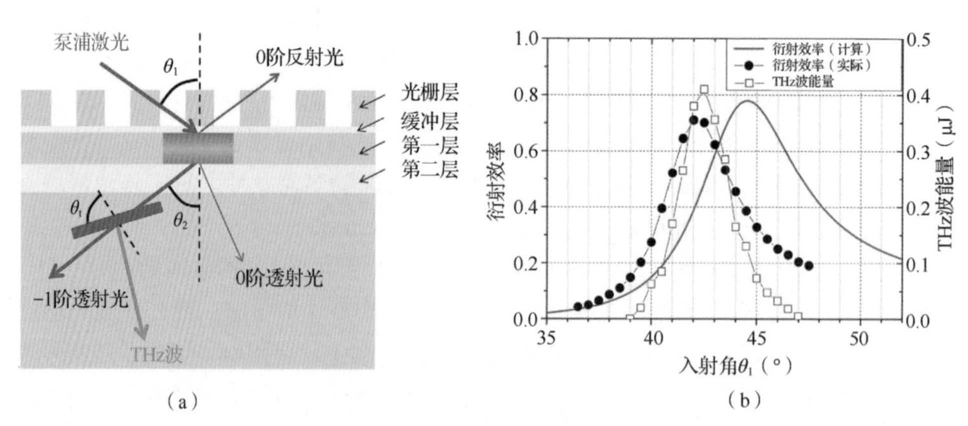

图 4-3 法布里-珀罗谐振器接触光栅装置示意及产生 THz 波的实验结果

（a）实验装置 （b）衍射效率

该装置通过在铌酸锂晶体衬底表面设计多层膜，可以提高衍射光从谐振器到铌酸锂晶体衬底的透射率，从而实现高衍射效率。为了实际使用，在光栅层和第一层之间插入厚度为 50nm 的 Al_2O_3 层作为缓冲层。该结构的装置设计需要满足 3 个条件，分别为：①第二层的折射率低于第一层和铌酸锂晶体衬底，因为第二层的作用是反射部分衍射光，其中，Ta_2O_5 和 Al_2O_3 在 1030nm 处的折射率分别为 2.15 和 1.64；②设计法布里-珀罗谐振器，因为泵浦激光被截留在第一层，谐振器对泵浦激光照射的损伤阈值要求较高；③在高温沉积过程中，金属原子不应该通过层和衬底扩散。

实验中，Tsubouchi 等人采用 Yb:YAG 激光器产生中心波长为 1030nm、脉冲宽度为 1.3ps、重复频率为 1kHz 的泵浦激光来测量设计的接触光栅装置的衍射效率，泵浦激光以入射角 θ_1 照射在光栅层，随后泵浦激光被分为 0 阶反射光、0 阶透射光和−1 阶透射光，如图 4-3（a）所示。由于−1 阶透射光在铌酸锂晶体衬底的输出表面被全反射，在总的衍射效率中减去 0 阶反射光和 0 阶透射光的衍射效率即可计算出−1 阶透射光的衍射效率。当入射角为 42°时，实际的衍射效率为 71%，略小于最大衍射效率的计算值（78%），如图 4-3（b）所示。在产生 THz 波的实验中，将泵浦光斑直径准直为 3mm 后入射到该接触光栅装置上，产生的 THz 波被塑料板与泵浦激光分开后先后经准直和聚焦后进入检测系统。在泵浦能量为 2.7mJ、入射角为 42.5°时，利用该法布里-珀罗谐振器接触光栅装置获得的最大 THz 波能量为 0.41μJ，如图 4-3（b）所示。该工作第一次在实验上利用接触光栅装置获得了 THz 波，从实验上证实了接触光栅方案的可行性，也为制作接触光栅装置中的高衍射效率光栅提供了参考。

对于直接在铌酸锂晶体的光栅前填充熔融石英以实现具有高衍射效率的光栅，在技术实现方面存在困难，除了采用上述法布里-珀罗谐振器接触光栅装置克服，Ollmann 等人还提出用折射率匹配液体替代固体填充材料的接触光栅方案。光栅的衍射效率在很大程度上取决于填充系数和相对深度，他们通过比较不同相位匹配液体在不同折射率、群折射率、入射角参数下衍射效率的变化后，确定了用 BK7 相位匹配液体作为介质以获得较高的衍射效率。于是，他们从理论上展开了对 BK7 相位匹配液体接触光栅性能的研究，分析结果显示选用光栅周期为 0.35μm、填充系数为 0.4、相对深度为 0.5 的 BK7 相位匹配液体，光栅−1 阶透射光的衍射效率可达到 99%，并且满足相位匹配条件。这种采用相位匹配液体的接触光栅方案可以最大限度地减少反射损失，并避免生成的 THz 光束角色散。同时，他们认为利用 BK7 相位匹配液体的接触光栅方案预计可以获得毫焦量级的 THz 波能量。

以上的各项工作均基于铌酸锂晶体设计了接触光栅方案来产生 THz 波。在倾斜波前方案中，非线性材料的选择是一个关键的步骤。合适的非线性系数、THz 波吸收以及泵浦激光和 THz 波之间的相位匹配都是需要考虑的重要因素。铌酸锂晶体的非线性系数几乎是所有适用的倾斜波前方案中最高的，然而，正如我们前面提到的，铌酸锂晶体是不适合用于大面积激发的。因此，考虑替代材料具有重要意义。

除了在接触光栅装置中采用铌酸锂晶体产生 THz 波外，半导体非线性材料也是一种良好的选择。Ollmann 等人于 2014 年在半导体 ZnTe 晶体上刻蚀光栅结构，从而得到接触光栅装置，通过对该接触光栅装置中光栅的衍射效率进行分析，进而估计 THz 波产生的情况。Ollmann 等人设计的接触光栅装置可由图 4-4 示意，该装置包括一块楔形的 ZnTe 晶体，在其前表面制造光栅结构。ZnTe 晶体上的光栅结构可以通过激光烧蚀或者离子刻蚀制造，前者适合制造正弦型光栅，后者适合制造二元型光栅。泵浦激光以入射角 α 从左边入射到光栅上，衍射光束以衍射角 β 在 ZnTe 晶体中传播，产生的 THz 波垂直于衍射光束的倾斜波前，传播方向与光栅法线之间的角为楔形角 δ（$\delta=\gamma-\beta$），其中 γ 为倾斜角，设计楔形角 δ 是为最大限度减小 THz 波的菲涅耳损失，以及避免输出 THz 波时产生角色散。

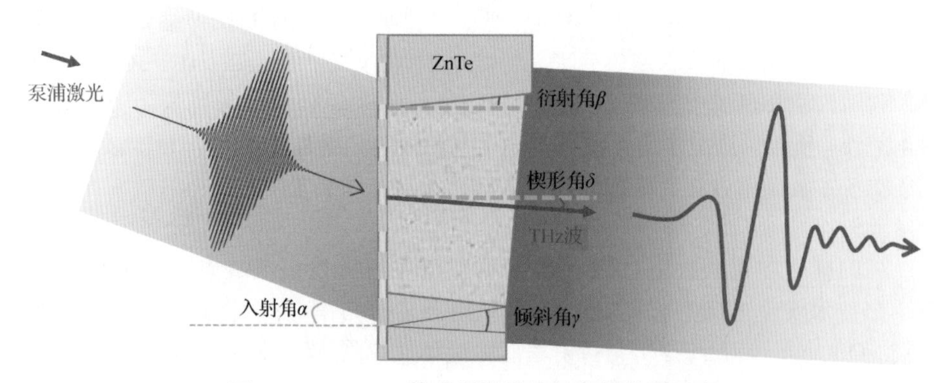

图 4-4　Ollmann 等人设计的接触光栅装置示意

对这种光栅装置的衍射效率进行了理论分析，结果显示在正弦型光栅装置中，光栅衍射效率与沟槽深度有关，当沟槽深度为 1.2μm 时，衍射效率可高达约 80%，入射角的最佳范围为 35°～40°。在二元型光栅装置中，泵浦波长为 1.7μm、入射角为 17.5°时，预计可以获得的最大衍射效率为 90%。同时，相应填充系数的最佳范围为 0.25～0.35，沟槽深度的最佳范围为 0.45～0.65μm。为了更加全面地了解该光栅装置的衍射效率，Ollmann 等人研究了光栅衍射效率、光栅周期、楔形角以及泵浦波长随入射角变化的情况。研究发现，衍射效率在入射角为 15°～18°时达到最大值，最大衍射效率随着波长的增加而增加，在泵浦波长为 1.7μm 时达到 90%，这与前面的分析结果是吻合的。

此外，在二元型光栅装置中，衍射效率与沟槽侧壁和光栅表面垂直方向之间的偏差角相关，当该角逐渐增大时，光栅的衍射效率逐渐下降。通过以上分析，他们假设泵浦激光的半峰全宽为 4cm、泵浦能量为 12.5mJ、泵浦脉冲宽度为 150fs，在晶体温度为 80K 的条件下，预计 THz 波的产生效率约为 9%，产生的 THz 波能量约为 1mJ。该工作从理论方面提出利用 ZnTe 晶体接触光栅方案有望获得毫焦量级的 THz 波能量，并给出了利用半导体 ZnTe 晶体在接触光栅装置上产生 THz 波的理论优化参数，也展现了半导体晶体在接触光栅方案中产生 THz 波的潜力。

2016 年，Fülöp 等人也提出了在半导体 ZnTe 晶体上刻蚀光栅结构，可用于 THz 波的产生。在实验中，重复频率为 50Hz、脉冲宽度为 144fs 的泵浦激光由一个超连续的四级光学参数放大器系统提供，该系统由一个低温冷却的 Yb:CaF_2 啁啾脉冲放大激光系统驱动。在 Fülöp 等人设计的方案中，光栅是通过电子束光刻技术和干式（等离子体）刻蚀相结合的方式在涂有耐蚀金属膜和电子束抗蚀剂的 ZnTe 晶体（厚度为 2mm）上制作的。利用该光栅产生 THz 波的方案如图 4-5（a）所示，与 Ollmann 等人不同的是，Fülöp 等人将泵浦激光垂直入射到光栅上，产生两个对称传播的 ±1 阶衍射光。产生的 THz 波与入射的泵浦激光平行，并从 ZnTe 晶体后表面出射。通过这样的光栅装置，获得了高达 3.9μJ 的 THz 波能量，能量转化效率为 0.3%，如图 4-5（b）所示。在当时，该实验结果中的能量转化效率比已报道的利用其他半导体产生 THz 波的能量转化效率的最高值高 6 倍，比以前利用 ZnTe 晶体产生 THz 波的能量转化效率的最高值高 97 倍，该工作再次证明了半导体接触光栅装置在 THz 波产生方面的潜力。

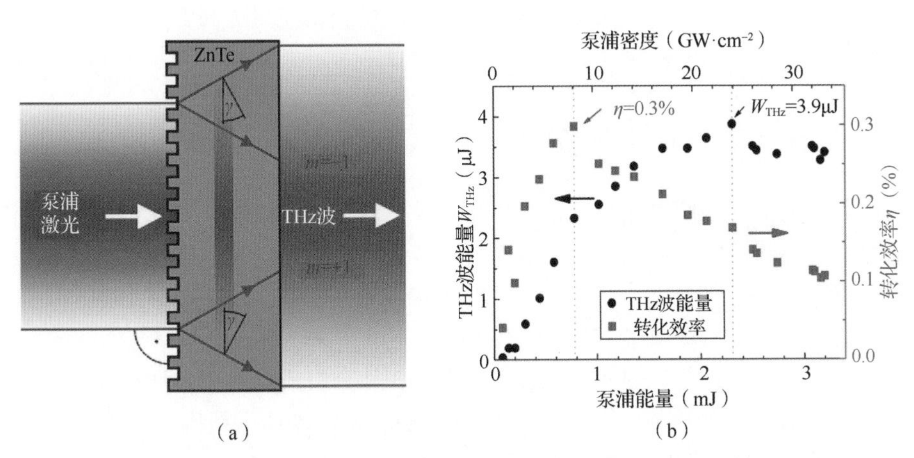

图 4-5　Fülöp 等人在 ZnTe 晶体上刻蚀光栅结构的装置示意与实验结果

（a）装置示意　（b）实验结果

对于将半导体晶体应用于接触光栅装置中，研究人员除了看到 ZnTe 晶体在该方面的潜力，也注意到了 GaAs 晶体。由于 GaAs 晶体在进行相位匹配时所需要的倾斜角较小（1.8μm 泵浦波长对应角度为 13°），在实际设计接触光栅方案时会相对简单一些。2014 年，在 Ollmann 等人对 ZnTe 晶体研究的同时，Bakunov 和 Bodrov 分析了在接触光栅装置中采用 GaAs 晶体产生 THz 波的方案。在该工作中，他们比较分析了 0.8μm 的入射泵浦激光在铌酸锂晶体中衍射成±1 阶的闪耀光栅模型和 1.8μm 的入射泵浦激光在 GaAs 晶体中的全息光栅模型。

分析结果显示，在基于铌酸锂晶体设计的闪耀光栅模型中，在泵浦激光中适当地加入预啁啾可以减少铌酸锂晶体对 THz 波的吸收，因此可以使用更厚（5～10mm）的晶体。根据最大 THz 波能量来优化啁啾，可以使得 THz 波的产生效率和 THz 光谱参数得到优化。在光强一定的情况下，THz 波的产生效率先随着泵浦激光束横向尺寸的增大而增大，然后达到饱和。激光脉冲越长，横向尺寸也越大，具有较小横向尺寸的激光脉冲产生的 THz 光谱频率较低。

相比之下，在基于 GaAs 晶体的全息光栅模型中，由于晶体对 THz 波的吸收较少，因此加预啁啾对于 THz 波的产生效率和 THz 光谱的影响有限，但是可以产生较高频率的 THz 波。将 GaAs 晶体应用于倾斜波前的接触光栅装置中时，所需要的倾斜角相对较小，因此对于半峰全宽大于或等于 5mm 的泵浦激光，横向离散效应对 THz 波产生的影响很小。对于这样的光束，THz 波产生效率在晶体厚度约 1.5cm 时达到饱和，这与平面脉冲是近似一致的。该工作从理论上分析了铌酸锂晶体和半导体 GaAs 晶体应用于接触光栅方案的模型，给出了二者在实际应用中的参考，为后续更好地利用接触光栅方案产生 THz 波提供了思路。

综上所述，将光栅直接与晶体接触可以避免泵浦激光在晶体前成像所引起的成像误差，同时可以通过增大泵浦光斑的尺寸和能量获得能量更高、光束质量更好的 THz 波。

4.1.3 非铌酸锂倾斜波前光路

前面我们提到的倾斜波前光路中，大多基于铌酸锂晶体实现 THz 波的产生。随着对材料的不断探索与研究，人们发现在一些大孔径的半导体非线性材料中进行相位匹配也可以产生 THz 波。2007 年，Blanchard 等人在 0.5mm 厚的大块 ZnTe 晶体中通过倾斜波前技术获得了 1.5μJ 的 THz 波。

该工作的实验装置如图 4-6 所示，主要由 3 部分组成：一个保持在真空环境中的 THz 发射器、一个在空气中传播的 800nm 探测光束以及一个利用干燥 N_2 净化的电光取样系统。THz 发射器由一个直径为 75mm、厚度为 0.5mm 的 ZnTe 晶体组成。为了尽量减弱发射功率饱和效应和减少对晶体表面的损害，在 THz 发射器表面将 800nm 的泵浦激光展宽至半峰全宽约为 40mm。此外，ZnTe 晶体在其支架上被旋转，以通过光学整流来最大化 THz 发射功率，使用对 THz 波透明的黑色聚乙烯吸收剂来阻挡通过 ZnTe 晶体传输的剩余 800nm 光束。

ZnTe 晶体产生的 THz 波首先在真空中被一个离轴抛物面镜（4 英寸口径、6 英寸焦距，1 英寸≈2.54cm）聚焦，通过一个 2mm 厚的聚丙烯窗口，然后在真空室外被另一个 4 英寸的离轴抛物面镜重新聚焦。为了便于 THz 光束转向，利用一个 2 英寸口径、3 英寸焦距的离轴抛物面镜将光束偏转 90°，从而保留 THz 光学元件的数值孔径。位于第一焦点处的斩波器用于实现对 THz 光束的调制。两个直径为 4 英寸的线栅偏振器用于对 THz 光束的强度和偏振进行控制，并主要用于鉴定探测系统的线性度。

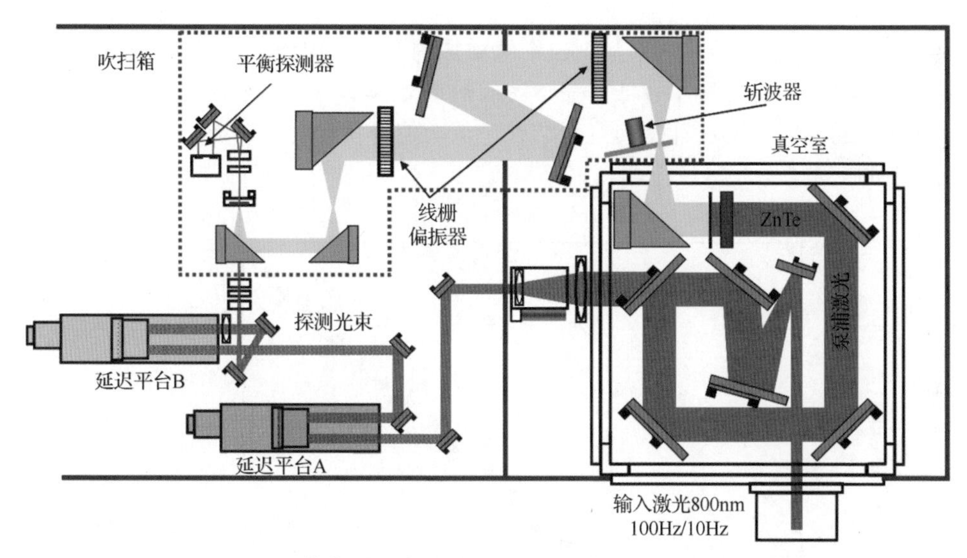

图 4-6　Blanchard 等人通过大尺寸 ZnTe 晶体产生 THz 波的实验装置示意

为了能够获得从 ZnTe 晶体中产生的 THz 波总能量的可靠读数，他们在实验中首先使用一个热释电探测器（在 1THz 下灵敏度为 2100V/W）在 0.1～3THz 频率下进行校准，然后使用第二个热释电探测器（在 1.06μm 处灵敏度为 2624V/J），通过在示波器上读取输出电压脉冲的振幅，测量 THz 波总能量。电光取样是在一块厚度为 20μm 的 ZnTe 晶体上进行的，使 ZnTe 晶体生长在 0.5mm 厚的衬底晶体上，然后对 THz 波形进行检测，可以使用延迟线进行扫描。将锁相放大器连接到平衡光电二极管的输出端，并参考斩波器频率来获取 THz 波形。

Blanchard 等人利用图 4-6 所示的装置进行实验，当泵浦能量最大为 48mJ 时，获得的 THz 波能量为 1.5μJ，对应的能量转化效率为 0.0031%，如图 4-7 所示。对于光学整流过程来说，通常希望 THz 波能量与入射泵浦通量成平方关系。然而，在高泵浦通量的条件下，ZnTe 晶体中的双光子吸收会消耗泵浦激光以及抑制 THz 光束的自由载流子吸收，这会限制 THz 波能量的输出。早在 2005 年，Löffler 等人证明

ZnTe 晶体的这种饱和效应会在泵浦通量接近 50μJ/cm^2 时发生。当低于这个泵浦通量值时，他们观察到 THz 波能量与泵浦通量成平方关系；高于这个泵浦通量值时，会看到近似线性的变化。

Blanchard 等人使用的泵浦通量远高于饱和通量 50μJ/cm^2，因此在整个范围内，他们看到 THz 波能量与泵浦通量的关系呈线性，这与 Löffler 等人的实验结果一致。在饱和通量以上时，双光子吸收效应变得很显著。即使局部的光束达到饱和，在达到最大泵浦通量时，THz 波能量仍在继续增加。此外，Löffler 等人在实验中观察到当泵浦通量超过 150μJ/cm^2 时，最大的能量转化效率为 0.000 15%，而 Blanchard 等人的最大能量转化效率达到了 0.0031%。同时，在最大泵浦通量为 1.4mJ/cm^2 时，能量转化效率呈现出继续增加的趋势。Blanchard 等人认为这与他们使用的激光源重复频率较低有关，较低的重复频率可能会给残留的自由载流子足够的时间在随后的脉冲之间重新结合，从而使得背景自由载流子浓度比高重复频率下的低得多。

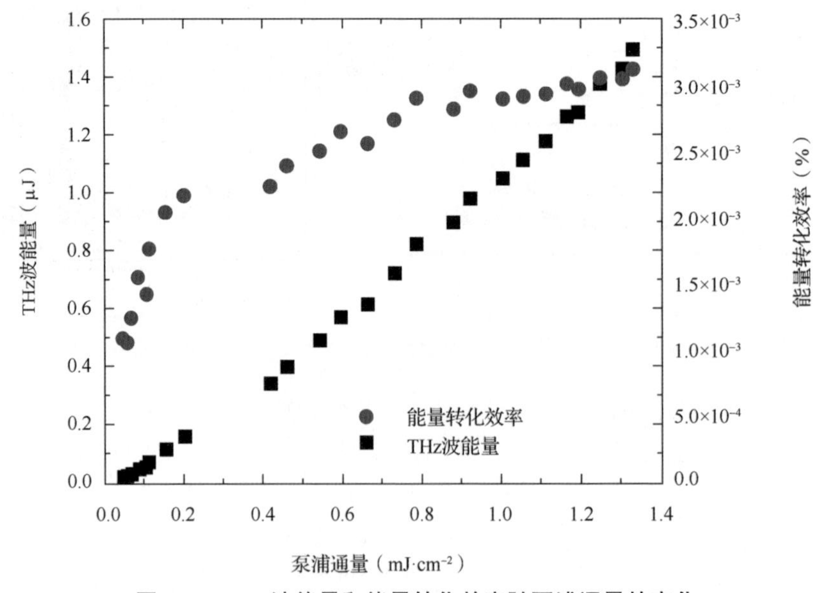

图 4-7　THz 波能量和能量转化效率随泵浦通量的变化

在电光取样系统中对单周期 THz 波形进行测量，产生的 THz 光束从发射器到探测器传播了 3m。在检测晶体处测得的 THz 波能量为 0.76μJ，相应的 THz 频谱以 0.6THz 为中心延伸到 3THz，这比利用铌酸锂晶体进行光学整流产生的 THz 频谱宽度要大一些。此外，该工作通过 $BaSrTiO_3$ 热释电红外相机对焦点处的 THz 光束进行了实时成像。该相机内置 10Hz 的斩波器，有一个 320 像素×340 像素的成像阵列，像素间距为 48.5μm，图 4-8 所示为对获得的 THz 光束的实时成像。总之，该工作从实验方面证明了采用大孔径 ZnTe 晶体通过光学整流产生 THz 波的可行性，为后续利用半导体晶体通过光学整流产生 THz 波奠定了基础。

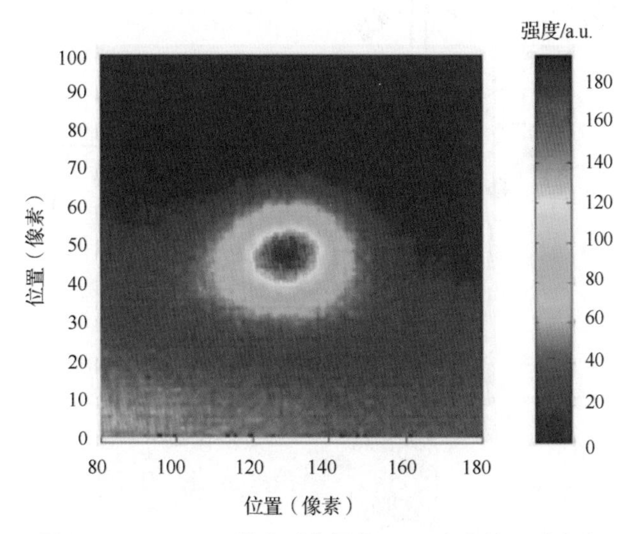

图 4-8　Blanchard 等人对获得的 THz 光束的实时成像

Blanchard 等人不仅采用大尺寸 ZnTe 晶体产生了高能量强场 THz 波，2014 年，他们还利用 1.8μm 的泵浦激光在 GaAs 晶体中通过倾斜波前技术令 THz 波能量转化效率突破了 0.05%。在这之前有计算表明，采用 1.8μm 的泵浦激光作用于 2cm 厚的 GaAs 晶体时，使用倾斜波前技术的能量转化效率可以达到 1%。该实验结果表明，采用波长更长的泵浦激光，可以抑制材料内部双光子吸收效应。当这样的激光泵浦 GaAs 晶体时，因为 GaAs 晶体是 THz 频段下吸收率最低的非线性晶体之一（室温下，GaAs 晶体在 1～2THz 时的吸收系数约为 $1cm^{-1}$），如果能够进行适当的相位匹配，就可以获得更长的有效作用距离，从而有效产生 THz 波。

该实验是在先进激光光源（Advanced Laser Light Source，ALLS）上使用 100Hz 高能红外光束进行的，主要任务是提供具有窄光谱带宽的毫焦量级脉冲。

在实验中，Blanchard 等人利用直径为 8mm、波长为 1.8μm 的激光光束及厚度为 22mm、直径为 2 英寸的未掺杂 GaAs 晶体。晶体与光栅、镀银圆柱凹面镜之间的距离相等，均为 CM1 焦距的两倍。以斜入射方式使激光光束成像，实现 1∶1 的成像条件，在 GaAs 处的投影泵浦光束面积为 $0.88cm^2$。发射的 THz 波首先被一个 1 英寸口径、1 英寸焦距的离轴抛物面镜 1 聚焦，然后被一个 4 英寸口径、6 英寸焦距的离轴抛物面镜 2 重新聚焦。THz 光束的探测是在一个 4 英寸口径、6 英寸焦距的离轴抛物面镜 3 的焦点处进行的，通过 300μm 厚的 GaP 晶体完成电光取样，能量由热释电探测器进行测量。光栅的刻线密度为 600g/mm，入射角和衍射角分别为 25.8° 和 40.5°，实验装置示意如图 4-9 所示。

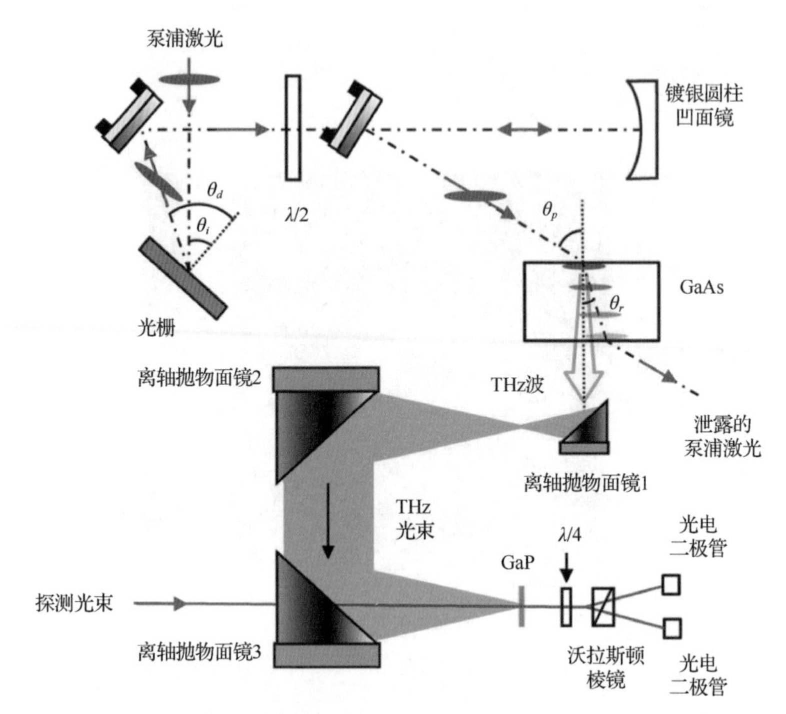

图 4-9　用 1.8μm 泵浦激光在 GaAs 晶体中产生 THz 波的倾斜波前光路

光学整流产生超短 THz 波取决于超短激光的群速度和 THz 波的相速度之间的匹配，这可以通过将非线性材料中的激光进行波前倾斜来实现。一般来说，需要在非线性材料中设计一定的波前倾斜角来产生 THz 波，而该工作提出了一种替代的方式来进行相位匹配，即利用倾斜角 θ_r 进行速度匹配，可用式（4-1）表示：

$$\theta_r = \arccos\left(\frac{v_{\mathrm{THz}}^{\mathrm{ph}}}{v_{\mathrm{pump}}^{\mathrm{gr}}}\right) \tag{4-1}$$

其中，$v_{\mathrm{THz}}^{\mathrm{ph}}$ 为 THz 波的相速度，$v_{\mathrm{pump}}^{\mathrm{gr}}$ 为激光的群速度。

波长为 1.8μm 的泵浦激光在 GaAs 晶体内部的折射率 n_{pump} 为 3.5，THz 波在 GaAs 晶体内部的折射率为 3.6，那么泵浦激光的倾斜角 θ_r 约为 13.5°，并且将产生一个传播到晶体输出表面的 THz 波，如图 4-9 所示。这一条件仅适用于泵浦激光和 THz 波的速度匹配差异较小的材料，并允许使用晶圆型非线性介质。此外，根据斯涅尔定律，他们发现当入射角 θ_p 约 55°时，可以通过式（4-2）实现入射角与倾斜角的匹配。

$$\theta_p = \arcsin\left[n_{\mathrm{pump}}\sin\left(\theta_r\right)\right] \tag{4-2}$$

利用以上的实验方案，Blanchard 等人在 GaAs 晶体中获得了 THz 波，图 4-10 显示了 THz 波能量随泵浦通量的变化。从图 4-10 中可见，当泵浦通量为 1.5mJ/cm^2

时，THz 波能量为 0.6μJ，能量转化效率最大为 0.05%。转化效率曲线呈现出相对稳定的变化，而 THz 波能量曲线在泵浦通量达到 1.5mJ/cm^2 后开始有下降的趋势，证实其达到了饱和，可能是光谱行为的假象导致观察到饱和现象。最后，通过电光取样技术测量了产生的单周期 THz 波形，并通过电光相位延迟估计了焦点处的峰值电场强度为 40kV/cm，相应的 THz 频谱以 1THz 为中心，一直延伸到 3THz。总之，利用该工作改进了倾斜波前方案，证明了在 GaAs 晶体中产生相位匹配的 THz 波是有希望的，同时证明了该晶体具有产生强场、宽频段 THz 波的潜力。

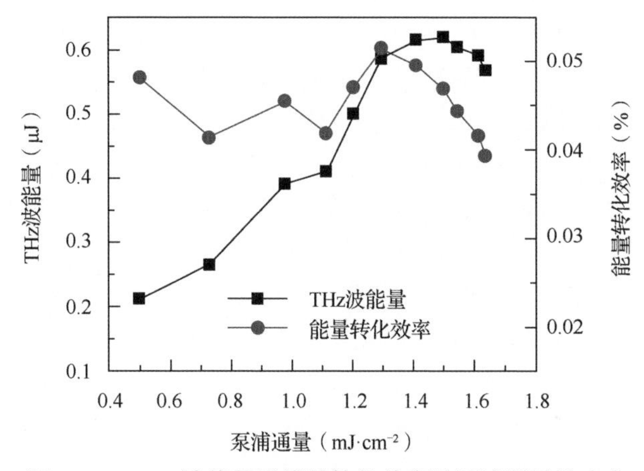

图 4-10　THz 波能量及能量转化效率随泵浦通量的变化

综上所述，科研人员已经利用除了铌酸锂晶体之外的其他半导体材料通过倾斜波前技术实现了 THz 波产生，并用实验证明了该思路的可行性，同时证明了半导体材料通过倾斜波前技术在 THz 波产生方面的潜力。

4.2　激光器参数对强场 THz 波产生的影响

经过几十年的发展，利用铌酸锂晶体产生强场 THz 波的激光器主要以飞秒激光器为主。激光器的不同参数对 THz 波产生的影响存在差异，主要参数包括中心波长、脉冲宽度、输出能量、重复频率、光谱分布等。在实验中，大多采用中心波长为 800nm 的激光器，也在一些实验中采用中心波长为 1030nm 的激光器。脉冲宽度通常在 100fs 甚至几百飞秒。此前的理论中预测，对于中心波长为 800nm 的泵浦激光，其最佳脉冲宽度应为 350fs 左右；相应地，对于中心波长为 1μm 的泵浦激光，其最佳脉冲宽度为 600fs 左右。随着对激光器的不断优化，激光器可提供的最大能量从微焦量级提升为焦量级甚至更高量级，为获取高能 THz 波提供了便利。但是，并非采用高能激光就可以产生强场 THz 波，采用超强超短激光泵浦铌酸锂晶体产生 THz 波至少存在三大难题与挑战：①折射率之差引起的相位失配；②脉冲短导致产生效率低；③高能泵浦导致的非线性失真效应。本节将展开介绍部分激光器参数对强场 THz 波产生的影响。

4.2.1 中心波长

泵浦激光的中心波长在倾斜波前装置的设计和搭建过程中非常重要，不仅对铌酸锂晶体的相位匹配角的计算有影响，对反推光栅入射角也有影响。大多数实验室普遍采用钛宝石激光器，其中心波长为 800nm，通过借鉴文献上现有的倾斜波前装置给出的参数，可以搭建出属于自己的 THz 强源。理论计算表明，当 800nm 激光作用在铌酸锂晶体上时，有可能会通过多光子吸收产生光生载流子，进而阻碍 THz 波产生效率的进一步提高，也可能导致晶体被破坏。利用中心波长为 1030nm 的激光器可提升 THz 波产生效率。倾斜波前技术的优势在于，它对泵浦激光的中心波长无明显的选择性。利用 2μm 的泵浦激光有望以更高效率产生 THz 波，但该方面的激光器技术有待进一步完善，且输出能量有待进一步提高。

4.2.2 脉冲宽度

激光器的脉冲宽度对 THz 波产生效率的影响非常明显。THz 波能量转化效率可由式（4-3）表示：

$$\eta_{\mathrm{THz}}=\left(\frac{2d_{\mathrm{eff}}^{2}}{\varepsilon_0 n_{\mathrm{IR}}^{2} n_{\mathrm{THz}} c^{3}}\right)\Omega_{\mathrm{THz}}^{2}\cdot I\cdot\left[L^{2}\exp(-\alpha L/2)\frac{\sinh^{2}(\alpha L/4)}{(\alpha L/4)^{2}}\right] \tag{4-3}$$

其中，η_{THz} 为 THz 波能量转化效率，d_{eff} 为晶体非线性系数，ε_0 为真空介电常数，n_{IR} 为发射晶体材料在泵浦激光频段的群速度折射率，n_{THz} 为产生 THz 波的折射率，c 为真空中的光速，I 为泵浦激光的功率强度，L 为有效作用距离，α 为材料对 THz 波的吸收系数，Ω_{THz} 为 THz 频率。

从式（4-3）可以看出，有效作用距离越长，获得的能量转化效率更高。但是，由式（4-3）给出的能量转化效率正比于泵浦激光的功率强度，即长脉冲（对应低功率激光）可能导致能量转化效率变低。这样的竞争行为使得理论上存在一个中心波长为 800nm 的泵浦激光的最佳脉冲宽度，而早期的理论计算表明，350fs 的脉冲宽度为最佳。对于中心波长为 1μm 的泵浦激光，则 600fs 左右的脉冲宽度为最佳。

但是，大多数实验室的飞秒激光放大器都不是专门为产生高能强场 THz 波而购买或建造的，有的实验室的激光脉冲宽度为 100～150fs，甚至许多实验室的激光脉冲宽度小于 50fs。对于激光脉冲宽度大于 100fs 而小于 1ps 的飞秒激光放大器，由于泵浦激光光谱较窄，光栅衍射后不会产生巨大的角色散，衍射光斑易于被透镜收集。因此，这种泵浦激光能有效提高 THz 波的产生效率。但是对于脉冲宽度小于 100fs，甚至小于 50fs 的激光，则存在角色散巨大引入的问题。虽然 2013 年 Kunitski 等人提出了多种利用反射成像的方式来解决上述问题，但这些方式将导致光路实现极其困难，为实验增加了难度。

为了从实验上更系统地研究泵浦脉冲宽度对 THz 波产生效率的影响，研究人员分别采用了两种方式来对泵浦脉冲宽度进行调制，调制之后的脉冲依然可以保证是傅里叶变换极限脉冲。这两种方式分别是在泵浦激光压缩室的光栅对之间加一对刀片来切割光谱，以及直接采用带通滤波片，将其放置在压缩器之后，直接滤除部分光谱成分，从而获得更窄的光谱以实现更大的脉冲宽度。图 4-11 给出了利用以上两种方式调制泵浦激光的示意。

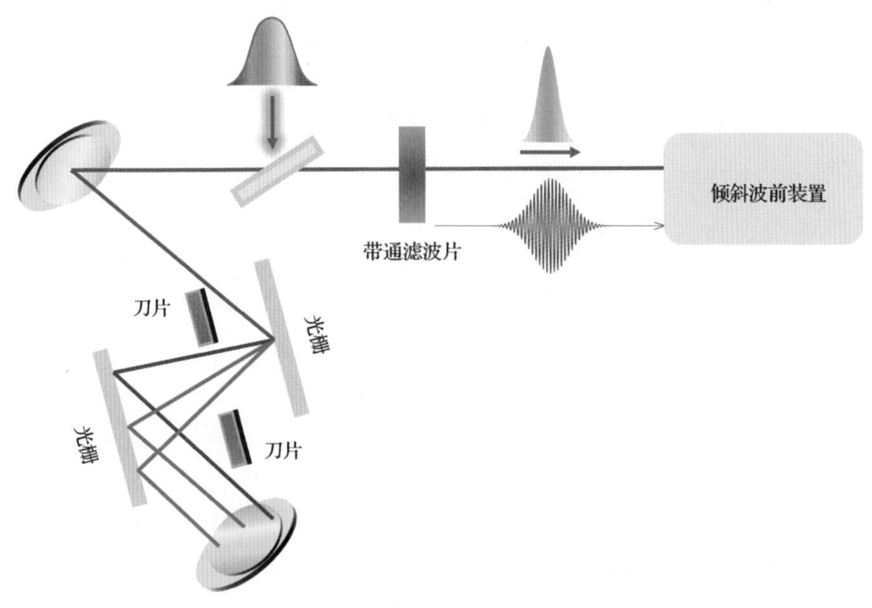

图 4-11　利用两种方式调制泵浦激光的示意

通过第二种方式，加拿大 Blanchard 等人观察到，随着泵浦脉冲宽度的增加，THz 波的能量转化效率提高，且能量转化效率在泵浦脉冲宽度为 300fs 时达到了最高。但是，他们并没有获得进一步展宽脉冲的实验数据。这可能是因为通过切光谱的方式损失了太多的泵浦能量，后面无法测量到稳定、可靠的 THz 信号，导致实验无法进行下去。利用这样的方式来提高转化效率或许有效，然而长脉冲虽然增加了有效作用距离，但泵浦激光功率降低了许多，浪费了大量泵浦能量，使得输出的绝对可用的 THz 波的能量降低。

因此，对于超短脉冲的泵浦激光，可采用大孔径短焦单透镜成像或双透镜成像的方式，通过在泵浦脉冲上加啁啾来使泵浦激光峰值功率降低，延长有效作用距离。我们团队通过这样的方式，利用 30fs 的高能钛宝石激光器泵浦铌酸锂晶体，获得了 0.2mJ、峰值电场强度达到 4MV/cm 的超强场 THz 波。当然，对于这样的系统，相信还有更好的方法来减弱激光脉冲宽度带来的影响。

当泵浦脉冲进一步变宽，依据倾斜波前理论，产生的 THz 波的中心频率会进一步降低。2016 年，我们团队利用脉冲宽度为 4ps、中心波长为 1030nm、重复频率为 100Hz 的 YAG 激光器，通过倾斜波前技术产生了中心频率为 100GHz、脉冲宽度为 10ps、单脉冲能量达到 65μJ、峰值功率高达兆瓦量级的低频超强场 THz 波，如图 4-12 所示。这样的低频超强场 THz 波有望推动低频 THz 波的应用。

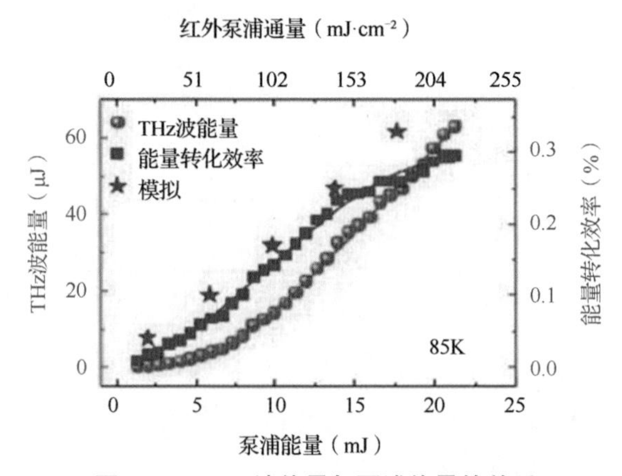

图 4-12　THz 波能量与泵浦能量的关系

4.2.3　功率密度

4.2.2 节已经讨论过脉冲宽度的影响，脉冲宽度正比于 THz 波的能量转化效率。对于固定的脉冲宽度，泵浦激光的功率密度是否越高越好呢？答案是否定的，因为会受到晶体破坏阈值的限制。关于铌酸锂晶体破坏阈值的研究有非常多的论文，但集中在材料生长方面。目前，通过 MgO 掺杂的方式，可以极大提高铌酸锂晶体的破坏阈值，但晶体的破坏机理仍然不清楚。铌酸锂晶体的破坏阈值与泵浦波长、脉冲宽度、作用时间等都有关系。由于还没有工作全面、系统地研究不同掺杂浓度、不同制备类型的铌酸锂晶体在不同泵浦波长（典型波长为 800nm 和 1030nm）激发下所产生的不同脉冲宽度对应的破坏阈值，因此，大部分实验只能根据经验对破坏阈值进行估计。在高功率密度情况下，即使晶体不被破坏，THz 波能量转化效率也有可能降低，这可能是由于多光子吸收或其他非线性效应引起的。当通过外加啁啾的方式在固定泵浦能量为 10mJ 的情况下优化脉冲宽度后，增加泵浦激光功率密度，发现 THz 波能量转化效率呈下降趋势，这意味着辐射出来的可被后续利用的 THz 波能量开始下降。因此，即使拥有更高的泵浦能量，也无法加载到发射晶体上以实现更高能量的 THz 波输出。

对于以上情况，通常采用的方式有两种：①进一步展宽泵浦脉冲；②对泵浦激光进行扩束。采用以上两种方式的目的都是降低泵浦激光功率密度，避免由于非线性效应或晶体破坏而出现能量转化效率下降的问题。在利用超强泵浦激光产生 THz 波的过程中，即使转化效率呈现饱和，输出的 THz 波能量也能线性上升。但转化效率一旦下降，就意味着产生的 THz 波能量实现了饱和。实验过程中，通过在压缩器后添加光学小孔，适当优化小孔的孔径大小，不仅可提高部分 THz 波能量，而且可扣除掉泵浦激光边沿部分产生的没有贡献的能量。2016 年，我们团队利用钛宝石激光器在铌酸锂晶体中，通过冷却晶体获得的最高转化效率为 0.5%，使用的最高泵浦能量约为 7mJ，脉冲宽度为 150fs（傅里叶变换极限脉冲）。2018 年，我们团队与合作者通过同样的方式，将晶体室温下的转化效率提升到了 0.43%。

泵浦激光功率密度对 THz 波产生的影响还表现为非线性失真效应。主要机理为：在泵浦激光功率密度比较高的情况下，泵浦激光一旦进入晶体的入射面，在很短的距离内，THz 波产生效率会非常高。由于级联效应的影响，泵浦脉冲光谱会被展宽得非常严重，在随后的 THz 波产生过程中，无法实现高效率产生 THz 波。因此，对于高功率密度的泵浦激光，在晶体的 THz 波出射面，辐射光斑小，且光斑中心位置更靠近晶体的相位匹配角。反之，当入射的泵浦激光功率密度比较低时，泵浦激光在晶体内部传输，在很长的距离内都能产生 THz 波，因此有效作用距离比前一种情况的更长，产生的 THz 光斑更大，且光斑的中心位置远离晶体相位匹配角。这样的非线性失真效应引起有效作用距离的改变，进而导致光斑在不同泵浦激光功率密度下出现光斑大小和位置的变化，对于后续的应用实验有非常大的影响。光斑位置的移动有可能被后续的成像或聚焦系统放大，导致作用在样品上的光斑的位置移动。因此，监控出射光斑的位置和光斑大小对于应用实验非常重要。在具体实验中，建议通过 THz 偏振片来改变作用在样品上的电场强度或能量。

4.3　倾斜波前元件对强场 THz 波产生的影响

倾斜波前元件主要包括光栅和台阶镜。光栅用于在激光脉冲上诱导角色散，从而实现激光脉冲的波前倾斜，主要利用该元件产生连续的 THz 波；台阶镜主要用于产生离散的 THz 波，许多小镜子组成小台阶将输入光束分成许多小光束，从而产生离散的倾斜波前。

4.3.1 光栅

大功率 THz 波的产生，推动了 THz 非线性光学与光谱学的发展。在半导体、石墨烯、量子受限系统、液体、气体、分子晶体和相关电子材料中观察到了 0.1～5THz 范围内的非线性 THz 波驱动响应。这些领域的发展得益于使用铌酸锂晶体通过光学整流可以获得高功率的 THz 波。在此之前，常见的高功率 THz 源要么是自由电子激光器（Free-Electron Laser，FEL），要么是具有低峰值场的量子级联激光器（Quantum Cascade Laser，QCL），或者是具有长脉冲宽度的气体激光器。相比其他被广泛使用的非线性材料，如 ZnTe 晶体、GaP 晶体等，铌酸锂晶体具有更大的非线性系数。

对于光学整流来说，更大的非线性系数可以实现更高的 THz 波产生效率。然而，铌酸锂晶体最大的一个缺点是晶体在用于整流的近红外泵浦光和产生的THz频段间有非常大的折射率差异（$n_{\mathrm{NIR}}^{\mathrm{gr}}$=2.2，$n_{\mathrm{THz}}^{\mathrm{Phase}}$=5）。这导致切伦科夫辐射锥形成，共线相位匹配得不到满足，用倾斜波前的非共线相位匹配关系有可能实现有效地辐射 THz 波。一般情况下，可以用光栅等色散元件给脉冲引入一个角色散来实现连续的倾斜波前，这个波前被调整到具有合适的倾斜角的同时被成像到铌酸锂晶体中，所以，泵浦脉冲的波前以一个匹配 THz 波相速度的速度在铌酸锂晶体中横向传播。

目前，大多数实验室普遍采用反射光栅来实现倾斜波前，其搭建方式与压缩器光栅对中的任意一个光栅类似，利用负一级衍射来实现倾斜波前。利用光栅实现倾斜波前的关键在于衍射效率、刻线密度等。衍射效率决定了从激光压缩器出来的泵浦能量有多少能够被用来产生 THz 波，衍射效率越高越好，一般可达到 85%以上（中心波长为 800nm 时）。对于 1030nm 的中心波长，商用光栅的衍射效率可以达到 95%以上。光栅刻线密度一般可采用 1200g/mm、1500g/mm 和 1800g/mm 等参数。对于实验室常用的几个毫焦量级的激光放大器，为了让绝大多数泵浦能量都用来产生强场 THz 波，可回收利用光栅零级衍射能量中未被利用的能量来进行电光取样以诊断强场 THz 波。当然也可以利用这些能量来搭建一套弱场 THz 波产生系统，以获得一套强场 THz 泵浦-弱场 THz 探测的装置。光栅还可以被用作偏振片，通过旋转光栅前方的半波片以及调谐光栅衍射效率，研究辐射能量和能量转化效率随泵浦能量变化的关系。

至今，已经有相当多的实验和理论工作致力于提高倾斜波前技术产生 THz 波的效率。数值模拟工作显示有几个主要因素限制了铌酸锂晶体中的有效作用距离。在远离成像面的位置，角色散和成像误差的存在使得激光脉冲的宽度被严重拉长。此外，还有一些工作也指出产生的 THz 波和泵浦激光之间存在的耦合会严重减小有效作用距离，由此不可避免地限制了产生效率的提高。这种耦合实际上是比较难消除的。脉冲被展宽的问题可以通过使用窄带宽的脉冲补偿来解决。

此外，许多的强场 THz 波产生系统是基于钛宝石激光器搭建的，这类激光器产生的激光脉冲一般都有几十飞秒的脉冲宽度。这么窄的脉冲宽度对于非线性 THz 光谱测量或者电光取样系统是很合适的。对于这些系统来说，通过滤波来增加傅里叶变换极限脉冲的宽度，付出的代价是能量损失。也有一些实验演示了用接触光栅消除成像误差的影响。然而，这些方法相对于传统成像的方法来说会缩短有效作用距离。这是由于当利用光栅成像时，泵浦脉冲的时间聚焦位置和最高 THz 波产生效率对应的位置会出现在成像面的两侧，并不重合，导致有效作用距离减小。此外，接触光栅技术还需要具有更高刻线密度的光栅，这也将限制有效作用距离，尤其对于脉冲宽度大的泵浦激光。

4.3.2　台阶镜

另外一种可实现倾斜波前的方式是通过反射式台阶镜来制造离散的倾斜波前，这是一个避免引入角色散的理想方案，因为使用这种倾斜波前元件，泵浦激光入射角和出射角之间的夹角不会太大。反射式台阶镜包含许多小台阶，这些台阶作为小镜子，将单个入射脉冲分为许多具有时间延迟的子脉冲。这些子脉冲组成了离散的倾斜波前，如图 4-13 所示。这个离散的倾斜波前被成像到铌酸锂晶体中作为一个线源向外产生 THz 切伦科夫辐射。由于成像步距比 THz 波长小，离散倾斜波前脉冲在 THz 带宽的一部分有效连续传播。假设每个波束都独立地产生一个 THz 子波，且每个波束的脉冲宽度远小于脉冲之间的时间延迟。图 4-13 的右下角还展示了单个高斯脉冲产生的 THz 切伦科夫辐射。在这种情况下，产生的频率成分是由倾斜波前脉冲的横向大小决定的。在倾斜角设置合理的情况下，由许多子脉冲产生的 THz 电场会在一侧相干叠加，导致相干长度增加和 THz 波产生。

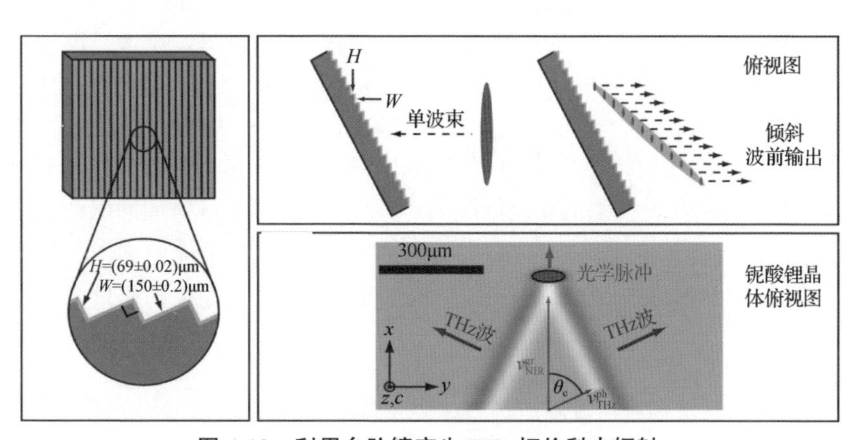

图 4-13　利用台阶镜产生 THz 切伦科夫辐射

在传统的用高色散光栅产生 THz 波的光路中，用单个透镜将泵浦激光成像到铌酸锂晶体中，这在很大程度上忽略了光束的发散角，因为角色散和波前的畸变很严重。因此，泵浦激光的发散和 THz 波的吸收成为主要的限制因素。对于台阶镜来说，成像面处子脉冲的光斑大小 w_0 大于泵浦激光的波长，并且瑞利长度 z_R 与脉冲宽度无关。因此，脉冲串可以维持相对短的脉冲宽度传播，且不发生较大的发散。这也表明通过使用多个透镜成像在成像面处以制造出准直的脉冲串，以及利用更长的瑞利长度是有好处的。此外，对铌酸锂晶体进行降温也可以减少晶体对 THz 波的吸收。

2016 年，MIT 的 Nelson 教授团队的 Ofori-Okai 等人使用反射式台阶镜来产生离散的倾斜波前，实验分别展示了单透镜成像系统和三透镜成像系统，也分别展示了常温和低温下的结果。在实验中，台阶镜的阶梯宽度和高度分别为 $W=(150\pm0.2)\ \mu\text{m}$、$H=(69\pm0.02)\ \mu\text{m}$，如图 4-13 所示，阶梯宽度决定了子脉冲的初始宽度（竖直方向的宽度约为 9mm），高度决定了两个相邻脉冲之间的时间延迟 $t=2H/c$，旋转台阶镜使得泵浦激光正入射到台阶上。经过反射，入射光会被分裂为子脉冲，形成倾斜波前，倾斜角 $\theta=\arctan\left(2H/W\right)$。这个倾斜角可以通过式（4-4）调节：

$$\theta=\arctan\left(\frac{2HM}{Wn_{\text{LN}}^{\text{gr}}}\right) \tag{4-4}$$

其中，$n_{\text{LN}}^{\text{gr}}$ 为铌酸锂晶体中近红外光的群折射率，M 为缩放倍数。

实验装置如图 4-14（a）所示，使用了钛宝石激光器（中心波长 800nm、单脉冲能量 1.5mJ、重复频率 1kHz、半峰全宽 24nm、脉冲宽度 70fs）。泵浦脉冲先经过一个 90：10 分束器被分成两束，分别用来产生 THz 波和进行电光取样。将产生的光束用斩波器斩至 500Hz，然后将反射的脉冲串成像到直角的铌酸锂晶体中。使用焦距为 8cm 的单透镜成像系统或者三透镜成像系统（焦距分别为 f_1=30cm，f_2=−7.5cm，f_3=7.5cm），缩放倍数为 5。在晶体的入射面处，泵浦光束的 $1/\text{e}^2$ 半径（光强为峰值强度的 13.5%时的光束半径）约为 1mm。如图 4-14（b）所示，铌酸锂晶体处的入射光包含约 60 个独立的子脉冲，每个子脉冲宽约 30μm。子脉冲之间的时间延迟效果可以由图 4-14（c）看出，该图展示了台阶镜反射之前和之后的泵浦光谱。初始光谱产生的调制间隔为 $(4.4\pm0.2)\text{nm}$，对应时间间隔约为 460fs，可直接由光谱仪收集散射光测量得到。通过多个台阶镜反射光的光谱，可以精确测量台阶镜的阶梯高度，但单个光束的光谱都是原始泵浦光束的光谱，没有进行光谱调制。

使用 3 英寸口径、3 英寸焦距的离轴抛物面镜来收集产生的 THz 波，用另一个 3 英寸口径、2 英寸焦距的离轴抛物面镜将其聚焦到 GaP 晶体上。电光取样光束经过一条延迟线，用半波片和偏振片做衰减，光束直接通过第二个离轴抛物面镜上的孔，与 THz 波重叠聚焦到 GaP 晶体上。透过的电光取样探测脉冲通过一个四分之一波片和偏振片，再利用光电二极管检测探测脉冲。

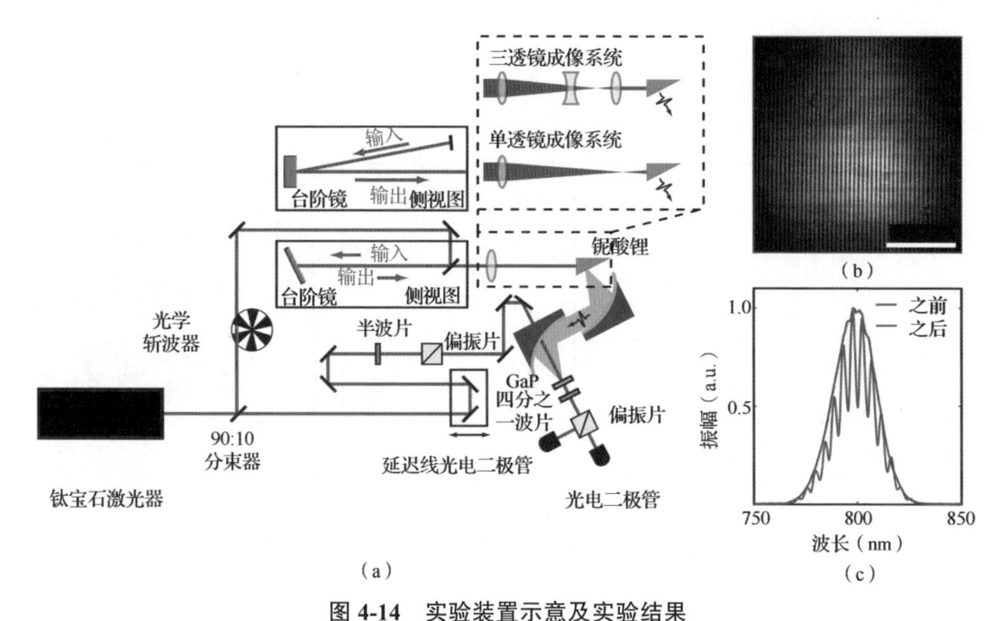

图 4-14　实验装置示意及实验结果

（a）Nelson 教授团队利用台阶镜实现倾斜波前的实验装置示意　（b）相机拍摄的在台阶镜上的光斑　（c）台阶镜反射之前和之后的泵浦光谱

图 4-15（a）和图 4-15（b）所示为测量得到的 THz 波形以及计算得到的相应频谱。这些数据是在室温（RT）和低温（CT）下使用单透镜成像系统（1L）或者三透镜成像系统（2L）的最大泵浦功率获得的。在低温下，使用单透镜成像系统测得的 THz 峰值电场强度为 500kV/cm。在所有情况下，峰值频率均为 0.63THz。假设每个子脉冲产生独立的 THz 波，依据文献，利用式（4-5）估算 THz 波的峰值频率 ν_p：

$$\nu_p \approx \frac{c}{\pi n_{\mathrm{LN}}^{\mathrm{THz}} w_0} \tag{4-5}$$

其中，$n_{\mathrm{LN}}^{\mathrm{THz}}$=4.96 是 THz 波在铌酸锂晶体中的折射率，w_0 是子脉冲的光斑大小。当设置子脉冲的光斑大小 w_0=30μm 时，可发现 THz 波的峰值频率 ν_p=0.64THz，这与实验结果完全符合。除了在低温、单透镜成像系统情况下 THz 光谱的半峰全宽为 1.3THz，其余情况下的半峰全宽均约为 0.8THz。对于台阶镜来说，产生的 THz 光谱带宽取决于子脉冲的可用波矢量分量，更小的脉冲包含更多的内容。通过图像平面的全光束的任何额外发散会导致倾斜角变化，从而改变 THz 光谱带宽。

为了进一步表征 THz 波输出，研究人员在第二个离轴抛物面镜的焦点处测量了 THz 波的时域波形。他们并没有对电光取样光束进行聚焦，而是让它保持准直，并覆盖 GaP 晶体，使用单透镜成像系统，通过四分之一波片和沃拉斯顿棱镜将 GaP 晶体成像到相机上，产生一对图像。在 THz 电场存在和不存在的情况下分别收集这些图像的时间序列，然后利用平衡探测的方法生成图像。图 4-15（c）展示了在低温情况下使用三透镜成像系统在时域波形的峰值处获得的光斑图像。提取的信号与

$E(x,y)$成正比，经过平方得到 THz 波的强度$I_{\mathrm{THz}}(x,y) \propto E^2(x,y)$，通过拟合高斯函数，得到的垂直方向和水平方向的$1/\mathrm{e}^2$半径分别为 0.57mm 和 0.55mm。

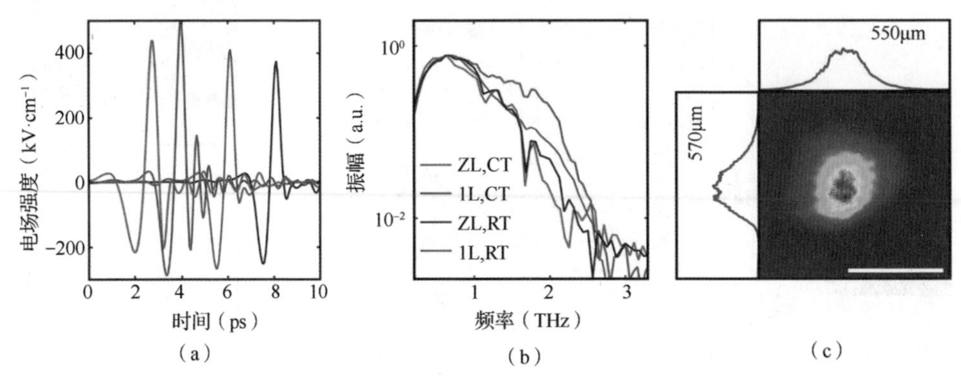

图 4-15　Nelson 教授团队利用台阶镜实现倾斜波前的实验结果

（a）THz 波形　（b）计算得到的相应频谱　（c）光斑图像

虽然 THz 波的峰值电场和带宽对于驱动材料的非线性效应非常重要，但是与其他 THz 波产生方案相比，更为通用的衡量指标是泵浦激光到 THz 波的能量转化效率。Nelson 教授团队通过使用电光取样技术获得的参数且考虑具有高斯空间分布的 THz 波强度，计算了 THz 波能量。自由空间 THz 波能量U如下：

$$U = \frac{1}{2gT} \pi c \varepsilon_0 n_{\mathrm{GaP}}^{\mathrm{THz}} E_0^2 w_x w_y \tau_0 \tag{4-6}$$

其中，g=0.94 是假设高斯时间形状的校正因子，T=0.72 是激光进入 GaP 晶体的功率传输系数，E_0是电光晶体中的峰值电场强度，τ_0是半峰全宽的脉冲宽度，w_x和w_y是沿x轴方向和y轴方向的$1/\mathrm{e}^2$半径，$n_{\mathrm{GaP}}^{\mathrm{THz}}$=3.24 是 GaP 晶体中 THz 波的折射率。

Nelson 教授团队使用单透镜成像系统和三透镜成像系统在室温和低温情况下测量了各种泵浦能量下的 THz 峰值电场强度，并计算了 THz 波能量及其相应的转化效率，如图 4-16（a）和图 4-16（b）所示。当泵浦能量低于 500μJ（泵浦通量低于 14.4mJ/cm^2）时，THz 波能量与泵浦能量成平方关系，转化效率线性增加。对于单透镜成像系统，当泵浦能量超过 700μJ（泵浦通量超过 20.2mJ/cm^2）时，THz 波能量在室温和低温情况下都随泵浦能量线性增加，这是转化效率饱和的一种表现。在以往的研究中观察到，泵浦通量在较低的情况下，转化效率达到饱和，出现这种情况被认作自相位调制和多光子吸收的影响。相反，当使用三透镜成像系统时，THz 波能量继续线性增加，转化效率也持续增加。

他们对以上实验结果进行总结发现，在单透镜成像系统中，从室温到低温，转化效率提高了 1.4 倍，在三透镜成像系统中提高了 1.6 倍。在采用三透镜成像系统的情况下，当泵浦能量为 950μJ（泵浦通量为 27.5mJ/cm^2）时，获得的峰值转化效率为 0.33%，最高 THz 波能量超过 3.1μJ。此外，在由光栅实现倾斜波前的实验中，使用了较长的傅里叶变换极限脉冲宽度（>200fs）；而在台阶镜实验中，使用更短的变换极限脉冲宽度实现了相近的转化效率。

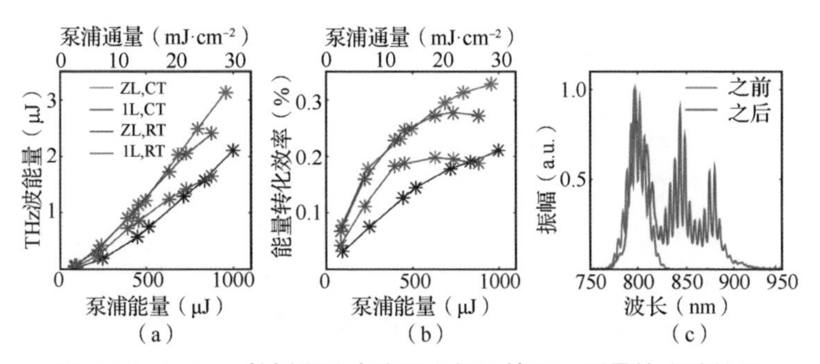

图 4-16　Nelson 教授团队在室温和低温情况下测量的实验结果

（a）THz 波能量　（b）能量转化效率　（c）台阶镜反射前后的泵浦光谱

此外，当脉冲被啁啾到半峰全宽为 70～100fs 时，THz 波产生效率是最优的。他们也使用功率计和热释电探测器对台阶镜产生的 THz 波进行了能量测量，结果都超过了使用假设高斯光束时的计算值。因此，他们认为他们所提出的 THz 波能量和转化效率是利用台阶镜产生 THz 波的下限值。除此之外，他们还表征了产生 THz 波的泵浦光谱，如图 4-16（c）所示，经台阶镜反射后光谱明显变宽且调制光谱中心波长红移。这种红移是 THz 波产生过程中的一大特点，由光学光谱成分之间的差频混合产生，可以通过多个差频级联。

以上实验中，在单透镜成像系统和三透镜成像系统情况下，转化效率随泵浦能量有明显不同的变化。在室温和低温情况下，单透镜成像系统的转化效率似乎达到了饱和，而三透镜成像系统的转化效率持续增加。此外，由于在较高频率下 THz 波吸收明显减少，单透镜成像系统在低温时的 THz 带宽显著增加，而三透镜成像系统中带宽并没有明显变化。出现这种现象，他们认为可能是单透镜成像系统的子脉冲具有更大的发散度和波矢扩散，使得在更宽的频率范围内进行相位匹配。相反，子脉冲的发散会受三透镜成像系统的衍射限制，因此产生的带宽变化可忽略不计。单透镜成像系统的光束发散还导致图像平面的前面和后面的倾斜角范围不断扩大，尽管这可能会降低整体的转化效率，但同时可能会增加向高频 THz 频谱分量的转化。

综上所述，该实验证明了利用反射式台阶镜结构可以产生离散的倾斜波前，其产生的 THz 电场强度高达 500kV/cm，THz 波能量超过 3μJ，低温峰值转化效率为 0.33%。后续或许可以通过减小步距来促进更高频率的 THz 波产生。

尽管使用台阶镜可以产生与使用光栅相当的 THz 波，且理论预测使用离散倾斜波前光束优于光栅，但是在此后很多工作中，利用铌酸锂晶体通过倾斜波前技术产生强场 THz 波的实验几乎都是使用光栅作为倾斜波前元件的。迄今为止，仅

2016 年 Nelson 教授团队使用超短（＜100fs）泵浦脉冲和 2018 年 Blanchard 教授团队使用数字微镜器件的低功率、低强度泵浦光束，并使用台阶镜作为倾斜波前元件，但是都没有实现比光栅倾斜波前方案更好的性能。

2022 年，Blanchard 教授团队的 Guiramand 等人使用镱激光器结合新型脉冲压缩技术，利用台阶镜作为倾斜波前元件在室温下获得了转化效率为 1.3%的 THz 波。该工作中使用的镱激光器有望取代钛宝石激光器用于 THz 波的产生。与钛宝石激光器相比，镱激光器在其再生放大部分保持较高的平均功率，从而提供高重复频率输出的激光脉冲，这与当前对高强度、高平均输出功率的 THz 源的追求相吻合。这种激光器的脉冲宽度比钛宝石激光器的脉冲宽度宽，有利于使用铌酸锂晶体产生 THz 波。

图 4-17 所示为该实验装置示意，实验中的镱激光器可提供中心波长为 1024nm、带宽为 6.1nm、脉冲宽度为 280fs、最大能量为 400μJ、重复频率为 25kHz、平均激光功率为 10W 的激光脉冲。分束器确保泵浦光束有 95%的反射率，探测光束有 5%的透射率。台阶镜的宽度为 187μm、高度为 85μm，泵浦激光直接垂直入射在台阶镜上。利用焦距为 100mm 的柱面镜作为成像系统。使用的铌酸锂晶体掺杂约 1%的 MgO，切割成图 4-17 所示的棱镜形状。为了使泵浦脉冲和 THz 波相位匹配，对于来自台阶镜的倾斜脉冲，将其缩放系数设置为 5。产生的 THz 波首先被一个离轴椭球面镜（OAEM1，焦距为 33mm）收集，然后被另一对离轴抛物面镜（OAPM2 和 OAPM3，焦距分别为 100mm 和 50mm）准直并重新聚焦到电光晶体上。利用该装置将 THz 光束的直径增大了 3.1 倍，从而提高了探测位置的聚焦能力。

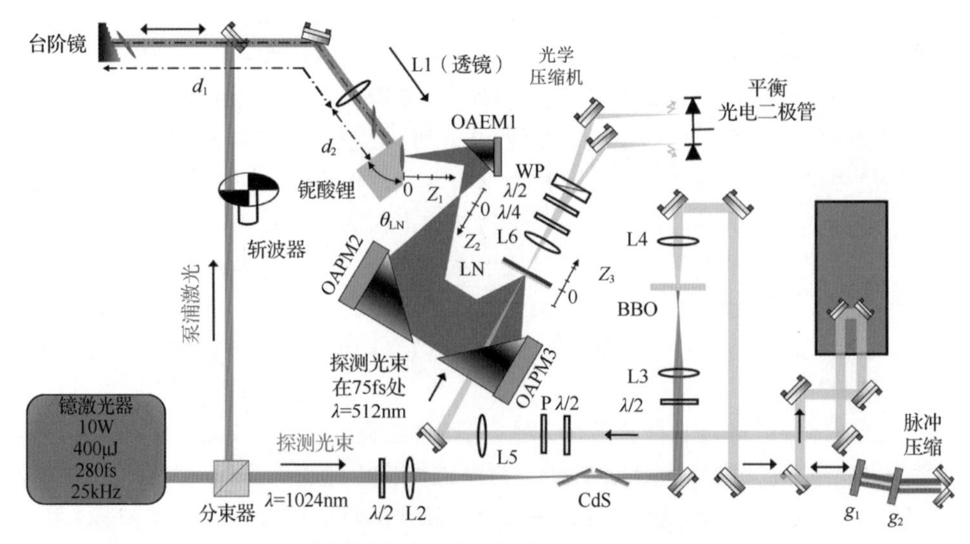

图 4-17　Blanchard 教授团队使用台阶镜产生和探测 THz 波的实验装置示意

注：P 代表偏振片，WP 代表沃拉斯顿棱镜。

对 THz 波的探测是通过电光取样技术在 1mm 厚的铌酸锂晶体衬底上沉积 19μm

厚的铌酸锂晶体完成的。利用该方法探测的优点是：①铌酸锂晶体非常薄，可以在很宽的频率范围内进行探测，不存在探测光束和 THz 波之间的相位匹配问题；②衬底将 THz 波的第一回波延迟了 40ps 以上，可提高光谱分辨率；③当使用强场 THz 波时，薄晶体避免了探测光偏振面的饱和旋转，可以在线性响应范围内探测强场 THz 波，不需要使用如高阻硅等强场 THz 衰减片。

为了通过电光取样技术更好地探测强场 THz 波，必须使用约 100fs 或更短的探测脉冲，而激光器直接提供的脉冲宽度（280fs）太长了，不能有效探测产生的 THz 波，必须进行压缩。该实验中，他们使用了一种独特的激光脉冲压缩技术，该技术在激光器的基本波长（1024nm）下只需要数微焦或更少的探测能量。采用这种压缩技术包括 3 个步骤：①通过自相位调制效应将光谱展宽；②在薄晶体中通过二次谐波进行空间和光谱过滤；③使用一对传输光栅压缩激光脉冲。水平偏振探测脉冲被聚焦到一对 1mm 厚的 CdS 晶体上，晶体以布儒斯特角方式放置，实现自相位调制对光谱的展宽。实验中，在 CdS 晶体之后，探测脉冲的半峰全宽从 6.1nm 展宽到 22nm，然后将探测脉冲聚焦到 100μm 厚的 BBO 晶体上并产生波长为 512nm 的二次谐波。BBO 晶体主要有两个功能，即通过调整 BBO 晶体相对于光束焦点的位置来对探测光束进行空间过滤以及选择宽而均匀的光谱。最后使用一对标准的透射光栅对探测脉冲进行压缩，它也被用作剩余基本光束的几何滤波器。值得一提的是，由于探测到的电场强度与波长成反比，因此在 512nm 波长处使用探测光束可显著增大探测的动态范围。

图 4-18 所示为探测脉冲压缩后的测量特征，其中图 4-18（a）所示为使用频率分辨的光门控脉冲分析仪测量的探测脉冲的光谱振幅和光谱相位，图 4-18（b）所示为压缩脉冲在通过光栅后的时间强度和时间相位。探测光束在半峰全宽处的光谱带宽为 6nm，脉冲宽度为 75fs。可以看到光谱相位和时间相位几乎是平坦分布的，并且脉冲的时间强度呈现高斯分布，可以证明探测脉冲压缩后具有良好性能。

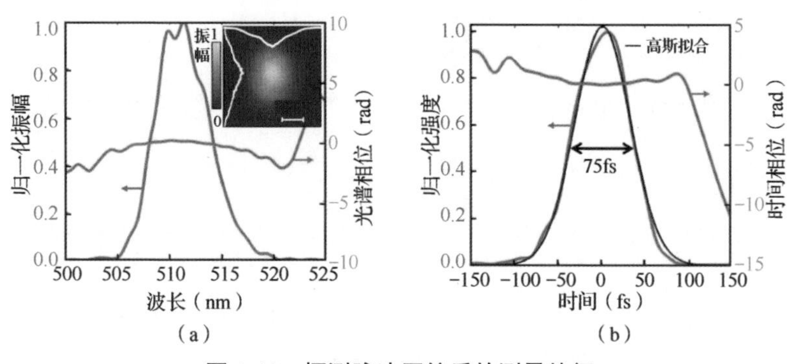

图 4-18　探测脉冲压缩后的测量特征

（a）光谱振幅和光谱相位分布，插图为探测点的图像　（b）时间强度和时间相位分布

用倾斜波前技术产生 THz 波的一个关键因素是，可以通过倾斜波前光学元件在

铌酸锂晶体上实现正确成像。理想情况下，非线性材料中的有效作用距离越大，光学整流过程的效率就越高。然而，这只有当脉冲保持空间和时间特性时才是正确的。众所周知，当使用衍射光栅时，角色散会导致脉冲宽度因远离图像平面而减小，并且由于该成像方案固有的倾斜几何结构使得倾斜波前的图像并不完美。于是，人们后来提出了利用台阶镜作为倾斜波前光学元件以避免引入角色散的问题。为了证明这一点，Blanchard 教授团队用 CCD 相机沿着泵浦传播方向在不同位置拍摄了泵浦光斑图像（其中 0mm 位置是铌酸锂晶体的中心位置）。

在图 4-19（a）～（c）中，可以清楚地看到光斑图像，在图像平面位置前后各 1mm 处非常清晰。在 0mm 位置，光斑的尺寸沿 x 方向的半峰全宽为 0.5mm，如图 4-19（d）所示。在最高泵浦能量（227μJ）下，泵浦通量为 34mJ/cm^2，是铌酸锂晶体损伤阈值的 1/20。此外，根据沿 z 方向的泵浦光斑轮廓，可以知道光束的发散度约为 1°。因此，由于有效作用距离较大，可以在铌酸锂晶体中产生 THz 波，波前倾斜角略有变化，从而实现高效产生 THz 波。此外，为了验证光学整流过程的效率，他们还测量了光学整流后铌酸锂晶体内外部的泵浦光谱，如图 4-19（e）所示，可以观察到泵浦能量最大的光谱发生了明显的红移，这与 2016 年 Nelson 教授团队观察到的结果相似。

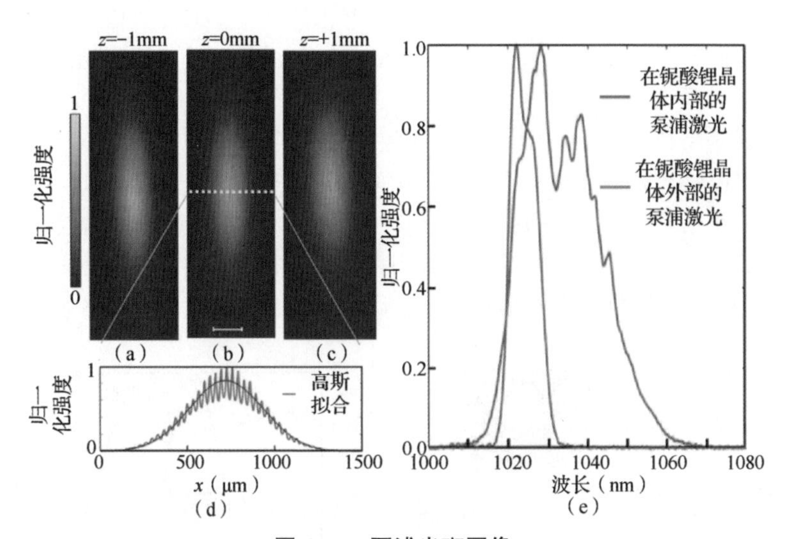

图 4-19　泵浦光斑图像

（a）在图像平面位置前 1mm （b）在图像平面位置 （c）在图像平面位置后 1mm
（d）焦点位置处泵浦光斑的水平轮廓 （e）光学整流后铌酸锂晶体内外部的泵浦光谱

利用 CCD 相机研究了 THz 波在传播路径上不同位置（图 4-17 中的位置 Z_1、Z_2、Z_3）的光斑尺寸变化。图 4-20 展示了 THz 光斑半径在 x 方向和 y 方向沿此路径的变化，其中图 4-20（a）所示为铌酸锂晶体输出端 THz 光斑尺寸的变化，以此来推断 THz 光束的发散，其沿 x 方向的发散角为 3.2°，沿 y 方向的发散角为 1.4°。为了有效收集弱发散源点，优先使用离轴椭球面镜，由于它具有双焦点，因此可以同时捕捉和缩小物体。在离轴椭球面镜的焦点（Z_2=0）处获得了图 4-20（b）所示的 THz 光斑减小的图像，提取数据后发现，图像在 x 方向的半峰全宽为 620μm，在 y 方向的半峰全宽为 830μm。图 4-20（c）所示为在第三个离轴抛物面镜焦点（Z_3=0）处获得的 THz 光斑图像，在 x 方向的半峰全宽为 490μm，在 y 方向的半峰全宽为 580μm。光斑轮廓呈高斯分布，没有明显的椭圆度，并且接近衍射极限。

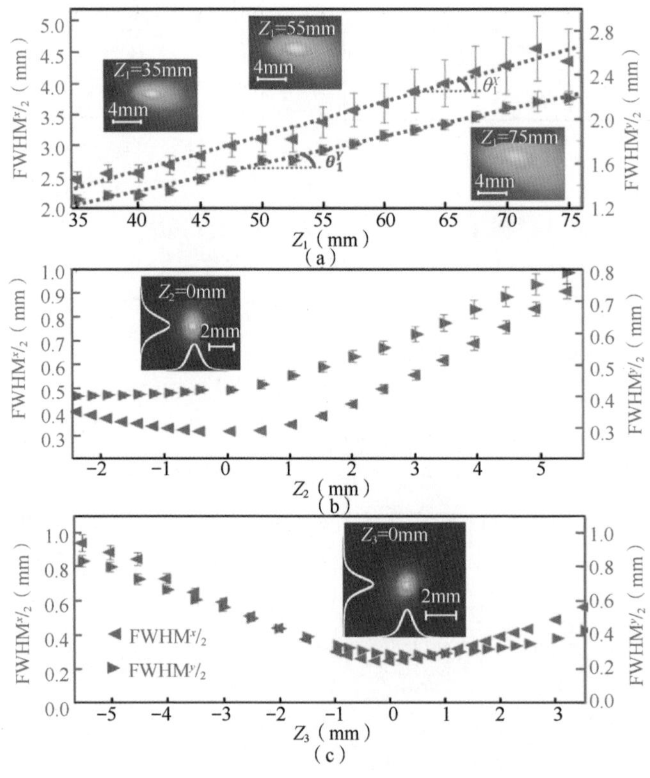

图 4-20 THz 波在传播路径上不同位置的光斑尺寸变化

（a）Z_1 位置 （b）Z_2 位置 （c）Z_3 位置

Blanchard 教授团队在 Z_1 处使用热释电探测器测量了 THz 波的功率。为避免探测器饱和，添加了 5 片高阻硅片和一片未掺杂的锗片。当泵浦能量为 227μJ 时，测得 THz 波等效能量为 3μJ 时的最大 THz 波功率为 74mW，相应能量转化效率为 1.3%。

图 4-21（a）所示为 THz 时域波形，插图为排出水蒸气、充入干燥 N_2 后的 THz 时域波形，图 4-21（b）所示为空气中线性标度的 THz 频谱，其插图为对数标度的 THz 频谱。THz 波形是单周期的，扫描范围是主脉冲后的 43ps，时间步长为 53fs。在此期间，由于 1mm 的铌酸锂晶体衬底的存在，仍然没有观察到 THz 回波。在频谱中，最大振幅位于 0.9THz 处，频率范围为 0.1～4THz，半峰全宽的范围为 0.5～

1.7THz，光谱分辨率为 18GHz。该结果与文献中的结果一致，证明了光学整流过程中级联效应的重要性。

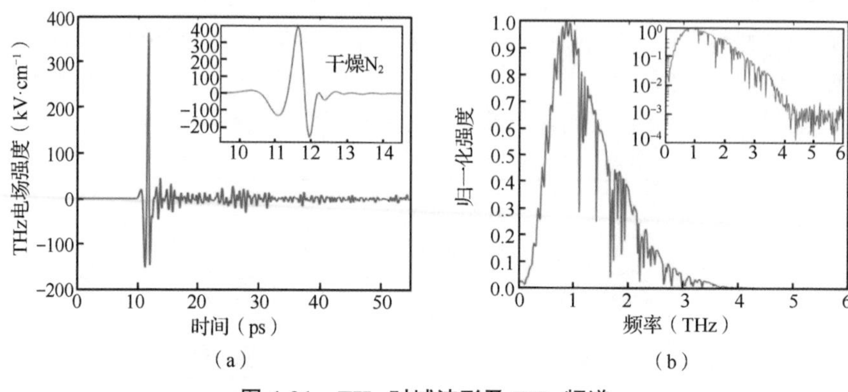

图 4-21　THz 时域波形及 THz 频谱

（a）THz 时域波形　（b）THz 频谱

为了全面表征 THz 源，通过光电二极管上的调制过程（调制参数 M 为 27.5%）来测量 THz 电场强度。THz 电场强度由式（4-7）给出：

$$E^{\mathrm{THz}}=\left|\frac{M\lambda_{\mathrm{probe}}}{2\pi t d\Gamma}\right| \tag{4-7}$$

其中，λ_{probe} 是激光中心波长（512nm），t=0.27 是 THz 光束在空气和铌酸锂晶体界面上的透射系数，d 是用作 THz 探测器的铌酸锂晶体的厚度。影响探测器内探测光束的相位延迟 Γ 取决于 THz 波和探测光束的偏振以及相关的电光系数，由式（4-8）给出：

$$\Gamma=\frac{1}{2\sqrt{2}}\left[n_{\mathrm{o}}^{3}\left(-r_{22}+r_{13}\right)-n_{\mathrm{e}}^{3}r_{13}\right] \tag{4-8}$$

其中，寻常光（o 光）的折射率 n_{o} 在 0.5μm 时为 2.33，非常光（e 光）的折射率 n_{e} 在 0.5μm 时为 2.24，电光系数 r_{22}=3.4pm/V，r_{13}=6.5pm/V。因此，忽略铌酸锂晶体的双折射，THz 峰值电场强度预计可达到 400kV/cm。THz 峰值电场强度可以用式（4-9）表示：

$$E_{\mathrm{THz}}=\sqrt{\frac{2\eta_{0}W_{\mathrm{THz}}}{\tau A}} \tag{4-9}$$

其中，η_0 为自由空间的阻抗，W_{THz} 为 THz 波能量，τ 为脉冲宽度，A 为 THz 光斑面积。利用式（4-9）可以从能量、脉冲宽度和 THz 光斑面积对 THz 峰值电场强度进行估算。当 W_{THz}=3μJ，τ=0.85ps，A=0.22mm^2 时，利用式（4-9）可估计出 THz 峰值电场强度约为 1MV/cm。尽管利用公式计算得到的值广泛用于表征 THz 强源，但是往往很容易高估实际性能。这可能是估算时多个误差因素在起作用。因此，Blanchard 教授团队仅考虑基于信号电光调制的方法获得的估算值，即 400kV/cm。

在实验最后，为了确保 THz 峰值电场强度的准确性，他们使用沉积在 InP 衬底上的 N 型掺杂 InGaAs 晶体（厚度为 500nm、载流子浓度为 $2\times10^{18}cm^{-3}$）进行了非线性 THz 实验。所进行的开孔 Z 扫描实验包括测量通过 InGaAs 晶体的 THz 波透射率，利用热释电探测器对透射率进行测量，图 4-22 显示相对于 THz 焦点的样本位置处的 THz 波透射率，插图所示为其实验装置，在焦点处得到的最大传输增强系数为 2.7。

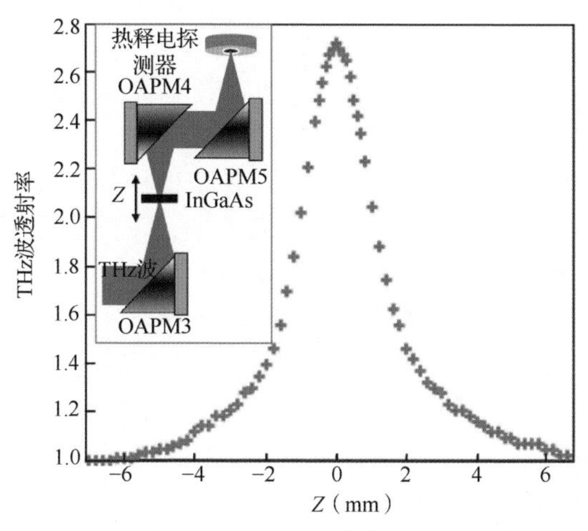

图 4-22　通过 InGaAs 晶体的 THz 波透射率

综上所述，该工作将新型脉冲压缩技术与台阶镜结合，在室温情况下创造了当前通过铌酸锂晶体利用倾斜波前技术产生 THz 波的能量转化效率纪录。这为强场 THz 波在高重复频率非线性 THz 科学以及超快非线性光谱学领域的应用打开了大门。同时，利用台阶镜作为倾斜波前元件，为超短激光脉冲作为泵浦激光源产生强场 THz 波，提供了一种可供选择的方案。当然，还有其他更好的倾斜波前方案值得深入研究和开发。

4.4　成像系统对强场 THz 波产生的影响

在倾斜波前装置中，成像系统位于光栅与铌酸锂晶体之间，主要用于将倾斜波前成像到晶体里面，产生 THz 波。当然，这并不是必需的。如果利用前面介绍的接触光栅方案，这一步就可省略。但由于接触光栅技术目前还不是非常成熟，THz 波产生效率不高，因此对光栅与晶体间成像系统的优化成了高效率 THz 波产生的关键。下面讨论成像系统对 THz 波产生的影响。典型的成像系统包括单透镜成像系统、双柱透镜成像系统，还有双平凸透镜望远镜系统、组合式三透镜成像系统等。优化成像系统的主要目的在于，解决系统搭建过程中，由实际泵浦激光的中心波长、光栅入射角、光栅刻线误差、晶体折射率不准等因素引起的 THz 波产生效率不高的问题。为了找出最优化缩束比和最佳透镜组合，有研究人员尝试了编程控制的三透镜成像系统，通过优化晶体横纵坐标位置、各透镜之间的距离、THz 波能量探测器位置来获得局部最优参数。实验结果表明，在 1030nm 的中心波长、600fs 的脉冲宽度的条件下，最高的 THz 波产生效率出现在 0.5～0.7 的缩束比范围内。

成像系统的一个功能在于对泵浦激光的光斑形状进行整形。当泵浦能量较高时，为了避免晶体遭到破坏，需要对光斑扩束。但是在圆形大光斑泵浦的情况下，由于距离相位匹配角较远的光斑位置处产生的 THz 波需要更长的传输距离，而铌酸锂晶体对 THz 波的吸收非常强，因此在高能量、大光斑泵浦的情况下，不仅能量转化效率无法提升，甚至保持能量转化效率不下降都非常困难。一种比较好的解决方式是将泵浦激光制备成椭圆光斑，使得椭圆光斑的长轴平行于晶体的光轴方向（竖直方向），而短轴平行于水平方向。通过这样的方式，有助于提高 THz 波产生效率。

4.5 晶体参数对强场 THz 波产生的影响

倾斜波前技术的提出源于铌酸锂晶体。该晶体不仅非线性系数大，而且可以制备得非常大，掺杂后的晶体破坏阈值也很高。但是，利用该晶体有两个缺点：①倾斜波前技术需要克服光学频段与 THz 频段的折射率差异问题；②该晶体对于 THz 波的吸收系数很大，而且铌酸锂晶体在 THz 频段具有很明显的双折射现象。本节从铌酸锂晶体的掺杂浓度和晶体温度两个方面介绍晶体参数对强场 THz 波产生的影响。

4.5.1 铌酸锂晶体掺杂浓度

铌酸锂晶体按生长方式不同主要分为两种，分别为近化学计量比铌酸锂晶体和同成分铌酸锂晶体。同成分铌酸锂晶体是最早的铁电晶体之一，在非线性光学和声学领域有广泛的应用。然而，同成分铌酸锂晶体具有很强的光折变特性，这对于许多光学领域中的应用来说是一个缺点，因为对于器件应用来说，需要长期稳定的光束。有研究显示，铌酸锂晶体的光折变损伤可以通过添加掺杂浓度超过特征阈值水平的某些掺杂剂（如 Mg、Zn 或者 In）来抑制。

后来，人们对近化学计量比铌酸锂晶体产生了研究兴趣，主要是由于其与同成分铌酸锂晶体相比，本征缺陷浓度和极化电场强度都实现了降低。同时，随着大块近化学计量比铌酸锂晶体生长技术的进步，晶体极化电场强度在当时可以达到 200V/mm，比同成分铌酸锂晶体低两个数量级。材料性能的改善为其进一步研究和应用奠定了基础。当使用高功率激光束照射未掺杂的近化学计量比铌酸锂晶体时，其表现出相对较低的光折变损伤，与同成分铌酸锂晶体相类似，可以通过掺杂 Mg 来解决这个问题。据报道，掺杂摩尔百分比约 1.8%的 MgO 可以将光折变损伤阈值提高到 2MW/cm^2 以上。为了优化近化学计量比铌酸锂晶体中 Mg 的掺杂浓度，必须以真正定量的方式测量光折变损伤，即测量由给定光强引起的折射率变化。

迄今为止，已经有很多方法用于表征铌酸锂晶体的抗光折变损伤性能，几乎所有的方法都会检测光强引起的折射率变化，其中最适合的实验方法之一是 Z 扫描方法。一束聚焦的高斯光束照射在非线性材料上，沿焦平面周围的传播路径对样品进行扫描。关于材料的基本非线性特性的信息，即非线性折射系数的符号和大小以及非线性吸收系数，可从远场对轴辐照度的依赖性与样品相对于焦平面的位置关系推导出来。最初，这种方法是为薄非线性样品开发的，后来，该方法用于厚样品的表征。

2002 年，Pálfalvi 等人使用光强高达 MW/cm^2 量级的全可见氩离子激光器，通过 Z 扫描方法研究了同成分和近化学计量比的未掺杂和掺杂 Mg 的铌酸锂晶体的光强诱导折射率变化和非线性吸收。在该工作中，Mg 以 MgO 的形式掺杂到晶体中。通过原子吸收分析发现，掺杂的样品中 Mg 的摩尔百分比为 5%。折射率的变化通过小孔 Z 扫描测量确定，非线性吸收的信息从开孔 Z 扫描测量中获得。实验中的氩离子激光器可提供功率高达 1.4W 的高斯光束，使用焦距为 80mm 的透镜进行聚焦，得到约 15μm 的束腰和 0.4MW/cm^2 的最大光强。光折射的建立需要一定的时间，并且取决于所研究的材料和所使用的光强。实验中发现，利用激光功率小于 1mW 的光束照射未掺杂 Mg 的晶体和激光功率约为 1W 的光束照射掺杂 Mg 的晶体时，扫描时间分别是几十秒和几秒。因此，Z 扫描是逐步完成的，在每个 Z 位置等待的时间比观察到的建立时间稍长。

对于未掺杂 Mg 的晶体，即使激光功率小于 1mW，晶体后面的氩离子激光束的横截面在铌酸锂晶体的光轴方向上也变得非常细长。正是由于这种扇形效应，Z 扫描测量适用于掺杂 Mg 晶体的定量研究和未掺杂 Mg 晶体的定性研究。他们通过实验发现，未掺杂 Mg 晶体的损伤阈值比掺杂 Mg 晶体的低两个数量级以上。此外，掺杂 5% Mg 的近化学计量比铌酸锂晶体表现出正折射率变化，与未掺杂 Mg 的近化学计量比铌酸锂晶体、未掺杂 Mg 的同成分铌酸锂晶体和掺杂 5%Mg 的同成分铌酸锂晶体的折射率变化相反。利用光强为 0.37MW/cm^2 的光束照射掺杂 Mg 的近化学计量比铌酸锂晶体时，其折射率变化约是利用光强为 0.1MW/cm^2 的光束照射掺杂 Mg 的同成分铌酸锂晶体的 1/6。同时，在非线性吸收实验中，他们发现在晶体中掺杂 Mg 还可以降低非线性吸收系数。

2004 年，Pálfalvi 等人利用 Z 扫描方法进一步研究了掺杂 Mg 后，两类铌酸锂晶体中光强诱导折射率的变化情况。该实验中，Mg 的掺杂浓度为 5%～6.1%。根据之前的报道，在同成分铌酸锂晶体中，抑制光折变损伤的特征阈值浓度在 4.6%左右。这个值在近化学计量比铌酸锂晶体中低很多，这是由于特征阈值浓度和 Mg 的掺杂方式有关。当 Mg 的掺杂浓度低于特征阈值浓度时，Mg 取代 Nb_{Li} 反晶态，折射率呈现出负变化。当 Mg 的掺杂浓度高于特征阈值浓度时（所有的反晶态被消除），Mg 取代 Li_{Li}，折射率呈正变化。因此，Z 扫描方法还可以用来区分 Mg 掺杂浓度高于或低于特征阈值浓度的晶体。实验中，他们发现对于掺杂 Mg 的同成分铌酸锂晶体和近化学计量比铌酸锂晶体，当掺杂浓度高于特征阈值浓度时，光折变效应是不存在的。对于同成分铌酸锂晶体来说，Mg 掺杂浓度在 5%～6.1%，而对于近化学计量比铌酸锂晶体来说则应该低于 0.67%。在掺杂 Mg 的近化学计量比铌酸锂晶体中，当掺杂浓度高于特征阈值浓度时，其抗损伤性高于同成分铌酸锂晶体，并且随着 Mg 浓度的增加而提高。

除了可以通过掺杂 Mg 来提高铌酸锂晶体的光折变损伤阈值，有研究显示，在铌酸锂晶体中掺入锆（Zr）和锡（Sn）也可以有效提高晶体的抗损伤性。此外，也有报道称，掺锆的铌酸锂晶体具有很强的抗紫外线光折变损伤性能。对于铪（Hf）和锡（Sn）掺杂剂，已经观察到增强的抗紫外线光折变损伤性能，尤其是在能带边缘。

综上所述，当铌酸锂晶体中掺杂剂的浓度高于晶体的特征阈值浓度时，晶体的光学性能可以得到改善，这对于产生 THz 波是有利的。对于两种类型的铌酸锂晶体，在近化学计量比铌酸锂晶体中加入少量的掺杂剂即可提高晶体的光折变损伤阈值，因此许多的倾斜波前实验中广泛使用近化学计量比铌酸锂晶体产生 THz 波。

4.5.2 铌酸锂晶体温度

当采用铌酸锂晶体产生强场 THz 波时，低温冷却晶体可以有效减少 THz 频段的线性吸收。然而，温度将影响晶体在这一范围内的折射率。因此，需要对晶体的顶角或者倾斜波前参数进行修改来满足相位匹配条件。此外，吸收系数不仅影响 THz 波的外耦合，而且对泵浦激光和产生的 THz 波之间的有效作用距离也有影响。于是，了解晶体在不同温度下的折射率和吸收系数对 THz 波产生效率的提高至关重要。

实际上，早在 2005 年就已经有关于不同 MgO 掺杂水平的铌酸锂晶体的折射率和吸收系数的温度特性研究。然而，晶体的弯曲表面引起的透镜效应使得折射率和吸收系数的值存在一定的不确定性。研究人员是在一个温度可变的远红外傅里叶变换光谱仪中测量的，测量过程中最低的 THz 频率是 0.9THz，低于这个值时的折射率和吸收系数是无法被测量到的，而这在利用倾斜波前计算 THz 波产生效率中也是至关重要的。尽管 2015 年又有关于使用 THz 时域光谱仪对铌酸锂晶体进行测量的成果，但是仍然缺乏与温度相关的实验结果。

2015 年，我们团队利用 THz 时域光谱仪对铌酸锂晶体进行了折射率和吸收系数的温度依赖性测量，THz 频段范围是 0.3～1.9THz。该实验使用的 THz 时域光谱仪是温度可变的，由一个钛宝石激光器泵浦，具有 80MHz 的重复频率和 70fs 的脉冲宽度。THz 发射器是与硅半球集成的低温生长 GaAs 天线，输出的 THz 波被两个离轴抛物面镜聚焦到样品上，样品信号被另外两个离轴抛物面镜重新聚焦到 ZnTe 探测器上进行电光取样。基于 GaAs 的 THz 发射器和 ZnTe 探测器都可在真空环境中工作。此外，用于放置样品的样品架是专门设计的，既可以安装晶体，也可以对晶体进行低温冷却。样品与一个恒温器相连接，冷却系统由液氮填充，在实际实验中由于恒温器的一些问题，该实验只能将温度降低到 50K。实验中使用的铌酸锂晶体掺杂有 6%的 MgO，晶体在 y 轴方向上的厚度为 1.5mm，沿平行于 z 轴方向将晶体切开。为了确保样品可以覆盖聚焦的 THz 光束，晶体在 xz 平面的直径为 1 英寸。在实验中，首先测量了 o 光偏振，并将其定义为平行于 x 轴的 THz 偏振，然后将晶体旋转 90°测量 e 光偏振，将其定义为平行于 z 轴的 THz 偏振。

对实验系统抽真空后，将晶体冷却到 50K，通过 4 个离轴抛物面镜测量发射的 THz 波，并将其作为参考信号，然后获得一个样本信号。图 4-23（a）所示为在 50K 下测量的真空参考样品、e 光偏振和 o 光偏振的 THz 时域波形。从图中可以看出，o 光偏振和 e 光偏振相比参考信号均有延迟。在 e 光偏振中，样品信号的峰值减小至参考信号的 35%，这意味着总损失为 65%。预计在 e 光偏振中晶体的折射率是 5，那么菲涅耳反射损失预计为 44%。因此，即使将晶体冷却到 50K，如图 4-23（b）所示，样品中仍然存在约 21%的吸收。同样，对 o 光偏振粗略计算，总损失为 81%，当折射率约为 6.5 时，菲涅耳反射损失约为 54%，这导致 o 光偏振的吸收损失约为 27%，吸收损失可以通过对晶体进一步降温来减少。

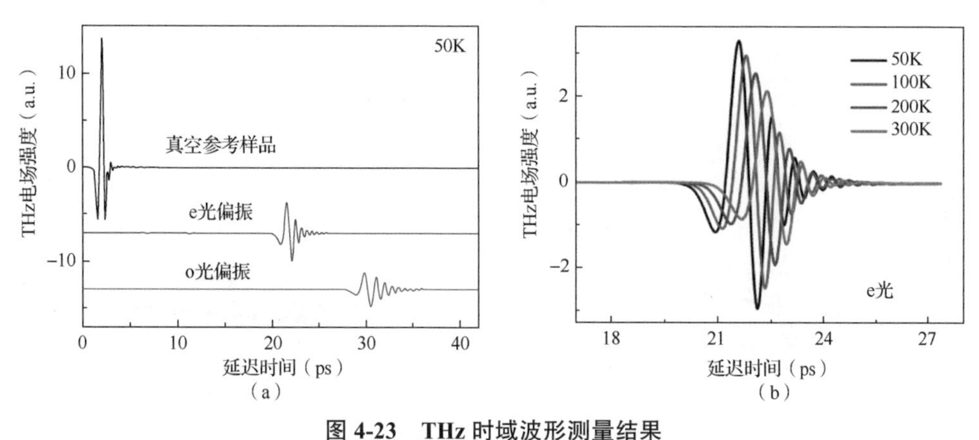

图 4-23　THz 时域波形测量结果

（a）在 50K 下测量的真空参考样品、e 光偏振和 o 光偏振的 THz 时域波形

（b）e 光的 THz 时域波形的温度依赖性

利用式（4-10）计算折射率和吸收系数：

$$
\begin{aligned}
n_2(\omega) &= \frac{\varphi(\omega)c}{\omega d} + 1 \\
\kappa_2(\omega) &= \frac{-\ln\left\{\rho(\omega)\cdot\dfrac{\left[n_2(\omega)+1\right]^2}{4n_2(\omega)}\right\}c}{\omega d} \\
\alpha(\omega) &= 2\omega\kappa_2(\omega)/c
\end{aligned}
\tag{4-10}
$$

其中，$n_2(\omega)$是随频率变化的折射率，$\varphi(\omega)$是相位差，c是真空中的光速，ω是角频率，d是样品厚度，$\kappa_2(\omega)$是随频率变化的消光系数，$\rho(\omega)$是振幅比，$\alpha(\omega)$是吸收系数。根据计算结果绘制图4-24。在图4-24（a）和图4-24（b）中，对于不同温度下的e光偏振和o光偏振，在整个测量频率范围内，折射率随THz频率的增加而增加，且随温度的升高而增加。图4-24（c）和图4-24（d）展示了吸收系数与THz频率的关系，可见在任何温度下，THz 频率越高，吸收系数越大。铌酸锂晶体在7.7THz处有一个声子振动，这是引起THz波吸收的主要原因。

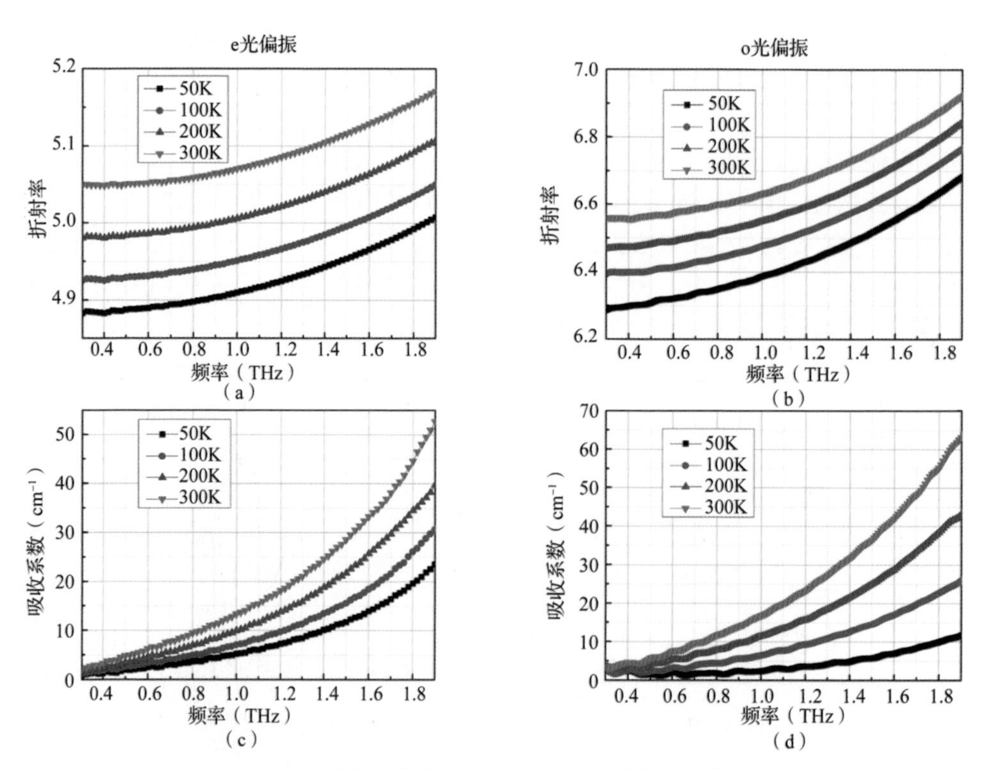

图4-24　铌酸锂晶体在不同温度下的折射率和吸收系数

（a）e光折射率　（b）o光折射率　（c）e光吸收系数　（d）o光吸收系数

为了更清楚地了解折射率和吸收系数随温度的变化，我们在 50～100K、100～200K、200～300K 各分段温度范围内进行了进一步研究。研究发现在这 3 段温度范围内折射率是不一样的，当温度从 300K 下降到 200K 时，折射率差值约是 0.06；当温度进一步从 200K 下降到 100K 时，折射率减小约 0.05；而当温度再下降到 50K 时，折射率只减小约 0.04。吸收系数的变化与此前结果相一致。此外，对于 0.4THz 频段的 e 光，室温下折射率为 5，而在 50K，折射率则降为 4.8 左右；室温下吸收系数为 $3.3cm^{-1}$，50K 的吸收系数降低为 $1.3cm^{-1}$。这样的效应在高频更加明显，比如在 1.6THz 时，室温下折射率为 5.1，而 50K 下折射率为 4.9；室温下吸收系数为 $33.2cm^{-1}$，50K 下吸收系数降低为 $13.8cm^{-1}$。从以上结果可以看出，降温的确可以让在晶体内部产生的 THz 波能量与晶体自身的声子吸收的能量有效地耦合，如图 4-25 所示，在 7mJ、150fs、800nm 钛宝石激光器泵浦的情况下，通过单透镜成像系统，获得了 0.5%的能量转化效率。

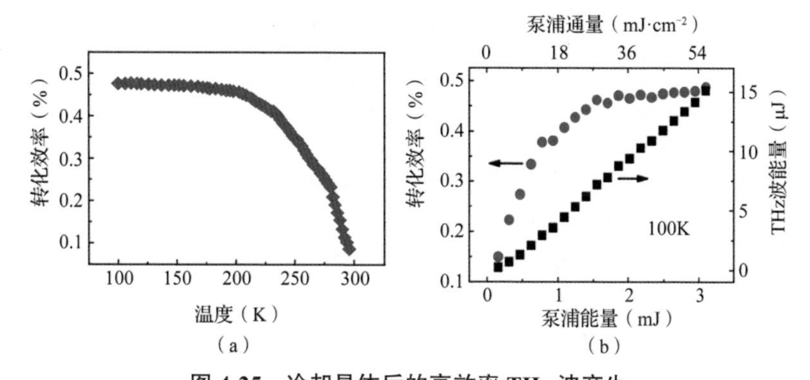

图 4-25　冷却晶体后的高效率 THz 波产生

（a）转化效率随温度变化曲线　（b）转化效率随泵浦能量变化曲线

不仅如此，在低温的情况下，辐射的 THz 波的中心频率也会向高频移动，如图 4-26 所示。

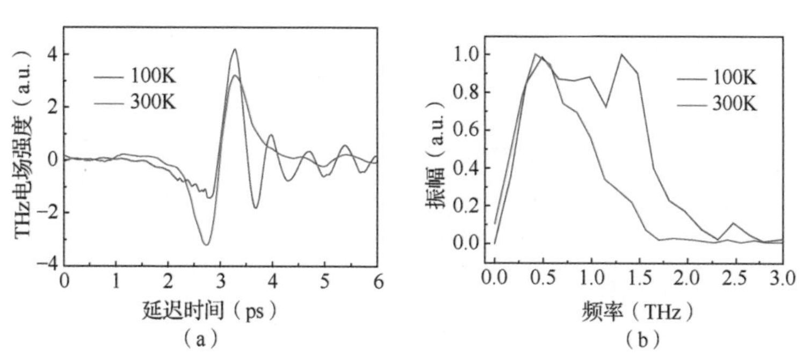

图 4-26　100K 和 300K 温度下的 THz 时域波形和 THz 频谱

（a）时域波形　（b）频谱

此外，铌酸锂晶体在 THz 频段具有很明显的双折射现象，研究人员通过使用 o 光偏振的折射率减去 e 光偏振的折射率得到了铌酸锂晶体的双折射温度依赖性曲线，如图 4-27 所示，可见在高频和室温下，这种双折射现象会更加明显。

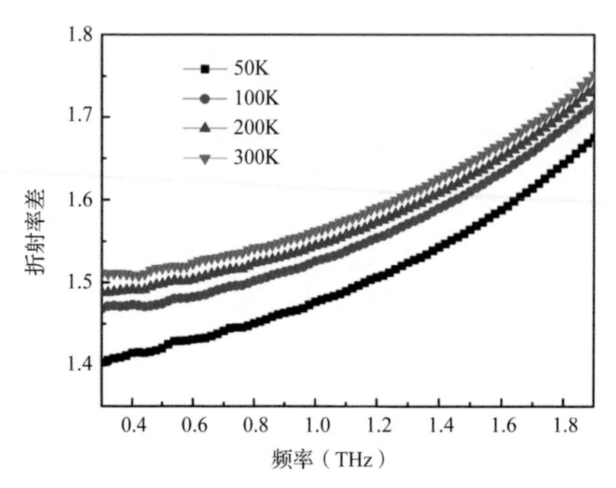

图 4-27　铌酸锂晶体的双折射温度依赖性曲线

为了明确温度对倾斜波前装置的影响，计算晶体内部的倾斜（相位匹配）角以满足相位匹配。利用波长为 1030nm 的泵浦激光、刻线密度为 1500g/mm 的光栅计算泵浦激光的群速度，再研究计算的相位匹配角与温度的关系。研究发现，在 50K 下，相位匹配角为 61.87°；当温度增加到 300K 时，相位匹配角增加到 62.87°。这 1°之差会导致光栅的入射角变化约 3°，这意味着有必要改变光栅角度，重新优化光栅和晶体之间的成像系统以及低温冷却下晶体的位置，从而实现更高的能量转化效率。

上述工作研究了铌酸锂晶体的折射率和吸收系数随温度的变化情况，以及不同温度对倾斜波前装置的影响，为更有效地提高 THz 波能量转化效率提供了参考。

一直以来，铌酸锂晶体由于其较大的非线性系数和破坏阈值高的特性，被认为是最适用于高效产生 THz 波的材料之一。然而，晶体在 THz 频段下对 THz 波的高吸收是一个很严重的问题，导致有效产生的 THz 波在晶体内部遭受极大的损失。在明确了低温能有效减少对 THz 波的吸收后，此后的众多实验都有考虑将铌酸锂晶体进行低温冷却来减少其对 THz 波的吸收，从而更高效率地产生 THz 波。

此外，还有一点值得提到的是，在经过倾斜波前装置产生 THz 波后，剩余的泵浦激光的光谱可以从一定程度上反映转化效率的优化情况。可通过测量从晶体出射的剩余泵浦激光的频谱变化，即通过式（4-11）：

$$N=\left(c/\nu_p\right)\left(\lambda_1^{-1}-\lambda_2^{-1}\right) \tag{4-11}$$

来反推晶体内部实际的量子转化效率，其中 N 为量子转化效率，ν_p 为产生的 THz 波的中心频率，λ_1 和 λ_2 分别为泵浦激光照射到晶体前的中心波长和产生了 THz 波后的中心波长。将其与实际测量得到的能量转化效率进行对比，可进一步推断出产生的 THz 波的能量损失比。

以上对倾斜波前装置的各部分组成元件做了详细的分析和讨论。整个装置是一个完整的系统，各部分之间互相关联。要想获得高效率的 THz 波输出，需要将以上各个方面都优化到最好。除了优化激光器参数、倾斜波前装置，还需对输出的 THz 波的传输、汇聚、收集等进行仔细的优化。图 4-25、图 4-26 所示就是在 7mJ、150fs、1kHz 钛宝石激光器泵浦的单透镜成像的倾斜波前装置中获得的非常不错的结果。单脉冲能量达到了 35μJ，平均功率为 35mW，能量转化效率达到了 0.5%，峰值电场强度达到了 MV/cm 量级。这样高重复频率、高信噪比的 THz 强源拥有很好的应用前景。对于低重复频率的超高能量飞秒激光器泵浦的情况，在优化信噪比且实现单脉冲探测等技术突破后，有望冲击真正意义上的毫焦量级 THz 源，峰值功率有望突破 GW 量级。在进一步优化晶体设计，突破铌酸锂晶体的尺寸限制后，有望将这样的技术应用到焦量级甚至更高能量的激光器上，获得 THz 强源。这样的 THz 强源也为强场 THz 非线性光学、THz 生物学效应、凝聚态物理等领域提供了强有力的研究手段。

4.6　铌酸锂多周期强场 THz 波的产生

单周期强场 THz 波（简称单周期 THz 波）在很多应用领域具有自己独特的优势，多周期强场 THz 波（简称多周期 THz 波）产生技术同样在近年来得到快速发展，也可广泛应用于通信、成像、窄带光谱和物态调控等领域。此外，多周期 THz 波具有的窄带光谱、可提升有效作用距离、对称场分布等特点，非常适用于相对论级别的电子加速，因此有望用于全光驱动的 THz 电子加速器领域。

基于铌酸锂倾斜波前技术的多周期 THz 波产生方法包括以下几种。

（1）啁啾和延迟方法。该方法可表述为时间整形泵浦脉冲的方法，按照特定频率和特定周期数对泵浦脉冲进行准正弦强度调制。具体方法为先给泵浦脉冲加上额外啁啾，然后将其分成具有一定时间延迟的两部分脉冲，再相干合束。如果分开的两个脉冲之间的时间延迟小于泵浦脉冲啁啾后的脉冲宽度，那么两个脉冲相干合束后相当于以固定频率差对泵浦脉冲进行准正弦强度调制。脉冲调制频率可通过啁啾或者时间延迟来控制，脉冲周期数则只能通过控制时间延迟来实现。整形后的泵浦脉冲进入铌酸锂倾斜波前装置后产生多周期 THz 波。

（2）迈克耳孙干涉仪产生脉冲串方法。该方法也属于对泵浦脉冲进行时间整形，可描述为以迈克耳孙干涉仪为基础，偏振复用干涉仪中经过分束的两束光，通过增加延迟线（反射镜组）和分束器级联可产生具有间隔的一定数量的脉冲串。为了产生等间距脉冲，特定延迟线之间的间距需成倍增加。同理，整形后的泵浦脉冲进入铌酸锂倾斜波前装置后也可产生多周期 THz 波。

（3）台阶镜方法。该方法与前面两种时间整形泵浦脉冲（空间光程为同一路径）的方法不同，基本原理在 4.3.2 节有详细介绍。近年来，中国科学院物理研究所团队和我们团队合作利用该方法产生了多周期 THz 波。该实验的装置如图 4-28 所示，使用的激光器是基于啁啾脉冲放大技术的钛宝石激光器，其可提供最大能量为 5.5mJ、傅里叶变换极限脉冲宽度为 70fs、中心波长约为 800nm 的泵浦脉冲。泵浦脉冲首先经过一个 90∶10 分束器分成两束，分别用作 THz 波产生的泵浦激光和进行电光取样的探测光。泵浦激光首先入射到台阶镜上，完整的泵浦光斑经过台阶镜后被分成时空分离的脉冲串。经过台阶镜后，脉冲串被导入光栅，光栅刻线密度为 1500g/mm，脉冲串入射角为 21°，光栅的负一阶衍射光经反射镜后再经成像系统和半波片进入铌酸锂晶体中。透镜的焦距为 75mm，光栅到透镜的距离为 225mm，透镜到晶体的距离为 112.5mm，透镜成像的缩束比为 2。产生的 THz 波经反射镜反射由离轴抛物面镜收集并准直成平行光束，再经另一个离轴抛物面镜聚焦到厚度为 500μm 的电光晶体 GaP 上。探测光经延迟线和半波片调节时间延迟和偏振后聚焦到电光晶体上，然后导入平衡探测器中探测产生的 THz 波形。该实验中，台阶镜的阶梯高度和宽度分别为 0.196mm 和 0.5mm，泵浦激光入射到台阶镜的角度为 4.3°，那么相应的时间延迟为 1.31ps，峰值频率为 0.76THz。

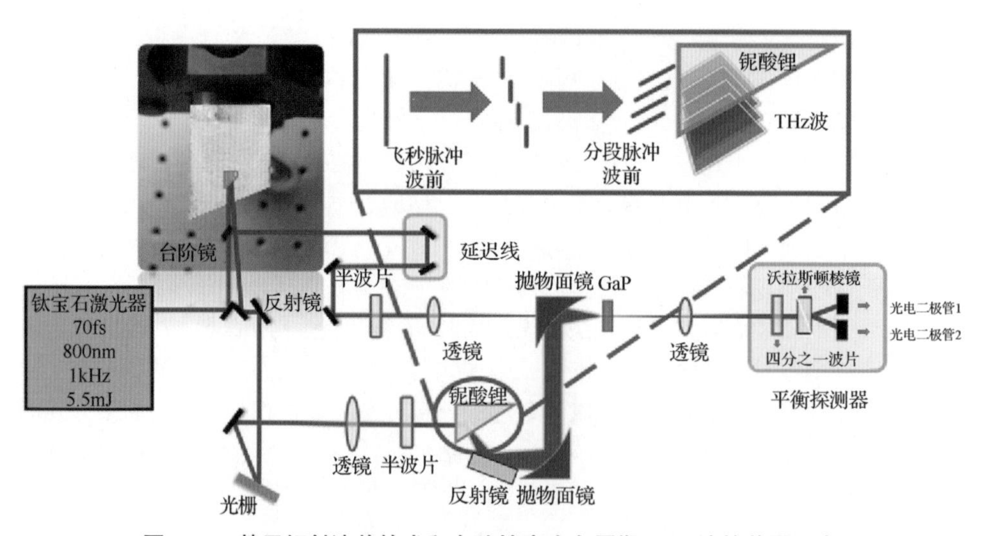

图 4-28　基于倾斜波前技术和台阶镜产生多周期 THz 波的装置示意

由于该实验是在利用倾斜波前技术产生单周期 THz 波的基础上实现的，因此需要先将产生单周期 THz 波的系统优化至最佳状态。在此之后，将台阶镜放入产生单周期 THz 波的光路系统中，被台阶镜反射的脉冲串沿着原产生单周期 THz 波的方向入射到倾斜波前装置中，进而产生多周期 THz 波。多周期 THz 波的实验结果如图 4-29 所示，其中图 4-29（a）所示为多周期 THz 时域波形，从图中可以看出该 THz 时域波形的包络呈现类高斯形状，约有 15 个周期，这表明泵浦光斑照射到台阶镜上至少存在 15 个阶梯，而且波形中相邻峰谷之间的时间为 1.3ps，这与之前通过台阶镜的高度计算的时间延迟是吻合的。图 4-29（d）展示了与图 4-29（a）相对应的傅里叶变换频谱图，峰值频率为 0.765THz，半峰全宽为 0.1THz，这些结果都与之前的设置是一致的，证明可以通过改变台阶镜的阶梯高度实现对多周期 THz 波峰值频率的调节。为进一步验证该结果，联合团队使用不同频率的窄带滤波片对产生的多周期 THz 波进行滤波，结果如图 4-29（d）中红色条形图所示，红色条形图的宽度代表滤波片透射谱的半峰全宽，高度代表多周期 THz 波的透射率。该结果与傅里叶变换频谱结果具有较高的吻合度，从图中可以看出在 1.5THz 处由窄带滤波片测到的二次谐波。此外，团队还计算了 0.6～0.9THz 频段的光谱成分占总光谱（0～3.5THz）成分的 65%，这与中心频率在 0.75THz、透射谱半峰全宽为 0.1THz 的窄带滤波片的透射率结果（66.7%）是吻合的。

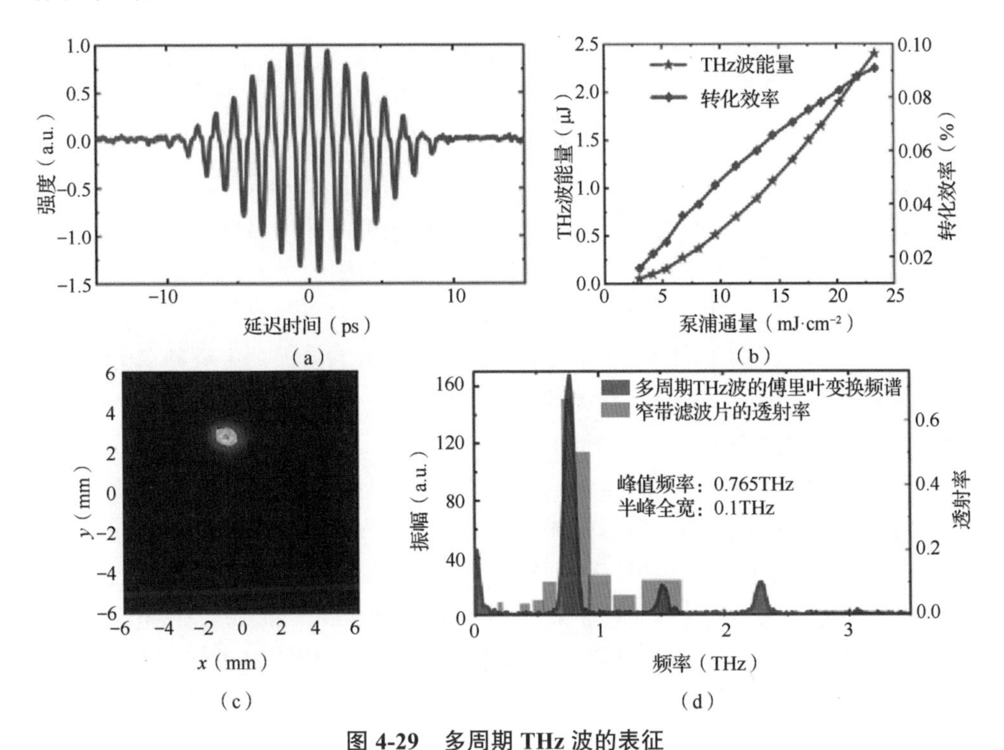

图 4-29　多周期 THz 波的表征

（a）多周期 THz 时域波形　（b）多周期 THz 波的能量和转化效率随泵浦通量的变化

（c）多周期 THz 光斑　（d）多周期 THz 波的傅里叶变换频谱以及窄带滤波片透射率

从以上结果可以看出，该实验方法具有很强的多周期 THz 波整形能力，这是因为多周期 THz 波形中的每个时间上的振荡周期都与台阶镜的阶梯一一对应，为在空间上调制 THz 时域波形提供了便利。由于泵浦光斑是高斯分布的，因此多周期 THz 时域波形的包络为类高斯形状。这就意味着可以通过改变泵浦激光的强度分布或者调控阶梯的反射率定制 THz 波形。比如让多周期 THz 波在某一个周期消失或者变弱，可以通过直接在台阶镜相应的周期上进行遮挡或者衰减来实现。这种灵活的调节方式也可以用来改变多周期 THz 波的谱宽，比如通过对泵浦光斑进行扩束或者缩束来改变照射到台阶镜上的光斑大小，从而改变光斑照射到台阶镜上的阶梯个数，实现对周期数的调节。周期数越多，产生的多周期 THz 波的频谱越窄，反之越宽。此外，通过定制台阶镜的阶梯高度还可以实现一些特殊的波形分布，比如将台阶镜的阶梯设置成渐变形式，那么 THz 波的周期也是渐变的。

图 4-29（b）展示了产生的多周期 THz 波的能量和转化效率随泵浦通量的变化关系，从图中可以看出，能量和转化效率都呈现单调递增的变化趋势，而且丝毫没有饱和或下降的趋势。这意味着转化效率还存在很大的提升空间，如果进一步提升泵浦通量，则转化效率会进一步提高。当泵浦通量为 23.3mJ/cm^2 时，得到的多周期 THz 波能量为 2.4μJ，转化效率为 0.1%。由于泵浦脉冲经过台阶镜之后的子脉冲的能量相对原泵浦脉冲急剧下降，从而导致子脉冲的泵浦通量也急剧下降，而受子脉冲泵浦通量影响的能量转化效率也随之下降，因此该实验结果中的转化效率低于相同泵浦通量下产生的单周期 THz 波的转化效率。不过，这对于产生高能量多周期 THz 波是有益的，将一个脉冲分成若干子脉冲形成脉冲串，在具有相同能量的前提下降低了平均泵浦通量，从而在铌酸锂晶体的损伤阈值之下，可有效提高可用的泵浦通量。图 4-29（c）中为用相机拍摄到的多周期 THz 光斑，光斑横向长度为 1.81mm，竖向长度为 1.48mm。与单周期 THz 光斑相比，多周期 THz 光斑直径缩小到原来的 1/1.6，这是由于产生的多周期 THz 波的中心频率比单周期 THz 波的中心频率高，由聚焦光的衍射极限与频率的关系可知，中心频率更高的多周期 THz 波的光斑可以聚焦到更小。

此外，在该实验中还研究了经过台阶镜的泵浦脉冲在铌酸锂晶体处的光斑分布，如图 4-30 所示。图 4-30（c）所示为整个泵浦光斑经过台阶镜反射后在铌酸锂晶体处的分布，其横向长度为 3.06mm，且比较匀滑，没有因为分离的阶梯而产生分离的条纹。随后，在台阶镜上粘贴黑色胶带只留下中心一节阶梯，泵浦激光经该节阶梯反射后的光斑如图 4-30（b）所示，其横向长度为 2.57mm，只比全光斑时小了约 0.5mm，由多周期 THz 波形的周期数可知，全光斑至少是 15 个子光斑的叠加，这说明泵浦激光的子脉冲的光斑之间是高度重合的。图 4-30（a）所示为在距离台阶镜 150mm 处测量的经台阶镜的单节阶梯反射后的近场光斑，从该图中可以看出近场泵浦光斑非常窄，其横向长度仅有 0.38mm。经测量，晶体与台阶镜的距离约有 2500mm，由此推断，在如此长的传播距离中，由于台阶镜单节阶梯的衍射作用，子脉冲的横向光斑长度被拉长，从而导致了泵浦光斑的高度重合。这对于多周期 THz 波的产生是有利的，因为横向空间上分散分布的光斑会导致远离晶体边缘的光斑产生的 THz 波在向外辐射的过程中需要经历更长时间才被铌酸锂晶体吸收，从而导致转化效率下降。此外，更小的泵浦光斑也会由于泵浦激光和产生的 THz 波之间的空间走离效应导致转化效率过早饱和，使得转化效率下降。光斑的横向分离可能会导致产生的 THz 光束在横向上不重合，这在单周期 THz 波的产生中表现为横向分布不均匀和空间啁啾效应。

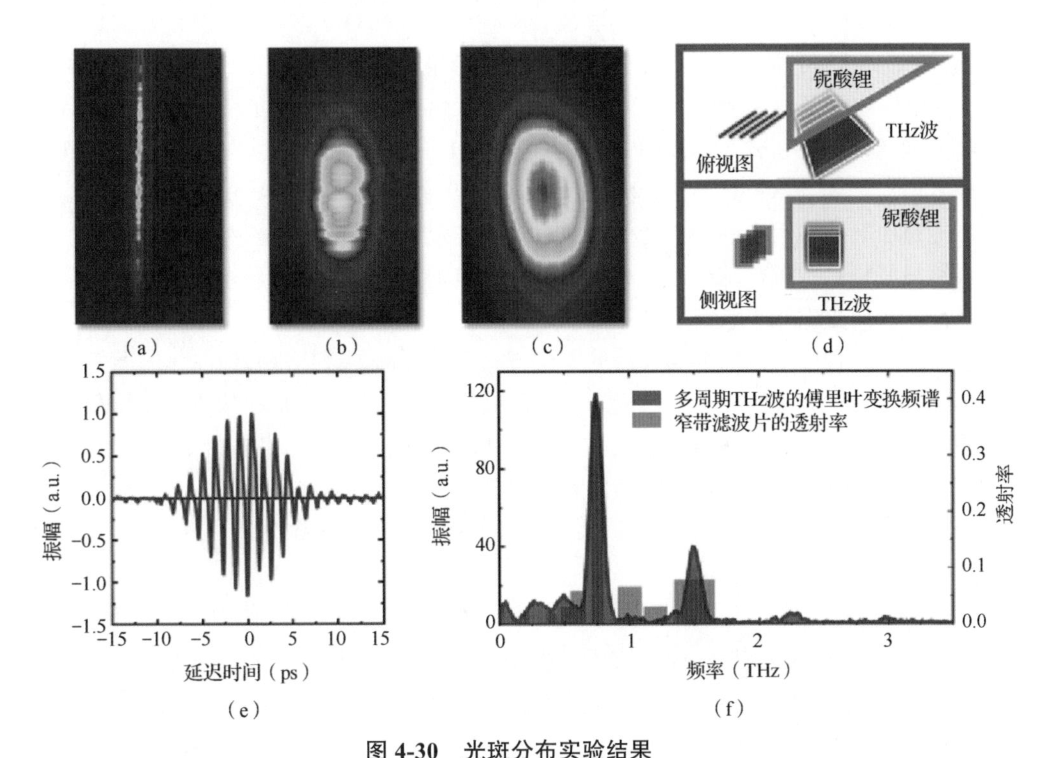

图 4-30　光斑分布实验结果

（a）在距离台阶镜 150mm 处由单节阶梯反射的泵浦光斑 （b）由中心一节阶梯反射的泵浦光斑 （c）经台阶镜反射后在铌酸锂晶体处的整个泵浦光斑 （d）将台阶镜旋转 90°后泵浦脉冲入射到铌酸锂晶体的示意 （e）将台阶镜旋转 90°后得到的多周期 THz 时域波形 （f）图（e）对应的傅里叶变换频谱以及窄带滤波片透射率

通过对以上实验结果的分析，可知倾斜波前技术的非共线特性以及台阶镜的衍射效应对窄带 THz 波的产生有贡献，且这两个因素是交织在一起的。为了区别这两个因素对 THz 波产生的贡献，联合团队将台阶镜旋转 90°后进行了实验，这样可以排除非共线因素的干扰。将台阶镜旋转 90°，可以让原本竖直的阶梯旋转成水平方向的，从而使泵浦激光经台阶镜反射后形成的脉冲串也由水平分布变成竖直分布，图 4-30（d）所示为将台阶镜旋转 90°后泵浦脉冲入射到铌酸锂晶体的示意，分别为俯视图和侧视图。从俯视图中可以看出各子脉冲的传播路径是相同的，从侧视图中可以看出各子脉冲在上下方向上是分开的，但是由于台阶镜的衍射效应，各子光斑是重合的。台阶镜旋转 90°得到的多周期 THz 时域波形和频谱结果如图 4-30（e）和图 4-30（f）所示。图 4-30（e）中的多周期 THz 时域波形具有与图 4-29（a）相似的类高斯形状和周期数，但是可以看到在第 9 周期时，电场振幅有明显的突降，经证实这是由于台阶镜上相应的阶梯被激光损坏，从而导致阶梯的反射率降低，所以该子脉冲的泵浦能量也随之降低，这间接反映了通过改变台阶镜中单节阶梯的反射率来定制 THz 波形的可行性。

图 4-30（f）中的频谱图中的峰值频率仍然在 0.76THz 附近，存在差异的是二次谐波部分，这可能是由台阶镜损伤造成的。同样用窄带滤波片进行测量，如图 4-30（f）中的红色条形图所示，总体上比较符合，区别在于透射率的变化。通过对傅里叶变换频谱进行积分，计算的 0.6～0.9THz 频段的光谱成分占总光谱（0～3.5THz）成分的比例为 50%，这与窄带滤波片的结果 39%是存在一定差距的，这 11%的偏差可能是由非线性因素的缺失造成的。因此，在利用台阶镜产生多周期 THz 波时，台阶镜最好竖直放置，这样可以利用倾斜波前装置的非共线特性获得水平分离的泵浦脉冲，从而更有利于获得窄带 THz 波。

另外一种产生多周期THz波的主要方法为基于周期极化铌酸锂晶体的准相位匹配方法。这种方法在近年来已成为广泛研究的热点，其核心是拍频两束高能激光脉冲，这两束脉冲之间的频率之差在预设的 THz 频段，从而产生多周期 THz 波。周期极化铌酸锂晶体是指铌酸锂晶体的取向在一定距离内周期反转/极化（二阶非线性系数符号相反），通过改变极化距离（极化周期）可选择要产生的 THz 频率，THz 频率由式（4-12）表示：

$$f_{\mathrm{THz}} = c / \Lambda\left(n_{\mathrm{THz}} - n_{\mathrm{opt}}\right) \tag{4-12}$$

其中，f_{THz} 为 THz 频率，c 为真空中的光速，Λ 为极化周期，n_{THz} 为铌酸锂晶体在 THz 频段的折射率，n_{opt} 为铌酸锂晶体在激光频段的折射率。准相位匹配是非线性混频过程中满足相位匹配条件的一种方法，主要是通过反转混频过程中使用的非线性介质的非线性系数符号来弥补相干距离内混频波的相位差。选择合适的反转周期，在光通过非线性介质的过程中，产生的光子会与之前产生的光子相干相长。相位匹配、相位失配和准相位匹配的原理对比如图 4-31（a）～（c）所示，混频波矢经过周期极化介质的调制弥补波矢失配，进而实现相位匹配。

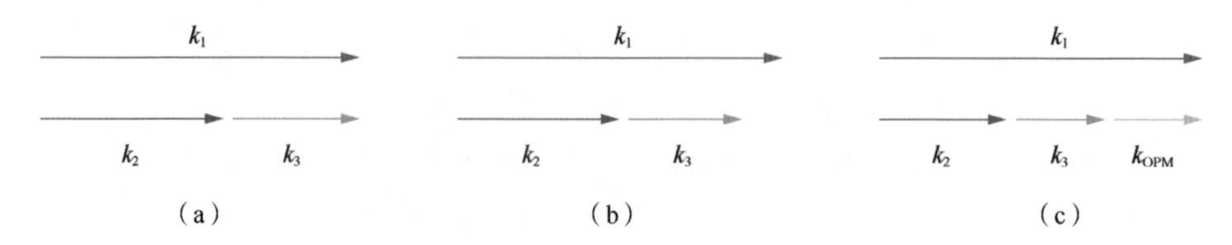

图 4-31　3 种相位匹配示意

（a）相位匹配（b）相位失配（c）准相位匹配

最初采用周期极化铌酸锂晶体产生多周期 THz 波的转化效率只有 10^{-5}，后来通过改变泵浦激光的脉冲形式（主要方法有啁啾延迟、脉冲串及级联光参量放大）实现了转化效率的大幅提升。例如，2011 年，Chen 等人利用啁啾延迟结合倾斜波前技术实现了窄带可调频谱，产生最大能量超过 10μJ 的多周期 THz 波。2015 年，我们团队与 Carbajo 等人在低温冷却的情况下，利用掺杂有 MgO 的周期极化铌酸锂晶体实现了频率为 0.5THz 的多周期 THz 波产生，转化效率大于 10^{-3}，能量在微焦级别。2017 年，Ahr 等人使用啁啾延迟方法结合掺杂有 MgO 的周期极化铌酸锂晶体，实现了转化效率为 0.13%、能量为 40μJ 的多周期 THz 波产生；2019 年，Jolly 等人利用大尺寸、大孔径、掺杂有 MgO 的周期极化铌酸锂晶体，并通过调控高能钛宝石激光器泵浦脉冲的啁啾延迟进行精细光谱相位控制，实现了转化效率为 0.24%、能量为 0.6mJ 的创纪录的多周期 THz 波产生。

虽然使用周期极化铌酸锂晶体产生多周期 THz 波已成为主要方法，但是实际操作中还是存在着一定的限制因素。例如周期极化铌酸锂晶体的生产工艺较为复杂，需要使用强电场（电压）反转晶体电偶极矩，并且需要精细调控电压以使产生的极化区域符合预先设计好的形状。进一步获得具有良好极化区域的大尺寸周期极化铌酸锂晶体更是对工艺技术提出了较大挑战。目前商用的周期极化铌酸锂晶体尺寸一般在毫米级，基本没有能生产大尺寸（厘米级）周期极化铌酸锂晶体的公司。但是一般强激光实验中使用的泵浦激光的光斑较大，因此在实验过程中需要对泵浦激光缩束或者采用多个周期极化铌酸锂晶体拼接的办法。这两个方法也存在着一定的问题，泵浦激光缩束会增强单位面积的激光泵浦通量，这可能会损伤使用的周期极化铌酸锂晶体（低温下周期极化铌酸锂晶体的损伤阈值会下降）。采用多个周期极化铌酸锂晶体拼接就涉及更多数目晶体的夹持和固定。此外，为了降低晶体对 THz 波的吸收，提高能量转化效率，实验中还需对周期极化铌酸锂晶体进行冷却，这就对实验条件提出了更加苛刻的要求。

为了解决以上问题，近几年来国内外研究人员开始尝试使用其他方法产生多周期 THz 波。例如，2020 年，Lemery 等人利用自行设计制造的多片铌酸锂晶圆堆叠的方式产生了最高能量为 1.3mJ、转化效率为 0.14%的多周期 THz 波；2021 年，Tian 等人利用另外一种铷（Rb）掺杂的周期极化磷酸钛氧钾（KTP）晶体实现了微焦量级的多周期 THz 波产生；2022 年，Hamazaki 等人利用屋脊形周期极化铌酸锂晶体，相较于常见的块状周期极化铌酸锂晶体，实现了 THz 波产生效率的翻倍。这些研究都为多周期 THz 波产生提供了新的解决思路。

以上内容都是基于飞秒激光产生多周期 THz 源，还有一种方式是通过超短、大电量电子束团和粒子加速器产生 THz 强源。利用这种方式产生的 THz 源具有高能量、高重复频率、调节性好、带宽窄的优点，缺点是装置体积庞大、造价昂贵且难以普及。德国亥姆霍兹研究中心的多周期 THz 波装置 TELBE 可以提供脉冲能量约为 1μJ、重复频率达数百 kHz 的八周期 THz 脉冲以及相对带宽约为 20%的 THz 脉冲串。

无论是产生单周期 THz 波还是多周期 THz 波，主要都是基于铌酸锂晶体的光学整流方法。铌酸锂晶体材料的较高非线性系数、可大尺寸制造、加工工艺成熟等特点使其成为产生强场 THz 波的最热门材料之一。

本章小结

基于铌酸锂晶体的倾斜波前技术是产生 THz 波的有效方法之一，本章系统而详细地介绍了相关内容。尽管利用该技术可以获得高能量、高转化效率、高光束质量的强场 THz 波，然而这对于一些凝聚态系统、电子加速和生物医疗等领域的应用仍是不够的。与此同时，依据该技术设计的实验装置仍存在一定的优化空间。未来通过进一步优化实验装置，甚至寻找更有利于强场 THz 波产生的方法，可进一步推动强场 THz 科学与技术的发展，为基础物理、化学等学科及相关领域的发展带来新的机遇。

参考文献

[1] FÜLÖP J, PÁLFALVI L, ALMÁSI G, et al. Design of high-energy terahertz sources based on optical rectification[J]. Optics Express, 2010, 18(12): 12311-12327.

[2] NAGAI M, JEWARIYA M, ICHIKAWA Y, et al. Broadband and high power terahertz pulse generation beyond excitation bandwidth limitation via $\chi^{(2)}$ cascaded processes in $LiNbO_3$ [J]. Optics Express, 2009, 17(14): 11543-11549.

[3] PÁLFALVI L, FÜLÖP J, ALMÁSI G, et al. Novel setups for extremely high power single-cycle terahertz pulse generation by optical rectification[J]. Applied Physics Letters, 2008, 92(17): 043901.

[4] FÜLP J A, PÁLFALVI L, HOFFMANN M C, et al. Towards generation of mJ-level ultrashort THz pulses by optical rectification[J]. Optics Express, 2011, 19(16): 15090-15097.

[5] NAGASHIMA K, KOSUGE A. Design of rectangular transmission gratings fabricated in $LiNbO_3$ for high-power terahertz-wave generation[J]. Japanese Journal of Applied Physics, 2010, 49(12R): 122504.

[6] BLANCHARD F, SCHMIDT B, ROPAGNOL X, et al. Terahertz pulse generation from bulk GaAs by a tilted-pulse-front excitation at 1.8 μm[J]. Applied Physics Letters, 2014, 105(24): 680.

[7] BLANCHARD F, RAZZARI L, BANDULET H C, et al. Generation of 1.5 μJ single-cycle terahertz pulses by optical rectification from a large aperture ZnTe crystal[J]. Optics Express, 2007, 15(20): 13212-13220.
[8] KUNITSKI M, RICHTER M, THOMSON M D, et al. Optimization of single-cycle terahertz generation in $LiNbO_3$ for sub-50 femtosecond pump pulses[J]. Optics Express, 2013, 21(6): 6826-6836.
[9] WU X J, CARBAJO S, RAVI K, et al. Terahertz generation in lithium niobate driven by Ti:sapphire laser pulses and its limitations[J]. Optics Letters, 2014, 39(18): 5403-5406.
[10] WU X J, MA J L, ZHANG B L, et al. Highly efficient generation of 0.2 mJ terahertz pulses in lithium niobate at room temperature with sub-50 fs chirped Ti: sapphire laser pulses[J]. Optics Express, 2018, 26(6): 7107-7116.
[11] WU X J, CALENDRON A L, RAVI K, et al. Optical generation of single-cycle 10 MW peak power 100 GHz waves[J]. Optics Express, 2016, 24(18): 21059-21069.
[12] WU X J, CHAI S S, MA J L, et al. Optimization of highly efficient terahertz generation in lithium niobate driven by Ti: sapphire laser pulses with 30 fs pulse duration[J]. Chinese Optics Letters, 2018, 16(4): 041901.
[13] WU X J, RAVI K, HUANG W R, et al. Half-percent terahertz generation efficiency from cryogenically cooled lithium niobate pumped by Ti: sapphire laser pulses [EB/OL]. (2016-01-26)[2024-07-30].
[14] OFORI-OKAI B K, SIVARAJAH P, HUANG W R, et al. THz generation using a reflective stair-step echelon[J]. Optics Express, 2015, 24(5): 5057-5068.
[15] WU Q, ZHANG X C. Ultrafast electro-optic field sensors[J]. Applied Physics Letters, 1996, 68(12): 1604-1606.
[16] ZHANG B L, MA Z Z, MA J L, et al. 1.4-mJ high energy terahertz radiation from lithium niobates[J]. Laser & Photonics Reviews, 2021, 15(3): 2000295.
[17] GUIRAMAND L, NKECK J E, ROPAGNOL X, et al. Near-optimal intense and powerful terahertz source by optical rectification in lithium niobate crystal[J]. Photonics Research, 2022, 10(2): 340-346.
[18] WU X J, ZHOU C, HUANG W R, et al. Temperature dependent refractive index and absorption coefficient of congruent lithium niobate crystals in the terahertz range[J]. Optics Express, 2015, 23(23): 29729-29737.

第 5 章　强场 THz 波探测技术

早期对 THz 波能量的直接探测，通常用制冷型的测辐射热计。它的基本单元是具有超高灵敏度的热敏电阻，将该热敏电阻冷却到液氦温度从而减小背景热噪声，探测器吸收热辐射后温度上升，从而引起热敏电阻值发生改变，经放大电路放大后测量电压的变化。随着 THz 波能量的不断提升，以及 THz 波应用场景的逐渐增多，室温 THz 波探测器的需求逐渐上升，目前市面上主要以热释电探测器为主。不仅如此，强场 THz 波对半导体的强非线性作用使得采用廉价的发光二极管也能探测强场 THz 波并对其进行成像。本节简单介绍几种比较典型的 THz 波探测器。

5.1　直接能量探测器

直接能量探测器是一类能够直接将接收到的能量（如热能、光能）转换为电信号或其他可测量信号的器件，包括热释电探测器、戈莱探测器以及发光二极管强场 THz 波探测器。

5.1.1　热释电探测器

热释电探测器是广泛用于 THz 波测量的仪器之一。

热释电探测器的工作端是吸光材料，覆盖在热释电材料上并暴露于激光脉冲的一侧。这种材料会吸收激光脉冲的大部分光能，并将其转化为热能。吸光材料的热质量及厚度决定了热量流向热释电探测器的速度，从而决定其响应时间。可通过使用具有较低热质量的吸光材料或减小吸光材料的厚度来降低阻抗以达到增大热量流向热释电探测器速度的效果。

热释电探测器是通过晶体的热释电效应来探测 THz 波的，因此每个热释电探测器的核心是一种快速响应的热电材料。当吸光材料引起温度变化时，探测器作为一个电流源发挥作用。本质上，它包含永久的电偶极子，这些电偶极子被固定在一个特定的方向上。材料温度的快速变化会改变这些电偶极子的方向，导致其内部电场发生改变，并使得设备中的电荷分布不平衡。热释电探测器表面有薄的金属电极，可以允许电荷从一个电极流入带有负载电阻的电路中，然后通过另一个电极流回晶体，以消除电荷分布的不平衡现象，负载电阻将电流转换成电压信号。热释电探测器基本结构如图 5-1 所示。

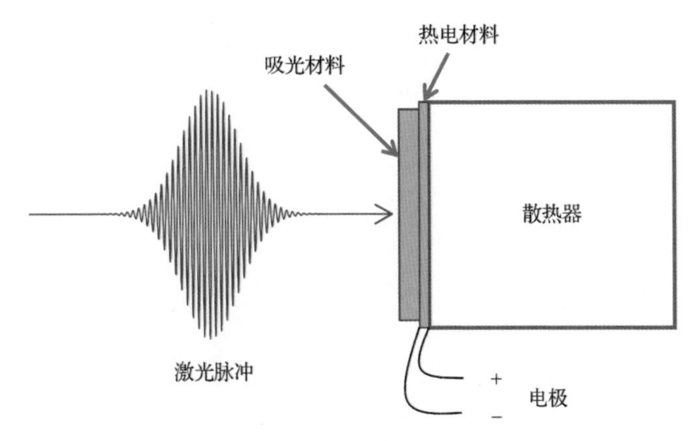

图 5-1　热释电探测器基本结构示意

激光脉冲能量由电压变化量除以探测器的灵敏度得出。测量的电压变化量是从初始参考电压到脉冲最大电压的变化量。在实际测量时，可以在示波器或计算机数据采集系统上测量电压变化量，并基于灵敏度进行能量测量。只要最大电压不饱和，无论环境温度如何变化或探测器是否发热，探测器都能进行精确测量。

如果一个小区域集中过多的激光脉冲能量，会损坏探测器。当然，制造商会覆盖脉冲能量密度阈值较高的涂层来保护探测器。短脉冲引起的材料轻微变色是由于吸收材料中的有机材料发生了变化，不会影响探测器的探测准确性。如果通过烧蚀去除足够多的涂层，暴露出下面的金属电极，可能会对应用产生较大的影响。此外，吸收材料表面的污染物也会干扰测量。

热释电探测器具有结构简单、成本低、室温下可工作和探测频段宽的优点。在实验室使用时，常将其与能量计搭配使用。

5.1.2　戈莱探测器

戈莱探测器又称戈莱盒，已经在 THz 领域使用多年，是一款使用方便且成本相对低廉的 THz 波探测器。该探测器是一种灵敏的“光声”设备，可在室温下工作，并具有广泛的光谱响应。构成戈莱探测器的基本部件是：高密度聚乙烯或金刚石窗口，小型的易碎气室（包括一层薄的、局部吸收的金属薄膜）和所谓的“光学麦克风部分”。当 THz 波透过窗口并被气室中的金属薄膜吸收时，气体因加热而膨胀，并使气室的镜面壁变形。这种变形可通过一些光学元件组合进行监测和测量。光电二极管的输出与气室镜面壁的位移成正比，可以根据已知功率和输出电压进行校准。但戈莱探测器反应较迟缓，且易受机械振动的影响。另外，由于其探测功率范围有限，因此大功率的强辐射会对其造成损坏。

THz 波的独特性使 THz 波探测器展现出了巨大的应用前景，同时随着高能 THz 强源的出现，高性能探测的需求增加了。虽然 THz 波探测器的发展在近几年已经取得了较大的突破，但还是不能满足市场需求，高性能的 THz 波探测器要实现商业化还有很长的路要走，未来，THz 波探测器将朝着响应度更高、噪声更低、高紧凑型、频率可调的室温探测器方向发展。

5.1.3 发光二极管强场 THz 波探测器

尽管强场 THz 波已被用于揭示许多材料中存在的各种极端非线性光学效应，然而这种非线性响应尚未在发光二极管中得到应用，更不用说将其用于 THz 波探测器了。2021 年，我们团队与中国科学院物理研究所合作研究将发光二极管用于强场 THz 波的探测中。当强场 THz 波照射发光二极管时，可以诱导出超快的巨大光伏响应信号。

该工作中的实验装置如图 5-2（a）所示，强场 THz 波是利用铌酸锂通过光学整流产生的。产生的 THz 波是竖直偏振的，通过一对偏振片调节其强度。THz 光束通过聚焦产生的通量可以达到约 4.1μJ/mm^2，发光二极管探测的面积约为 200μm×200μm，聚焦后 THz 光斑的半峰全宽约为 3.3mm，在该条件下，通过旋转电路板的方位角[见图 5-2（b）]并在示波器中监控发光二极管的光伏响应信号[见图 5-2（c）]来获得偏振相关的光伏响应。通过单发谱编码方法提取的典型 THz 时域波形如图 5-2（d）所示，可以清楚看到所产生的 THz 波接近单周期，频率带宽约为 0.8THz。在实验中，所测量的发光二极管具有不同的颜色，如图 5-2（e）中的红色、黄色、绿色、蓝色和白色所示，除白色外，其余颜色分别对应 1.9eV、2.1eV、2.3eV、2.8eV 的带隙。

为了研究发光二极管中光伏效应的物理起源，合作团队观测了蓝色发光二极管中的光伏响应信号分别与 THz 泵浦通量和偏振的依赖关系。在 THz 泵浦通量依赖的实验中，选取了 6 个不同的峰值电场，电场强度分别为 81.4kV/cm、119kV/cm、155kV/cm、190kV/cm、223kV/cm 和 241kV/cm[见图 5-3（a）]，THz 电场强度为整个持续时间内的最大峰值电场，其对应的随时间变化的光伏响应曲线见图 5-3（b）。从该图中可以看出，所有这些信号的相位都是负的，即 THz 波在发光二极管里面诱导的感应电流从器件的 N 型区向 P 型区反向流动。当 THz 电场强度为 81.4kV/cm 时，示波器上显示的峰值光伏响应约为 41mV，而当 THz 电场强度增加至 241kV/cm 时，峰值光伏响应增加至约 600mV。

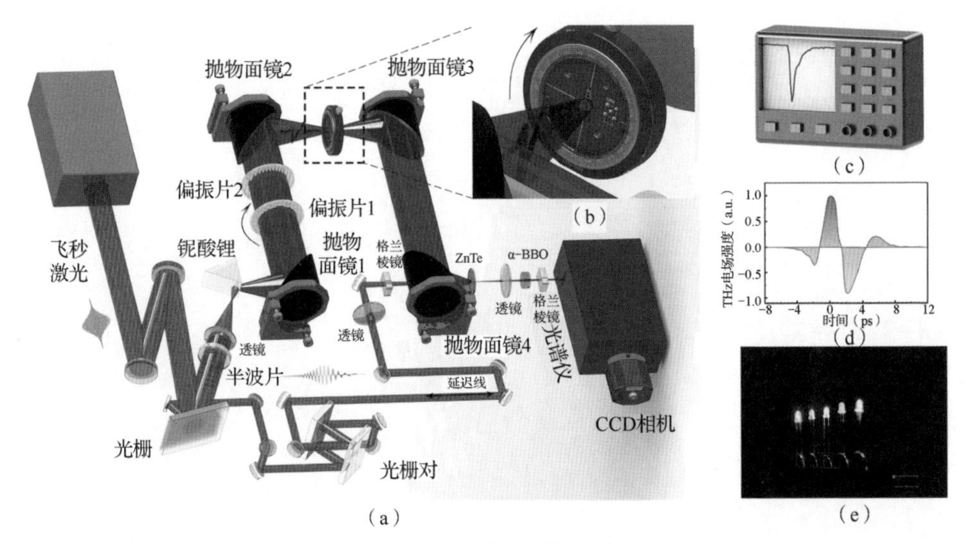

图 5-2　实验装置示意及实验结果

（a）实验装置示意（b）安装在旋转电路板上的发光二极管放大图（c）由示波器测试发光二极管的光伏响应信号（d）单发谱编码方法提取的典型 THz 时域波形（e）用于 THz 波探测的发光二极管

发光二极管接上示波器时，能探测到的最低 THz 电场强度为 50kV/cm。图 5-3（c）所示为发光二极管在 3 种不同 THz 波能量（80.0μJ、52.8μJ、24.7μJ）下，方位角依赖的光伏响应曲线。响应曲线表现出 180°的两重对称周期，这与关于第 II 类外尔半金属的非线性光伏响应的研究相似，表现出与晶体对称性相关的各向异性光伏响应。这种偏振相关的光伏响应可能是由于晶体不同取向上的有效质量不同，进而导致不同的激发阈值。图 5-3（d）展示了两条光伏响应曲线，它们是特定 THz 偏振激发下泵浦通量的函数[在图 5-3（c）中标记为（1）和（2）]。当泵浦通量低于 1.2μJ/mm^2 时，响应信号呈现二次方变化；而当泵浦通量高于 1.2μJ/mm^2 时，响应信号线性增加。图 5-3（e）展示了蓝色发光二极管和热释电探测器的响应信号。蓝色发光二极管所探测到光伏信号的响应时间比热释电探测器的小 4 个数量级。

当强场 THz 波与半导体相互作用时，会发生各种非微扰非线性光学现象，例如高次谐波和边带产生、动态 Franz-Keldysh 效应、齐纳隧穿、金属化和碰撞电离等。即使所用的 THz 光子能量远小于带隙，载流子也可能通过其中一种过程以非常规的方式产生。金属在更高的电场强度（>100MV/cm）下也可以瞬间产生载流子。因此，合作团队认为碰撞电离是能够在发光二极管中观测到巨大光伏响应信号的主导机理，并基于此机理进行了蒙特卡罗模拟，重现了实验结果的所有显著特征。

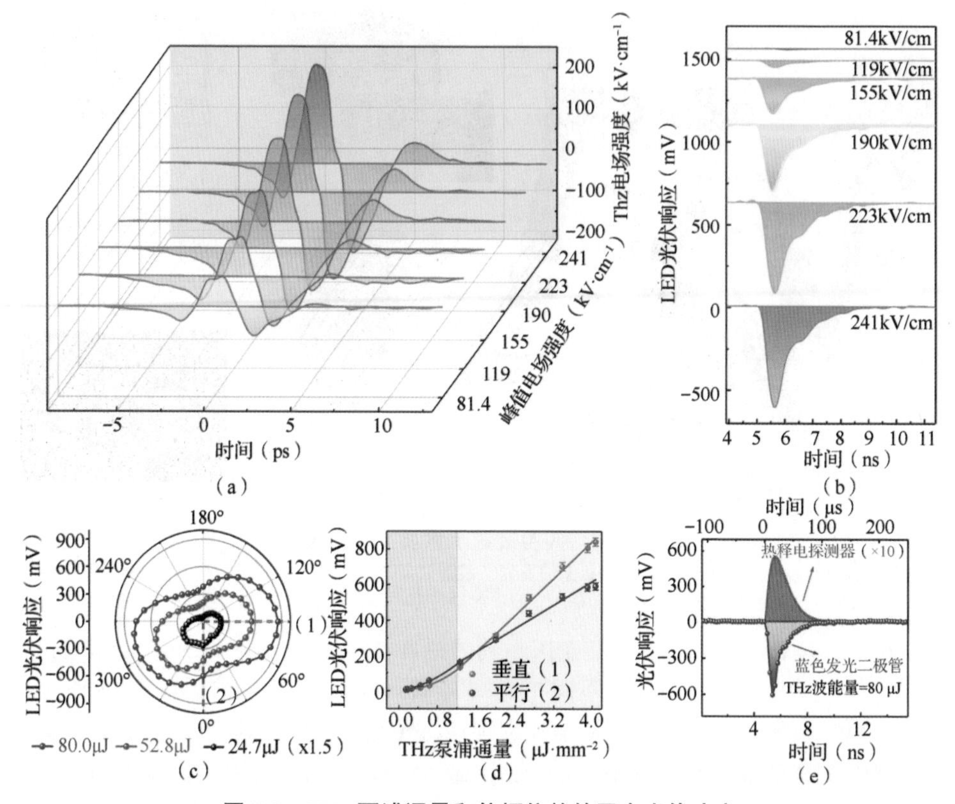

图 5-3　THz 泵浦通量和偏振依赖的巨大光伏响应

（a）通过调谐偏振片获得的 6 个 THz 时域波形　（b）示波器监控的光伏响应曲线（负载电阻为 50Ω）（c）在不同 THz 波能量下获得的各向异性光伏响应　（d）通过改变 THz 泵浦通量，系统地测量了两个特定方向的光伏响应　（e）蓝色发光二极管和热释电探测器的光伏响应比较

碰撞电离描绘了一种三粒子转换的过程，其中高能（热）导带电子（或价带空穴）与价带电子相互作用，激发价带电子穿过带隙，留下空穴。整个相互作用过程中，载流子在 THz 电场分量的作用下的加速过程由式（5-1）描述：

$$\hbar \mathrm{d}k(t)/\mathrm{d}t = qE(t,N)+\gamma_{\mathrm{tot}} \tag{5-1}$$

其中，$k(t)$为载流子的波矢，$\hbar$为约化普朗克常数，q为元电荷量，$E(t,N)$为与载流子浓度 N 有关的屏蔽 THz 电场强度，γ_{tot}为碰撞电离的总散射速率。利用第一性原理计算得到蓝色发光二极管[如图 5-4（a）所示]的基底材料 GaN 中碰撞电离的跃迁速率，发现当 THz 波首先入射到 P 掺杂区域时，空穴引发的碰撞电离跃迁比电子引发的更高效。因此，在蒙特卡罗模拟中仅考虑空穴引发的碰撞电离。

通过上面的讨论，载流子倍增过程可以用式（5-2）描述：

$$Q = Q_0 \times \mathrm{MF} \tag{5-2}$$

其中，Q_0为初始电荷量，MF 为倍增因子。Q为倍增后电荷量，通过对光电流在示波器上的整个响应时间曲线积分获得，进而推断出不同电场强度下的倍增因子

MF [见图 5-4（b）中的红色圆圈]。对于不同载流子弛豫时间 τ，可以通过蒙特卡罗模拟来评估倍增因子 MF。模拟过程中必须考虑由载流子倍增引起的屏蔽效应，因为它改变了材料的介电性能，并影响了入射 P 掺杂区的 THz 电场。

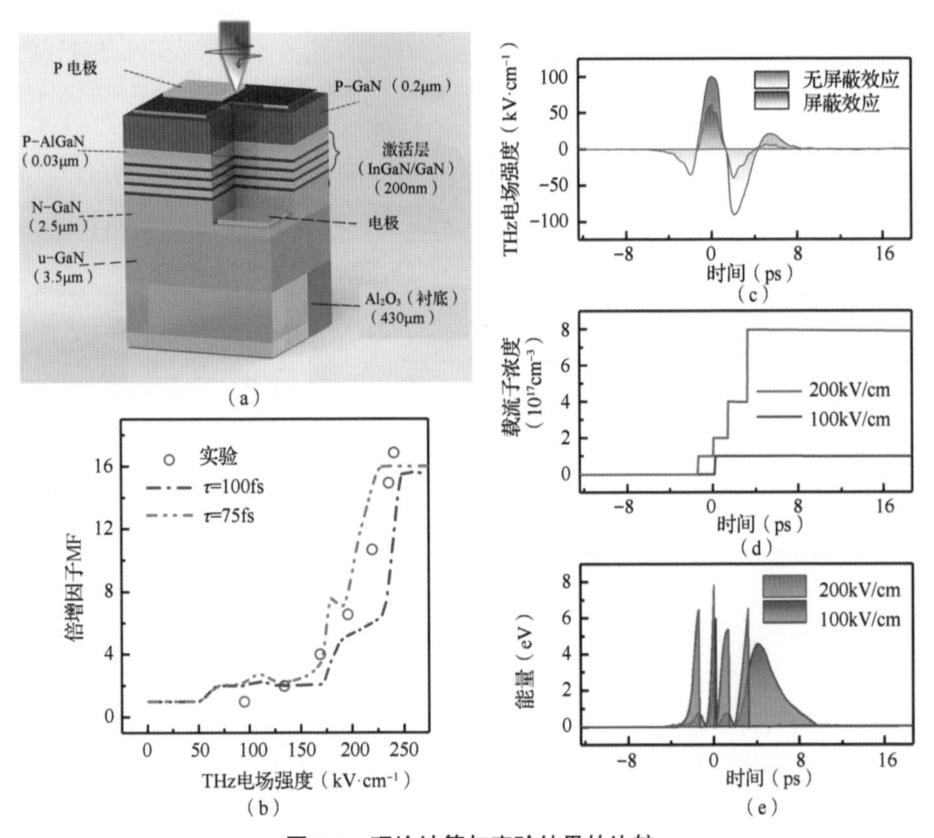

图 5-4　理论计算与实验结果的比较

（a）蓝色发光二极管的几何结构　（b）倍增因子 MF　（c）入射电场强度为 200kV/cm 时，考虑屏蔽效应和不考虑屏蔽效应时的 THz 波形　（d）分别在 200kV/cm 和 100kV/cm 的入射电场强度照射下的载流子倍增过程　（e）空穴与 THz 波相互作用时的能量演化

图 5-4（c）展示了入射电场强度为 200kV/cm 时的 THz 波形，红色曲线和灰色曲线分别为考虑屏蔽效应和不考虑屏蔽效应时的 THz 波形。显然，所产生的载流子极大地激发了 THz 波，尤其是在尾部。实验获得的倍增因子 MF 曲线被两条蒙特卡罗模拟的曲线包夹，分别为 τ =75fs 和 τ =100fs 的曲线，这个结果和之前文献报道的 GaN 中 τ =100fs 时的结果一致。用蒙特卡罗模拟对实验结果进行了半定量的解释，为了更清晰地呈现模拟过程中的动力学过程，合作团队描绘了入射电场强度分别为 100kV/cm[图 5-4（d）中的蓝色曲线]和 200kV/cm[图 5-4（d）中的红色曲线]时，THz 波引起的载流子倍增过程以及相应的载流子能量演化，如图 5-4（e）所示。相较之下，很明显，在 100kV/cm 的入射电场强度下只发生了 1 次碰撞电离，而在 200kV/cm

的入射电场强度下发生了 4 次。

能够在蓝色发光二极管中观察到如此巨大的光伏响应信号，激发了人们对碰撞电离过程的研究兴趣。尽管此过程在诸如光电倍增管等某些典型设备中很常见，但有效的光生载流子倍增通常会被其他效应所掩盖，例如声子吸收、谷间散射和激子分离。此处观察到的光伏响应信号表明，由强场 THz 波诱导载流子倍增是可行的，并且不会被其他效应所掩盖。在未来，研究光生载流子倍增是 THz 频段内材料物理和器件优化的一个非常重要的方向。

除以上研究外，合作团队还研究了其他 4 种不同颜色[绿色、白色、黄色和红色，如图 5-5（a）～（d）所示]的发光二极管，固定方位角为 0°，在 THz 电场强度分别为 160kV/cm、126kV/cm 和 54kV/cm 时观察不同颜色发光二极管的响应，在所有发光二极管中都观察到了负信号。由于构成这些发光二极管的材料都属于Ⅲ～Ⅴ族化合物，载流子寿命大致相同。因此，所有发光二极管的衰减时间都在相似的时间尺度（约 1ns）内。早期的工作集中在纳秒远红外泵浦激光光电二极管的实验中，一般当材料的带隙越小时，观察到的光伏响应现象就越明显。然而，在当前的实验中并没有得到类似的结论，因此需要考虑更多可能对发光二极管性能产生影响的因素，例如结深或掺杂浓度。由此来看，发光二极管光伏响应的复杂性真正地丰富了强场 THz 波的研究意义。

所有这些实验中最显著的特点就是发光二极管的光伏响应符号与传统光伏响应信号的符号相反。为了更好地说明这一点，合作团队提出了一种基于肖特基接触的机制，如图 5-5（e）所示。通过简单的近似，n^+类金属和 P 型半导体（肖特基接触）之间存在单个肖特基结，这会导致产生与 PN 结中电场 E_2 方向相反的电场 E_1。THz 波诱导的光生载流子同样也会移向 N 区，并且也可以探测到正光伏响应信号，如图 5-5（c）和图 5-5（d）所示。

THz 波与表面区域相互作用，因此在 P 区中感应的光生载流子的浓度比 N 区中的高得多，基于肖特基接触的负光伏响应信号一定比流向 N 区的正光伏响应信号强。此外，由于寄生电容的作用，负信号响应明显快于正信号，进一步暗示了肖特基接触的存在。正因如此，信号上升时间缩短为几百皮秒，可以进一步提高发光二极管的响应速度。最后，甚至在红色发光二极管中观察到一个更早响应的小的正信号。在这些发光二极管中，由于红色发光二极管中的肖特基势垒高度较低，因此价带内的热空穴更容易从 P 区的边界发射出去，从而产生小的正信号。其他发光二极管中的肖特基势垒较高且不会产生热空穴，因此未能观察到如此小的正信号。强场 THz 波探测未使用此正信号，因此它不会影响发光二极管探测器的性能。总之，还需要更多的研究来充分了解此类设备中强场 THz 波与物质相互作用的过程。

根据图 5-5（e）中的模型，如果发光二极管中不包含肖特基结，则可能观察到来自发光二极管的正光伏响应信号。在中心波长为 850nm 和 1940nm 的发光二极管中观察到明显的正光伏响应信号，在这种情况下，肖特基结被欧姆接触代替。此外，合作团队还在中心波长为 940nm 的发光二极管中观察到了饱和行为，饱和电压比预期的中心波长为 850nm 的发光二极管的低，这是因为发光二极管中的饱和值由与带隙成比例的内置电压决定。

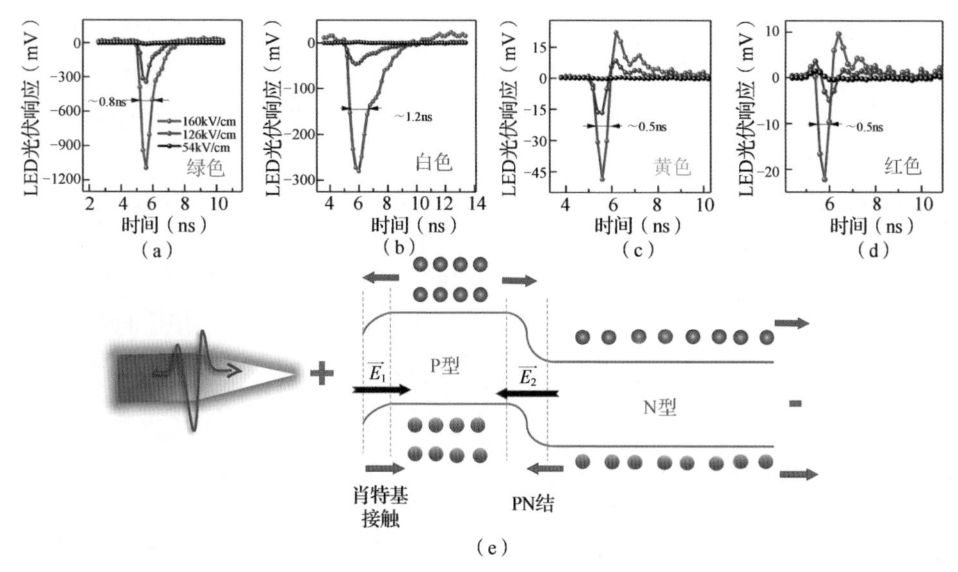

图 5-5　基于能带结构的负光伏响应信号分析

（a）～（d）分别为 THz 电场强度为 54kV/cm、126kV/cm 和 160kV/cm 时，各种颜色的发光二极管中的光伏响应信号（从左到右依次为绿色、白色、黄色和红色）（e）基于肖特基接触的机制示意

作为一个在强场区域工作的探测器，发光二极管相对于市面上销售的 THz 波探测器具有一些优势。戈莱探测器和热释电探测器的响应时间都比较慢（几百微秒），而测辐射热计通常在低温条件下工作。肖特基势垒二极管广泛用于无线电和微波频段，属于高速设备，但需要先进的材料生长和设备制造技术。场效应晶体管通常在栅极和源极之间施加直流偏置电压。因此，发光二极管具有高速、宽带响应、小尺寸、低成本、无偏压要求、易于制造以及可在室温下操作等优点。关于发光二极管中讨论的肖特基接触，它主要影响光伏响应信号的极性和响应时间。因此，不能将其命名为肖特基势垒二极管，因为肖特基势垒二极管通常以不同的探测机制响应亚周期电场分量。此外，表面接触不会影响发光二极管的探测机制，在 GaAs 基的发光二极管中观察到了正光伏响应信号。

5.2　强场 THz 光斑质量诊断方法

在强场 THz 波产生的实验中，除了 THz 波能量外，THz 波在传输方向上横截面的强度，也是 THz 波应用的重要因素。THz 波横截面强度分布的测量（光斑分析）通常采用光束分析仪进行表征。本节简单介绍几种可用于 THz 光斑表征的技术。

5.2.1 热释电阵列相机

热释电阵列相机是一种相机式光斑分析仪，采用二维阵列光电传感器直接将辐照在传感器上的光斑分布转换成图像，传输至计算机并进行分析。相机式光斑分析仪是目前使用最多的光斑分析仪，可以测试连续激光、脉冲激光、单个脉冲激光，可实时监控激光光斑的变化。

完整的光斑分析系统由相机、光斑分析软件和衰减附件 3 部分组成：①相机确定了可测量的波长范围，相机芯片尺寸决定了能够测量的最大光斑尺寸，而像素尺寸则决定了能够测量的最小光斑尺寸；②光斑分析软件除了采集数据并按照各种数学模型进行分析计算外，更重要的是确保光斑分析计算的准确性；③几乎所有激光器的强度都超过相机的饱和强度甚至损伤阈值，衰减附件的设置可确保在保持光束品质的情况下适应不同的光斑。

5.2.2 液晶片探测 THz 光斑

在 THz 波的广泛应用中，高质量的光斑发挥着重要的作用。目前的 THz 波探测器在成为成本低、用户友好和广泛使用的探测器之前，仍存在一些问题。这就促使人们不断研发满足以上需求的探测器。后来，人们发现胆甾相液晶可以用于 THz 波探测器中。这类液晶对温度敏感，其指向矢呈螺旋结构，沿螺旋轴方向折射率呈周期性变化。当液晶的温度发生改变，其分子排列会随之发生变化，螺距取决于温度，选择性反射的波长取决于螺距。THz 波会提高液晶片的温度，从而改变螺距。因此，可以通过测量反射波长来探测 THz 功率。THz 波会引起液晶片的颜色变化，这可以直接通过肉眼观察到，不需要借助电子设备、电源或者连接电线。利用这些特性就可以制造价格低廉和便携的 THz 成像仪器。图 5-6 所示为我们团队采用 7mJ、150fs 的钛宝石激光器泵浦铌酸锂晶体产生的约 20mW 的 THz 光斑在液晶片上的成像实验。

2013 年，Chen 等人报道了一种用于 THz QCL 的液晶成像仪。两者都是针对单频 THz 波制作的。2015 年，日本大阪大学激光科学研究所 THz 研究中心 Nakajima 教授团队设计实现了一种基于液晶的 THz 波束测量卡。THz 波使得液晶片温度升高，在室温下通过其颜色的变化来探测 THz 波，利用 Hue 法数字化得到图像，即可测量 THz 光斑强度。然而，由于该探测器对 THz 波的吸收率只有 30%，而且没有考虑或利用热扩散效应，因此该探测器的灵敏度较低，且 THz 功率密度必须在 4.3mW/cm^2 以上。

图 5-6　利用液晶片对 THz 光斑实现成像

2018 年，南京邮电大学王磊教授团队与其合作团队对上述工作进行了改进，设计了一种基于三层结构的胶囊型液晶薄膜可视化 THz 功率计。利用液晶的热色效应和热扩散效应，量化由 THz 波吸收引起的颜色变化，从而探测 THz 功率，该探测器特别适合对强场 THz 波的功率进行测量。该工作中，在不同的 THz 功率下，颜色变化区域随着 THz 波强度的增加而明显增大。在热平衡状态下，颜色变化区域的直径随着 THz 功率的增大而增大。

将液晶用作 THz 波探测器，不受颜色饱和的限制，而且不需要借助任何额外的设备就可以对温度进行测量。此外，这种新型的 THz 功率计还具有柔性可弯曲、成本低、易携带等优点，可用于 THz 成像和 THz 波探测等领域的研究。然而，目前科研人员对探测器的研究还不够充分，仍面临着诸如灵敏度不够高、响应速度较慢等许多挑战，具有潜在的提升空间。

5.2.3　热敏纸探测 THz 光斑

热敏纸可以用于探测强场 THz 光斑。当热敏纸的某一局部位置被外源加热时，该位置颜色会加深，我们团队使用的热敏纸型号为 YJ2822 不干胶感温显色贴纸，利用该贴纸进行实验探测的结果如图 5-7 所示。THz 波使得热敏纸温度升高，相应位置的颜色加深，可通过颜色变化探测 THz 波，这与液晶片的原理是类似的。在实验中，当泵浦激光的能量大于 0.5mJ 时，对应的 THz 波能量为 0.67μJ，功率为 0.335mW，可以观测到深颜色的 THz 光斑。随着泵浦激光的能量提高，焦点处的 THz 电场强度增大，THz 光斑处的颜色逐渐加深而形状无明显变化。由此可见，热敏纸是一种可靠、使用灵活、价格低廉、无须使用其他设备的强场 THz 光斑探测手段。

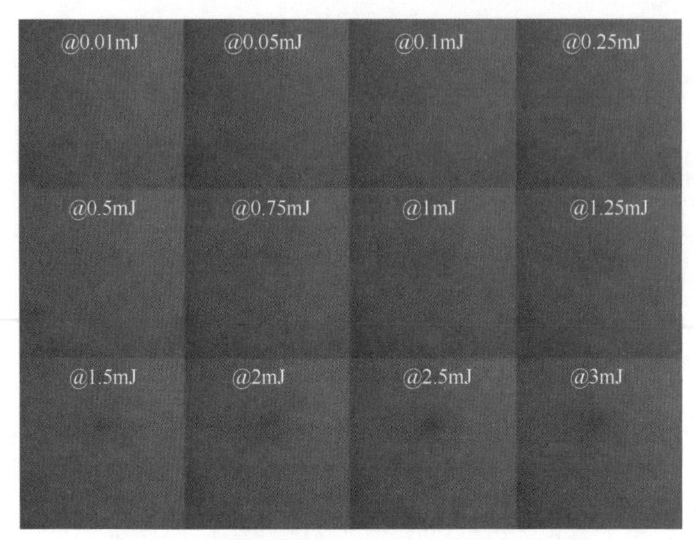

图 5-7　利用热敏纸探测 THz 光斑的实验结果

5.2.4　强场 THz 发光二极管相机

5.1.3 节详细介绍了我们团队与中国科学院物理研究所团队合作利用发光二极管设计的强场 THz 波探测器，受此启发设计了强场 THz 发光二极管相机。我们与合作团队演示了两种原型机，其中一种是扫描发光二极管相机，另一种是一维单脉冲 THz 发光二极管相机。前者将蓝色发光二极管安装在具有 25μm 空间分辨率的三维自动控制平移台上。利用该原型机在焦平面处对蓝色发光二极管进行扫描，以获得 THz 光束的轮廓，如图 5-8（a）所示。

发光二极管显示器和各种大屏幕设备因为成本低而获得了广泛的应用，这表明大面积、高分辨率的 THz 发光二极管相机具有可行性。此外，将 THz 发光二极管相机扩展为一维 1×6 阵列。在第一代设备中，由于市场上可用的发光二极管尺寸很大，无法利用多个像素直接对聚焦的 THz 光束成像。但是，可以在非焦平面上测量 THz 光束轮廓，所获得的圆形光束轮廓的直径约为 2mm（半峰全宽），与商用 THz 相机成像的直径相吻合，如图 5-8（b）所示，这从侧面证明了 THz 发光二极管相机具有高灵敏度。这些原型机的照片分别如图 5-8（c）和图 5-8（d）所示。依据实验结果，基于发光二极管的 THz 波探测器和相机在强场 THz 科学与技术中可能会有一些有价值的应用。

综上所述，利用发光二极管制作了两种强场 THz 发光二极管原型机，可以与商用 THz 相机测量的光斑图像相媲美，为其他 THz 应用提供可能性，例如 THz 实时视频成像等。

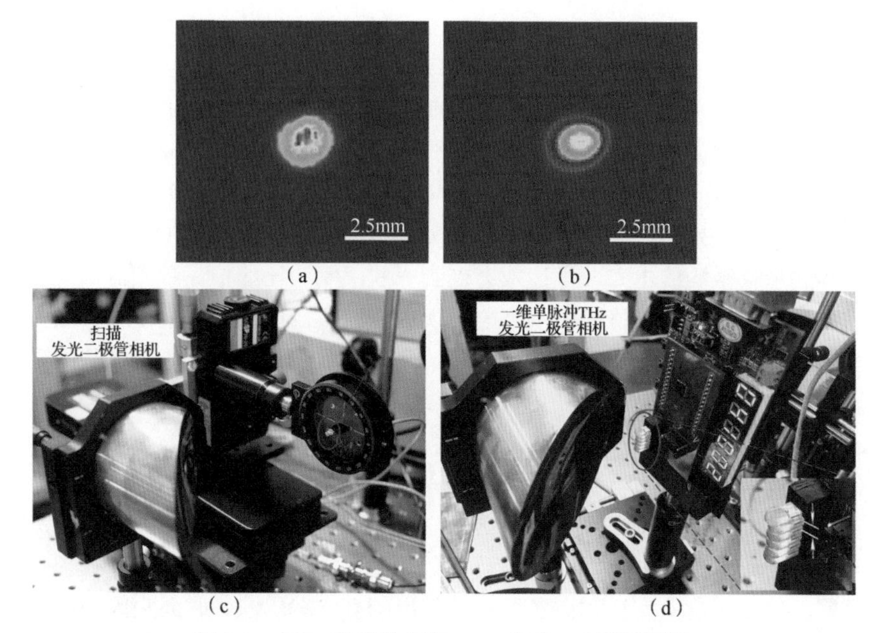

图 5-8　THz 光束轮廓和 THz 发光二极管原型机

（a）通过在三维自动控制平移台上扫描蓝色发光二极管测得的典型聚焦 THz 光束轮廓（b）由发光二极管阵列在非焦平面上测量的一维 THz 光束轮廓，呈高斯形状（拟合结果用红线表示）（c）扫描发光二极管原型机照片（d）一维单脉冲 THz 发光二极管原型机照片

5.3　强场 THz 波形诊断技术

波形可通过传统电光取样技术或者单发测量技术进行探测，这两种技术在前面都有涉及，本小节将对其进行详细介绍。

5.3.1　强场 THz 电光取样技术

关于电光取样技术，已在第 1 章进行介绍。对于高重复频率的强场系统，可以直接采用电光取样技术，但是需要注意，探测晶体被强场 THz 波诱导所产生的双折射现象过强时会导致探测光偏振过旋转，从而引起测量失真问题。解决方案是对进入探测晶体的 THz 电场强度进行衰减，通常采用 THz 偏振片或 THz 吸波材料等。基于铌酸锂 THz 强源的典型电光取样装置图与弱场的几乎相同，主要包括探测晶体、四分之一波片、沃拉斯顿棱镜、两个光电二极管组成的平衡探测器、锁相放大器、延迟线等。

5.3.2 单发测量技术

电光取样技术是指采用延迟线改变探测光与 THz 波的相对延迟，使得探测光与 THz 波重合在不同的位置，进而获得 THz 波的整体波形。利用这种技术需要扫描延迟线，所需要的时间比较长，对于低重复频率或者需要实时测量单个脉冲情况的实验，则不适用。另外，在利用大功率、低重复频率的激光器产生 THz 源的工作中，这种扫描式加权平均的电光取样技术会受到一些限制，比如拍瓦激光器每天的发次可能只有个位数，这样的情况下不可能实现电光取样。同时，低重复频率激光器脉冲之间的抖动比较大，这些抖动包括脉冲的光谱、能量、指向性等。这些因素一方面会影响产生的 THz 波形，另一方面改变了探测光的参数，最终导致获得的波形失真。此外，对于高重复频率的装置来说，尽管不太存在上述问题，但是泵浦-探测的方式始终不能满足研究人员实时观测 THz 波形的要求，以及实时看到 THz 频谱的愿望，尤其对于二维强场 THz 非线性光谱，扫描时间太长。因此，发展单发测量装置非常有必要。

目前，单发测量的方法有很多，比较常用的有谱编码法、时间空间编码法、频域光谱干涉法等。其中，时间空间编码法根据使用的方式不同又分为台阶镜法、倾斜波前法、非共线读出法等。这些方法原理不尽相同，各有优缺点及适用范围。

张希成教授团队于 1998 年率先提出谱编码法。他们提出将探测光用展宽器展宽为啁啾光，这样使不同频率成分在时间上前后分开，调节延迟使得啁啾光完全覆盖 THz 波，这样，不同频率的光与 THz 波的不同部位重合，不同频率的光感受到的 THz 电场不同，从而使光偏振的变化不同。因此，使用光谱仪来探测频谱的变化即可实时观测到 THz 波形。使用谱编码法需要注意的是，啁啾光应采用线性啁啾，即频率与时间的关系是线性的，否则不能很好地表示 THz 波的时间轴。用平行光栅对展宽器和色散玻璃可实现线性啁啾，其量程为展宽之后的脉冲宽度，分辨率 $\Delta\tau$ 受不确定关系的制约，即 $\Delta\tau = \sqrt{\tau_0 \times \tau_s}$，其中 τ_0 为变换极限脉冲宽度，τ_s 为展宽之后的脉冲宽度。

台阶镜法是指将透射式台阶镜放置到探测光路中。入射到台阶镜不同位置的光经历不同厚度的台阶镜，从而产生不同的延迟时间，随后经透镜聚焦到 ZnTe 晶体相同的位置处，由于子脉冲到达的时间不同，受到的 THz 电场强度不同，因此光偏振的改变也不相同。另外，由于探测光子脉冲入射角不相同，经透镜准直之后，这些脉冲在空间上仍是分开的，用 CCD 相机接收准直光，探测这些脉冲的偏振变化，以实现时间到空间的编码，从而实现 THz 波的单发测量。非共线读出法与倾斜波前法相类似，都是 THz 电场重合在探测光波前空间的不同位置，然后通过交叉偏振法探测偏振改变的光的空间部分并以此反推 THz 波形。

实际上，上述几种方法探测的都是同一个变量，即偏振方向的变化角。但是一旦出现偏振过旋转现象，这些方法就无能为力了。在极端强场 THz 领域，这种情况是很普遍的。下面介绍的光谱干涉法基本解决了这个问题。

光谱干涉法是一种测量光脉冲相位的方法，其核心为两个在时间上分开的超短脉冲在频域上产生分立条纹的现象，类似光学中的杨氏双缝干涉，把这种现象称为频域光谱干涉现象。在该方法被运用到时域波形探测之前，人们已经将此方法应用于其他很多方面。Sharma 等人首次将光谱干涉用于测量 THz 波形，深圳大学徐世祥教授团队的郑水钦老师等人结合谱编码以及光谱干涉法提出了用双折射介质产生同轴光的光谱干涉法，此方法的信噪比相较之前的光谱干涉法有了数倍提升。光谱干涉一般可由两个间距很短的脉冲实现。

产生干涉条纹的关键是产生两个间距很短的脉冲，此处的两个脉冲类似于杨氏双缝干涉的“双缝”，延迟时间相当于双缝间距，两个脉冲自身的脉冲宽度相当于单缝缝宽。产生光谱干涉有很多种方法，比较常见的有：①用玻璃片的前后表面反射直接得到，延迟时间取决于玻璃片的厚度与折射率；②用马赫-曾德尔干涉仪分出两束光然后再合束，通过在一路光上添加延迟线控制时间延迟；③利用双折射介质在其快轴和慢轴上的折射率差异，即速度的差异，将一束光分为两束，时间延迟量取决于快轴与慢轴的折射率差和双折射介质的厚度。

2019 年，中国科学院物理研究所张保龙等人进行单发测量的实验光路图可由图 5-9 表示。探测脉冲（45fs）经平行光栅对展宽器后被展宽到 17ps，经过延迟线调节使探测光与 THz 波同步，啁啾光完全覆盖 THz 波。再将其经过透镜聚焦到 ZnTe 晶体上，透镜之后的格兰棱镜允许相对于参考系竖直偏振的啁啾光通过，其作用是纯化偏振以及与后面的格兰棱镜连用作为垂直交叉偏振器。啁啾光与 THz 波在 ZnTe 晶体处相互作用之后经过准直透镜变成平行光，穿过 4mm 厚的 α-BBO 晶体。α-BBO 晶体与 β-BBO 晶体的区别为前者只是作为双折射晶体提供脉冲延迟，但是并不会产生倍频光。α-BBO 晶体的双折射作用使得在快轴和慢轴分别产生速度不同的 e 光和 o 光，这就满足了产生光谱干涉的条件：两个相对时间延迟的脉冲。第二个格兰棱镜的作用为提取两个脉冲的相同偏振分量，因为只有偏振相同的光才能产生干涉。偏振光经柱透镜聚焦成条形光斑，并进入光栅光谱仪的狭缝中探测光谱。

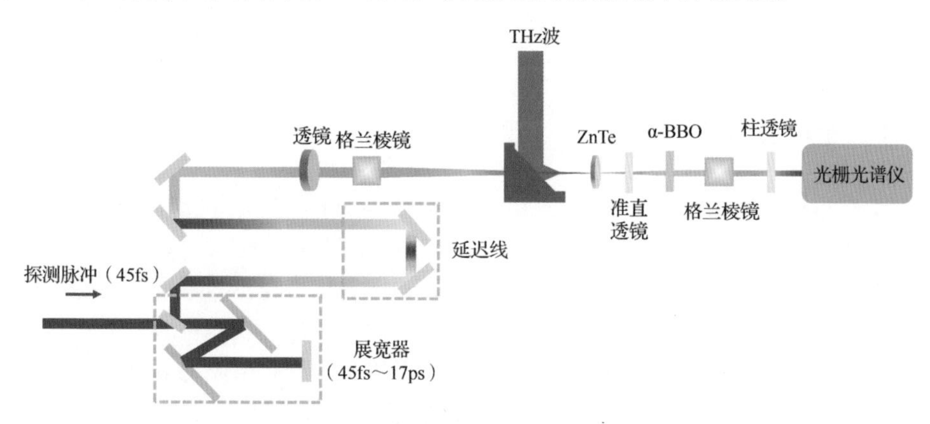

图 5-9　单发测量的实验光路简化布局

张保龙等人分别在有无 THz 电场的情况下采集光谱干涉信号，从实验结果可以清晰地看到 THz 电场造成的光谱干涉条纹的偏移。随后，他们依据前面的解相位步骤解出了光谱干涉信号波形。二维的 CCD 相机可以探测 THz 电场在 ZnTe 晶体处的一维线分布。有两种方法可以获得整个光斑在某一维（水平或竖直）上的分布。一种是用柱透镜将探测光聚焦在 ZnTe 晶体处，最后解出的波形即探测光的条形光斑与 THz 光斑重合的线状区域的电场分布。另一种为利用普通的球面透镜，聚焦的焦点不在 ZnTe 晶体处，使透镜离焦以匹配 THz 光斑的大小，最后解出的波形即 THz 光斑在某个方向的电场分布。该实验探测的是 THz 光斑在竖直方向上的电场分布，竖直方向上的每一点的值都是水平方向上电场强度的平均值。在实验中他们发现，解出的波形信噪比在很大程度上取决于探测光的光斑质量。质量差的光斑得到的波形信噪比很低，为此在探测光前加一个小孔光阑，调节光阑大小，通过衍射效应可以在光斑中心得到一个比较均匀的亮斑。在数据处理中选用的光谱数据区域要尽量避开光斑质量很差的区域，以提高波形信噪比。

综上所述，中国科学院物理研究所团队将频域光谱干涉法成功地用于 THz 波形的探测中，利用该装置克服了传统电光取样时间长、信噪比低等不足，为 THz 强源的应用提供了便利。同时，这也是光谱干涉单发测量技术用在 10Hz 低重复频率系统中的第一个成功案例。

5.4 磁场分量探测

电光取样技术在探测时具有响应速度快、灵敏度和分辨率高等特点，并且能探测到更宽的频谱范围。但是，如果实验中 THz 电场强度过强，就会导致经过晶体后的探测光的偏振出现过旋转的现象，甚至导致探测信号出现畸形。为了解决电光取样技术在强场 THz 波探测中的过饱和问题，我们团队设计了 CoFe 薄膜探测器作为候补方案。

5.4.1 磁场分量探测原理

塞曼扭矩采样探测 THz 波原理如图 5-10 所示，THz 波和 800nm 探针脉冲通常入射到样品表面（即铁磁薄膜），静态磁化位于铁磁薄膜平面中，当 THz 波的磁场分量作用于铁磁薄膜时会施加一定的力矩，将动态磁化偏转出其原来所在的平面。在这个过程中，对于足够小的磁场，磁化强度会发生变化，我们将这个量称为磁化偏转量，而 800 nm 探针脉冲通过探测磁化偏转量引起的双折射就可以获得法拉第信号，这样就通过塞曼扭矩效应实现了对 THz 磁场分量的探测。

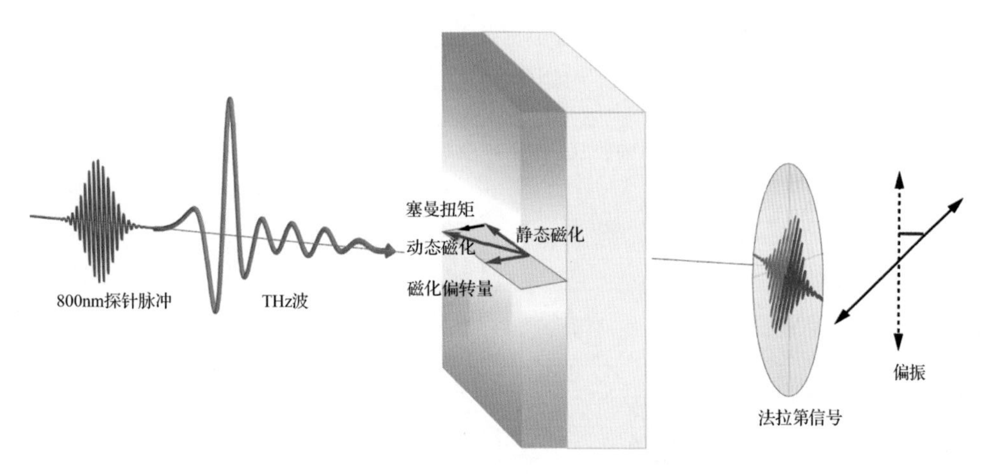

图 5-10　塞曼扭矩采样探测 THz 波原理

5.4.2　探测结果表征

实验进一步对比了电光取样技术和塞曼扭矩采样的结果，如图 5-11 所示，实验发现强场 THz 磁场分量可以激发铁磁材料中的进动，使得材料出现各向异性，诱导探测光的偏振发生旋转，也可以实现对磁场分量的间接探测。这两种不同的探测技术几乎可以得到一样的 THz 波形。

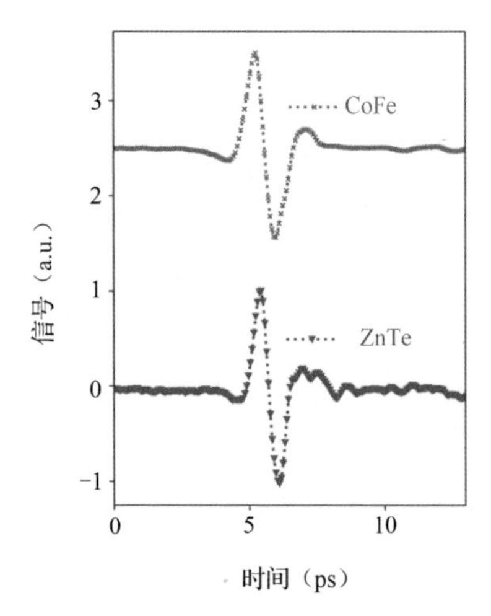

图 5-11　基于 CoFe 的塞曼扭矩采样和基于 ZnTe 晶体的电光取样实验结果

为了探索铁磁样品在强场 THz 磁场分量探测中的性能表现，我们还对不同种类和不同厚度的铁磁薄膜的探测性能进行了系统的比较和分析。我们测试了 CoFe、Fe、Co、CoFeB、Ni 五种铁磁薄膜，观察到不同厚度的铁磁薄膜对探测性能会产生显著影响。随着铁磁层厚度增加，塞曼扭矩信号也随之增大，经过实验对比发现 15nm CoFe 薄膜展现了良好的探测性能，如图 5-12 所示。

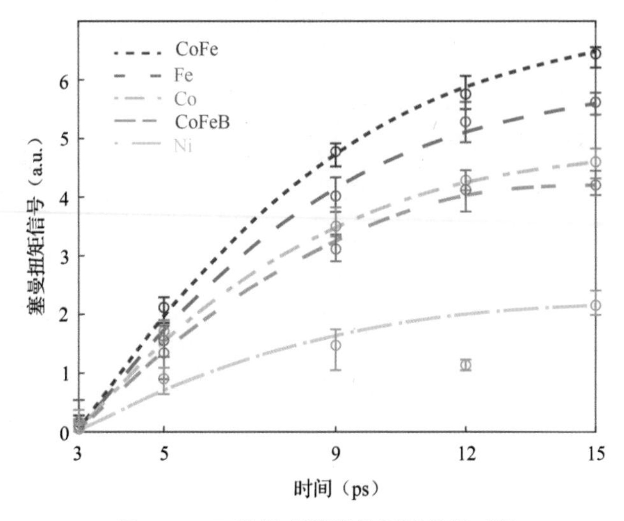

图 5-12　五种铁磁薄膜的探测性能对比

塞曼扭矩采样可为强场 THz 波探测技术提供一种潜在的候补方案，并且 CoFe 薄膜在加工和制作等方面的成本都相对低廉，有望通过该方法发展出强场 THz 波探测新方法。同时，该方法也可被直接用来观察新型二维磁性材料、拓扑绝缘体等材料的超快自旋动力学行为，进一步推动 THz 波探测技术的发展和应用。

本章小结

强场 THz 波探测技术是 THz 领域极具发展潜力的关键技术，本章主要对前沿科学中常用的强场 THz 波探测技术和方法进行了详细的讨论，包括典型的热释电探测器、戈莱探测器等直接能量探测器，并通过热释电阵列相机、液晶片、热敏纸等方法对 THz 光斑进行表征，以及通过传统的电光取样技术、单发测量技术诊断强场 THz 波形，最后概述了基于塞曼扭矩原理对强场 THz 波进行磁场分量探测。

参考文献

[1] OUYANG C, LI S, MA J, et al. Terahertz strong-field physics in light-emitting diodes for terahertz detection and imaging[J]. Communications Physics, 2020, 4(1): 5.

[2] SCHWARTZ M, LENZINI G, GENG Y, et al. Cholesteric liquid crystal shells as enabling material for information - rich design and architecture[J]. Advanced Materials, 2018, 30(30): 1707382.
[3] WANG L, URBAS A M, LI Q. Nature - inspired emerging chiral liquid crystal nanostructures: from molecular self - assembly to DNA mesophase and nanocolloids[J]. Advanced Materials, 2018, 32(41): 1801335.
[4] KEILMANN F, RENK K. Visual observation of submillimeter wave laser beams[J]. Applied Physics Letters, 1971, 18(10): 452-454.
[5] CHEN I A, PARK S W, CHEN G, et al. Ultra-broadband wavelength conversion sensor using thermochromic liquid crystals[J]. Proceedings of SPIE - The International Society for Optical Engineering, 2013, 8624(21):15.
[6] TADOKORO Y, NISHIKAWA T, KANG B, et al. Measurement of beam profiles by terahertz sensor card with cholesteric liquid crystals[J]. Optics Letters, 2015, 40(19): 4456-4459.
[7] WANG L, QIU H, PHAN T, et al. Visible measurement of terahertz power based on capsulized cholesteric liquid crystal film[J]. Applied Sciences, 2018, 8(12): 2580.
[8] OUYANG C, LI S, MA J, et al. Terahertz strong-field physics in light-emitting diodes for terahertz detection and imaging[J]. Communications Physics, 2021, 4(1): 5.
[9] JHALANI V A, ZHOU J-J, BERNARDI M. Ultrafast hot carrier dynamics in GaN and its impact on the efficiency droop[J]. Nano Letters, 2017, 17(8): 5012-5019.
[10] 张保龙. 超强飞秒激光技术与强太赫兹辐射[D]. 北京：中国科学院大学，2019.
[11] GENG C, SU Y, KONG D, et al. Zeeman torque sampling of intense terahertz magnetic field in CoFe[J]. Optics Letters, 2024, 49(16): 4589-4592.

第 6 章　强场 THz 非线性光谱技术

半导体等材料的电荷输运性质很大程度上取决于外加电场强度。但是，研究强场（kV/cm 量级）作用下的器件物理很困难，因为施加强场会导致样品被加热和击穿。相反，对于强场 THz 光谱的皮秒量级脉冲，一方面由于脉冲短，可以防止热效应导致的场击穿；另一方面脉冲宽度长于电子达到最终速度所需要的时间，还可以通过电流产生的辐射场反推超快电流分布，是研究材料高频响应、器件强场工作、无电极干扰高频电导率的强大手段。

第 4 章主要介绍了通过超强、超短飞秒激光泵浦铌酸锂晶体产生高效率、高光束质量、高稳定性的强场 THz 脉冲（波）的新技术，但面向实际应用需求，尤其是研究强场 THz 脉冲与物质相互作用的新现象、新机理、新效应、新应用，还需要发展与之配套的实验技术，比如强场 THz 光谱技术、强场 THz 成像技术等。本章主要介绍强场 THz 非线性光谱技术，包含强场 THz 泵浦-THz 探测技术、强场 THz 泵浦-光克尔效应探测技术、二维强场 THz 非线性光谱技术、光泵浦-强弱 THz 交替探测光谱技术等。通过学习和了解这些实验技术以及对应的数据处理技术，读者有望对整个强场 THz 光谱技术获得全面认识，并能灵活运用。

6.1　强场 THz 非线性光谱技术简介

对于在频域和时域中得到样品对强场 THz 脉冲的响应，以及分析强场 THz 脉冲与物质的相互作用过程，复杂的光谱技术是不可或缺的。与弱场 THz 光谱技术用于测量样品的线性响应不同，强场 THz 非线性光谱技术的重要优势在于，可以用于测量样品的非线性响应。了解强场 THz 非线性光谱技术的技术内涵、研究范畴和几何光路，对于理解后续的光路设计和应用实例十分重要。

6.1.1　技术内涵

在强场 THz 非线性光谱技术中，宏观上观测的是强场 THz 脉冲，以及通过测量透射场或反射场的强度而得到的吸收率或折射率的变化。通过自由空间电光取样技术，借助相干探测原理，可以得到 THz 电场的时域波形；经过傅里叶变换可得到 THz 电场在不同频域的振幅和相位信息，这是 THz 非线性光谱技术的基础。这种直接探测电场的方法在频率更高的光学频段下很难甚至不可能实现。

强场 THz 非线性光谱技术在前文所述的强场 THz 脉冲产生和探测的基础上，结合针对不同研究目标的光路设计、数据采集方法和数据处理技术等多方面的综合应用技术，兼具复杂性和灵活性的特点，具备强大的科研及工程应用潜力。

6.1.2　研究范畴

目前，强场 THz 非线性光谱技术常用于材料的物态调控，主要以块体和纳米结构固体为研究目标，研究半导体电荷输运、带间载流子隧穿、量子材料相变、高阶谐波产生等，同时开始逐步应用于液相和气相物体的研究中，如研究低频分子激发、液体在 THz 频段的克尔效应等。

6.1.3　几何光路

样品对外加 THz 电场的线性响应测量已经在各种几何条件下进行。在线性区域，只要整个 THz 光束穿过样品或从样品中反射，电场矢量的空间相关性就不起重要作用。相反，强场 THz 非线性响应对局部电场强度 $E_{\mathrm{loc}}(r,t)$ 的变化敏感。因此，需要定义良好的实验几何光路。

在实验中，人们通常使用 THz 高斯光束，其腰部恰好位于样本位置 z=0 处。由于样品位置处的驱动电场服从高斯分布，在强场 THz 非线性光谱实验中，电场强度的面内变化会导致不同的非线性响应。在这种情况下，样品位置处的发射电场的非线性电流密度分布与一般电流密度分布相似，从而在 THz 传播中引起附加的非线性衍射现象。在强场 THz 非线性光谱中，通常不研究这种非线性衍射现象，必须确保能够测量出轴上电场。为此，通常使用成像的方法令发射的电场在电光晶体处成像，如图 6-1 所示。

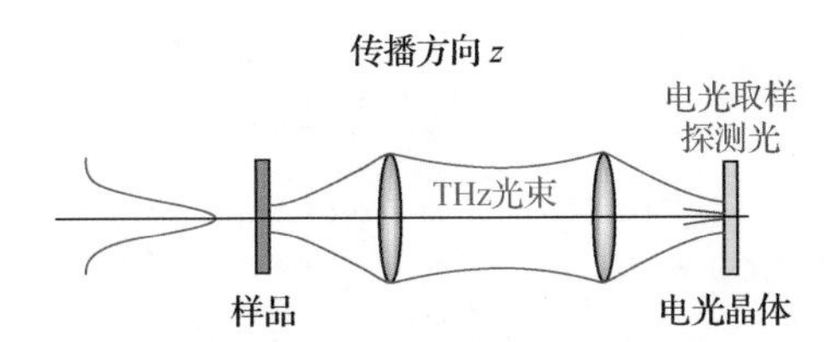

图 6-1　用于强场 THz 非线性光谱实验的几何光路

使用高斯光学理论来分析电磁波束，并利用 4f 成像系统。其中，样品到第一个透镜的距离为 1f，第一个透镜到第二个透镜的距离为 2f，第二个焦距为 f 的透镜到电光晶体的距离为 1f。在实际的 THz 非线性光谱实验中，通常对 THz 脉冲做反射处理，如使用离轴抛物面镜。在电光传感器处精准地产生电场 $E_{\text{EOC}}(x,y,z=4f,t)=-E_{\text{loc}}(x,y,z=0,t)$，这一关系在两个透镜的距离较大时也大致成立。由于成像系统的衍射极限，使用束腰窄得多的探测光仅能探测轴上部分的贡献，即测量局部电场的轴上部分。因此，在本书中，仅考虑沿传播方向上具有空间依赖性的轴上电场。

6.2 强场 THz 泵浦-THz 探测技术

从本节开始，将从实际应用和实验角度出发，对几种强场 THz 非线性光谱技术的光路设置和数据处理技术进行详细说明。

6.2.1 典型光路介绍

一种强场 THz 泵浦-THz 探测系统的光路如图 6-2 所示，THz 泵浦光和 THz 探测光均由铌酸锂倾斜波前技术产生。使用 10∶90 分束器将光束分成两部分，并在光栅上的同一点以小角度重新组合。10%的光束部分用于 THz 探测光，90%的光束部分经过可变延迟线用于 THz 泵浦光。THz 光束由一对离轴抛物面镜准直并聚焦于样品位置，再经另一对离轴抛物面镜准直并聚焦于 ZnTe，并对 THz 电场进行电光取样。由一对在 THz 光路中的 THz 偏振片调整 THz 泵浦光的强度。

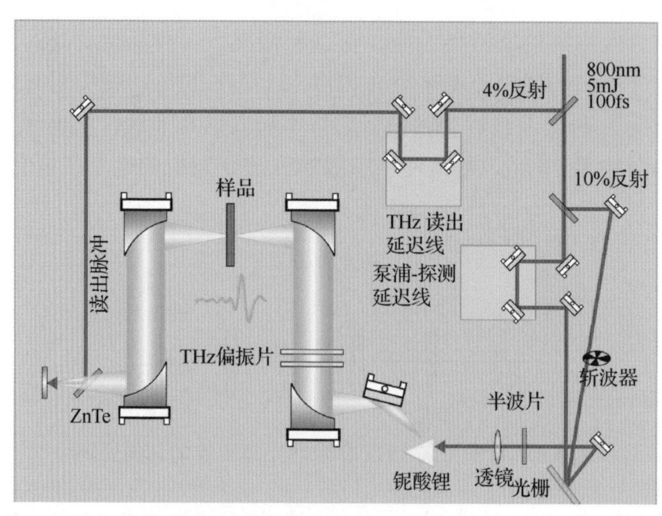

图 6-2　单一铌酸锂晶体产生泵浦光和探测光的强场 THz 泵浦-THz 探测系统光路

另一种 THz 泵浦-THz 探测系统的光路如图 6-3 所示，其使用铌酸锂产生的强场 THz 光束作为泵浦光，使用 ZnTe 产生的弱场 THz 光束作为探测光，由一片硅片作为合束器，将 THz 泵浦光和 THz 探测光合束并经离轴抛物面镜（OAPM2）聚焦到样品位置。THz 泵浦光的偏振方向为竖直方向，THz 探测光的偏振方向为水平方向。在 OAPM3 和 OAPM4 之间，设置一个起偏方向为水平方向的 THz 偏振片，只允许探测光通过，因此在探测时，只会探测到探测光波形，抑制泵浦光对探测的影响。该系统也可以表示为如图 6-2 所示的光路，类似地，增加一对 THz 偏振片来控制 THz 泵浦光的强度。另外，对于某些特殊的偏振敏感的应用（如一些偏振敏感的超材料），可以通过调整用于产生弱场 THz 光束的 ZnTe（即 ZnTe1）前的半波片（即半波片 2）来灵活地调整 THz 探测光的偏振方向。

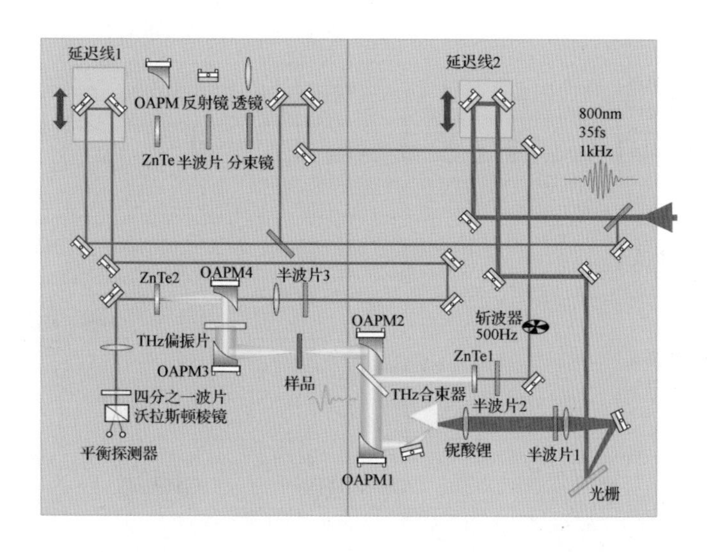

图 6-3　独立产生 THz 泵浦光和 THz 探测光的强场 THz 泵浦-THz 探测系统光路

6.2.2　数据采集原理

进行数据采集时，将一机械斩波器放置在 THz 探测光路上，若使用重复频率为 1kHz 的飞秒激光器作为泵浦激光源，则可以将斩波器的斩波频率设置为 500Hz，采集数据时采集重复频率为 500Hz 的 THz 探测光，可以极大地抑制 THz 泵浦光的干扰。

虽然已采用机械斩波器和 THz 偏振片来抑制 THz 泵浦光，但实际测量 THz 探测光时仍会受到 THz 泵浦光的干扰。采用图 6-4 所示的方案可以进一步提取由 THz 泵浦诱导的 THz 探测光的透射电场变化。在该方案中，用于产生 THz 泵浦光和 THz 探测光的 800nm 激光脉冲的重复频率为 1kHz，THz 泵浦光和 THz 探测光需分别被 500Hz 和 250Hz 的斩波器调制，由此构成的一个脉冲周期包括 4 个通道，分别为泵浦开-探测开 S_0、泵浦关-探测开 S_1、泵浦开-探测关 S_2 和泵浦关-探测关 S_3。其中 S_0

为总信号、S_1为 THz 探测信号、S_2为 THz 泵浦信号、S_3为无入射脉冲信号（如背景噪声），从总信号中减去泵浦信号干扰，由 THz 泵浦诱导的 THz 探测光的透射电场变化 ΔE 为：

$$\Delta E = (S_0 - S_2) - (S_1 - S_3) \tag{6-1}$$

在此基础上，有两种不同的数据采集方法。第一种是将 800nm 的 THz 探测光的延迟线固定于 THz 探测光的峰值位置，移动 THz 泵浦光的延迟线，得到强场 THz 泵浦材料的动力学曲线。第二种是每移动一次 THz 泵浦光的延迟线，就由 800nm 的 THz 探测光扫描完整的 THz 探测光波形，利用这种方法可以得到更多的频域信息，但需要更长的实验时间。

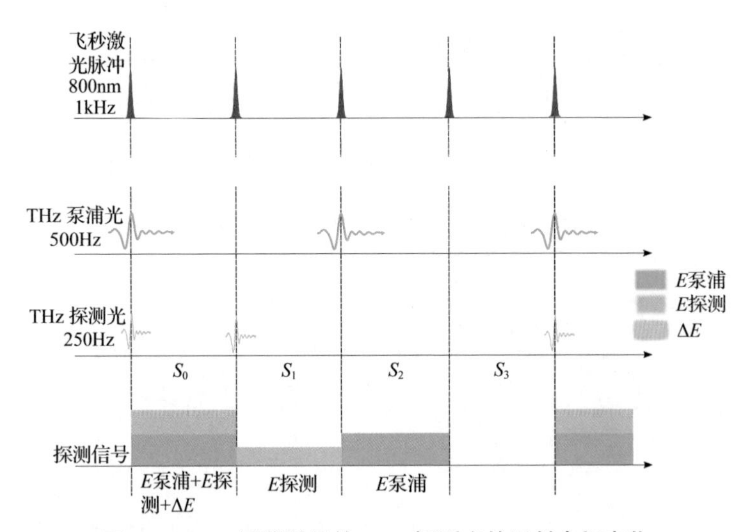

图 6-4　THz 泵浦诱导的 THz 探测光的透射电场变化

6.2.3　数据处理技术

利用第一种数据采集方法，可以获得 THz 泵浦-THz 探测动力学曲线，根据被研究材料的不同，使用相应的模型进行曲线拟合并提取相关物理参数。利用第二种数据采集方法，可以对 THz 泵浦光在不同延迟时间下的时域波形进行傅里叶变换，得到其频谱，并与参考信号运算得到透射谱或吸收谱，从而得出频率-THz 泵浦光延迟时间的二维图，并提取在某一特定频率下随 THz 泵浦光的延迟时间改变的透射率或吸收率曲线。

6.2.4　应用实例

我们利用 THz 泵浦-THz 探测技术，在 THz 非线性纳米超表面材料上，观测到了 THz 泵浦光对 THz 探测光的共振频率调制现象。THz 非线性纳米超表面由金劈裂谐振器矩形阵列组成，单个单元如图 6-5（a）所示。金环矩形单元的周期尺寸为 69μm，环内侧壁间距为 47μm，臂宽为 6μm，厚度为 80nm，在其中的一个臂上加工了宽度 g=15nm 的纳米缝。金环矩形单元生长在厚度为 0.5mm 的高阻硅衬底上。仿真计算表明，当入射 THz 脉冲的电场方向沿着包含纳米缝的臂（TM 偏振）时，在纳米缝处会产生局域场增强现象。如图 6-5（b）所示，在强场 THz 脉冲诱导的样品中观察到了 TM 偏振下的非线性效应。当入射电场强度从较弱的 2.5kV/cm 提高到较强的 180kV/cm 时，共振频率从 0.73 THz 下降到 0.68THz，产生了约 50GHz 的非线性频率红移。在空白的高阻硅衬底上，类似的现象不会被探测到。这种非线性共振频率调制是由纳米缝处的局域场增强导致的。

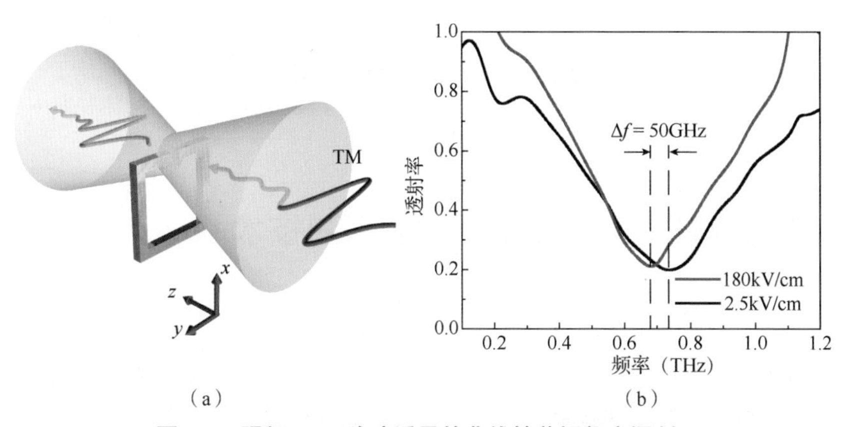

图 6-5　强场 THz 脉冲诱导的非线性共振频率调制

（a）金环矩形单元及 TM 偏振的入射 THz 脉冲示意（b）在入射电场强度为 2.5kV/cm、180kV/cm 时测量的 TM 偏振下的透射谱

研究表明，当 TM 偏振的入射 THz 脉冲的电场强度达到 60kV/cm 时，纳米缝处增强的电场足以诱导衬底的碰撞电离，导致局部电导率提高，谐振器表现为“闭合”状态。在 THz 泵浦-THz 探测中，当 THz 泵浦的有效作用电场强度降至 127kV/cm 时，仍足以“闭合”纳米缝。随后利用 THz 偏振片抑制 THz 泵浦光，而 THz 探测光的水平分量仍可以通过并被探测到。在 THz 泵浦前（约–3.9ps）和 THz 泵浦后（约 4.7ps）的 THz 探测光的透射谱如图 6-6（a）所示，THz 泵浦导致 THz 探测光的共振频率从 0.746THz 下降至 0.701THz，产生了 45GHz 的频率红移。时间分辨的共振频率动态移动如图 6-6（b）所示，其中实线为实验数据，虚线为 THz 泵浦前后实验数据的平均值。基于平均值计算的共振频率从 0.737THz 下降到 0.705THz，并在测量的时间窗口内几乎没有恢复，这是由于高阻硅衬底的载流子寿命远长于测量窗口范围。该现象直接表明了高阻硅衬底中的强场 THz 脉冲诱导

的碰撞电离导致了载流子产生。THz 泵浦-THz 探测技术为强场 THz 半导体载流子动力学等研究提供了有力手段。

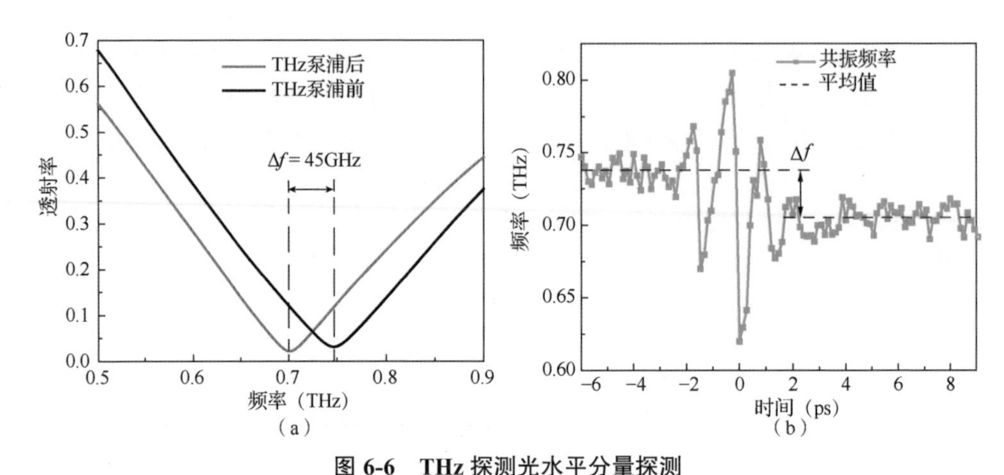

图 6-6　THz 探测光水平分量探测

（a）THz 泵浦前后的典型 THz 探测光的透射谱　（b）时间分辨的共振频率动态移动

6.3　强场 THz 泵浦-光克尔效应探测技术

克尔效应是指物质的折射率变化 Δn 与外加电场强度（E）的平方成正比的非线性光学效应，其在直流极限下通常表示为 $\Delta n = K\lambda E^2$，其中 K 为克尔常数，λ 为光在真空中的波长。在光学频率下，观测到折射率变化与光强相关，这导致了包括自聚焦、自相位调制和双折射在内的非线性光学效应。光克尔效应可以在包括液体和气体在内的各向同性材料中观察到，这些材料不产生对偏振电场线性依赖的二阶非线性项 $\chi^{(2)}$。

6.3.1　典型光路介绍

实验光路如图 6-7 所示。单周期的强场 THz 脉冲由铌酸锂倾斜波前技术产生。产生的 THz 电场被准直后聚焦在样品表面，两个 THz 偏振片用于调整强场 THz 脉冲的强度。800nm 探测光的偏振方向与 THz 波的偏振方向成 45°，二者共线穿过样品，四分之一波片和沃拉斯顿棱镜的组合用于分析折射率的变化。该实验使用两个平衡光电二极管和一个锁相放大器来记录泵浦-探测数据。

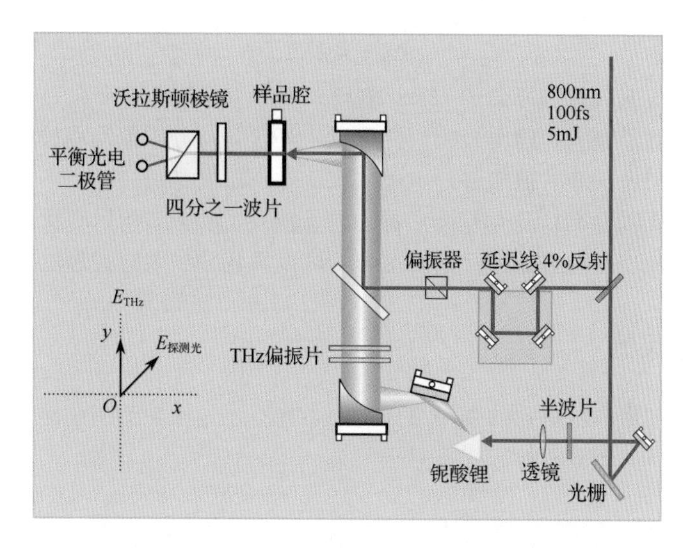

图 6-7　强场 THz 泵浦-光克尔效应探测系统光路

6.3.2　数据采集原理

在强场 THz 泵浦-光克尔效应探测实验中，THz 泵浦光和 THz 探测光一起穿过样品，因此实现泵浦光和探测光的速度匹配非常重要。当引起样品双折射的 THz 脉冲的相速度与探测它的探测脉冲的群速度相同时，测量到的时域信号是最优的。在这种情况下，当两个脉冲通过厚样品传播时，探测脉冲包络与 THz 脉冲周期的同一部分保持时间重合。因此对于速度匹配样品，探测光（群）折射率和 THz 折射率的匹配使探测过程中的路径长度增加，从而提高对小折射率变化的测量灵敏度。

在实际的数据采集中，通过扫描 THz 泵浦光和 THz 探测光之间的延迟来记录克尔效应时域信号，这与电光取样测量 THz 脉冲的扫描方式是类似的。同时使用锁相放大器读取平衡光电二极管检测到的 THz 泵浦诱导的探测光调制信号。

6.3.3　数据处理技术

与预期的三阶非线性过程 $\chi^{(3)}$一致，观察到的克尔信号的振幅与 THz 电场振幅成平方关系。根据克尔信号的大小，即上述的平衡检测系统中的差分信号 $\Delta I/I$ 的大小，可以计算出频率为 ω 的探测光在穿过长度为 L 的样品区时积累的相位延迟 $\Delta\varphi$，并基于式（6-2）推导出 THz 电场引起的折射率变化 Δn。

$$\frac{\Delta I}{I} = \sin\Delta\varphi = \sin\frac{\Delta n\omega L}{c} \tag{6-2}$$

随后可根据计算的折射率变化 Δn，基于式（6-3）提取得到所测物质的克尔常数 K。

$$\Delta n = K\lambda E^2 \tag{6-3}$$

可以通过改变入射到样品的 THz 电场来观测克尔信号的变化。与时间相关的 THz 克尔信号除了包含快速电子响应的贡献，还包含与分子取向相关的缓慢指数响应的贡献。对于电子非共振频率，电子响应函数本质上是瞬时的，不包含分子动力学信息。从测量到的 THz 克尔信号中减去电子响应的贡献，可以得到纯分子取向贡献。通过对纯分子取向贡献进行指数拟合，可以得到分子取向弛豫过程时间常数。

6.3.4 应用实例

我们团队利用自行搭建的强场 THz 泵浦-光克尔效应探测系统测量了空气中产生的克尔信号，如图 6-8 所示。

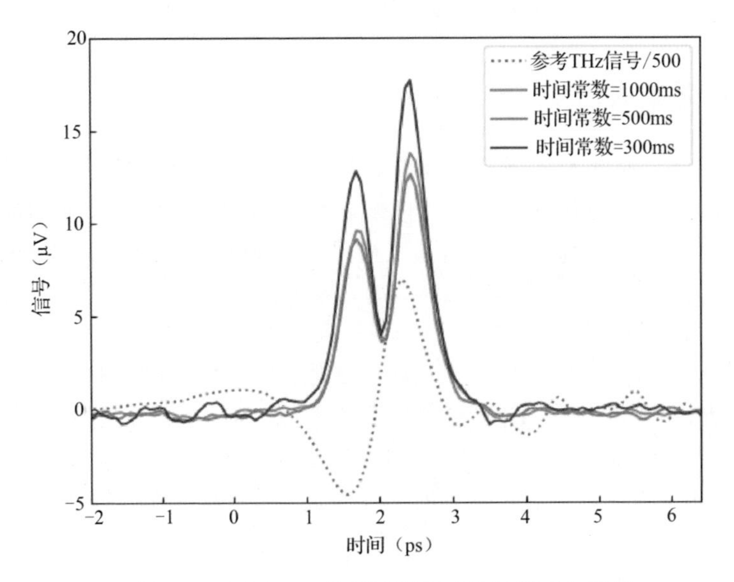

图 6-8 强场 THz 泵浦下空气中产生的克尔信号

可以看到，克尔信号和原始的参考 THz 信号都是正值，这是由于克尔效应是电场的二阶非线性效应，遵循式（6-3），因此信号都是正值。

6.4 二维强场 THz 非线性光谱技术

随着强场 THz 光谱技术和二维光谱技术的发展，二维光谱技术得以拓展到 THz

频段。二维光谱可用于揭示隐藏在传统一维光谱中的特征。二维 THz 光谱的发展相较于可见光和红外光谱，尚处于早期阶段。该技术目前被用于研究凝聚态系统中大多数非共振电子和一些具有强非线性的晶格振动响应、气相分子的 THz 二维旋转光谱、半导体中声子的旋转光谱等。此外，通过与非共振拉曼过程的光学激发和检测相结合，混合二维 THz-拉曼光谱成为可能。

6.4.1　典型光路介绍

由于自由空间中传播的 THz 光束的光斑直径相对较大，聚焦的 THz 脉冲的光斑尺寸也较大。二维光谱中常用的非共线几何的四波混频方法不能直接应用于 THz 光路。该问题可以通过与样品完全共线的相互作用几何结构和透射电场的相位分辨检测来解决。

二维强场 THz 非线性光谱技术光路如图 6-9 所示，在泵浦光路中用一个 50：50 的分束器，将泵浦光分为两束能量相等的二维光谱泵浦光，其中一束经过固定反射镜，另一束经延迟线与第一束光于光栅处汇合。为两束泵浦光各自设置一个机械斩波器，对于重复频率为 1kHz 的激光器，设定斩波器 A 的频率为 500Hz，斩波器 B 的频率为 250Hz。控制延迟线 1 的位置，改变探测时间 t 来扫描整个 THz 波形，控制延迟线 2 的位置来调整两束泵浦光之间的时间延迟，进而控制在铌酸锂中产生的 THz 脉冲 A 和 B 之间的时间延迟 τ。两个 THz 脉冲先后经两个离轴抛物面镜准直后聚焦于样品，每个脉冲与耦合系统相互作用一次，第二个脉冲与第一个脉冲引起的基本激发相互作用。

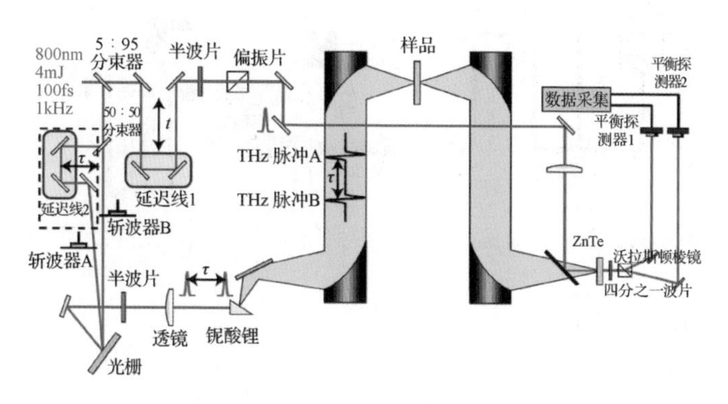

图 6-9　二维强场 THz 非线性光谱技术光路

另外，为了避免两束泵浦光在铌酸锂中产生的非线性现象，可以采用另一种光路，如图 6-10 所示。在此光路中，两束 THz 脉冲各自由一束泵浦光产生后再进行合束。

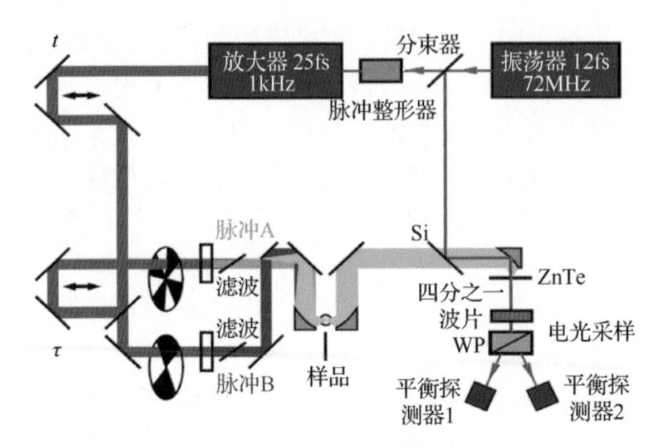

图 6-10　两束 THz 脉冲独自产生的二维强场 THz 非线性光谱技术光路

上述光路在实验中采集数据时，往往需要数小时至数天，严重制约了二维 THz 光谱的应用。为了加快数据采集速度，如图 6-11 所示，可以采用基于台阶镜的单发测量方法，配合高速 CMOS 相机。

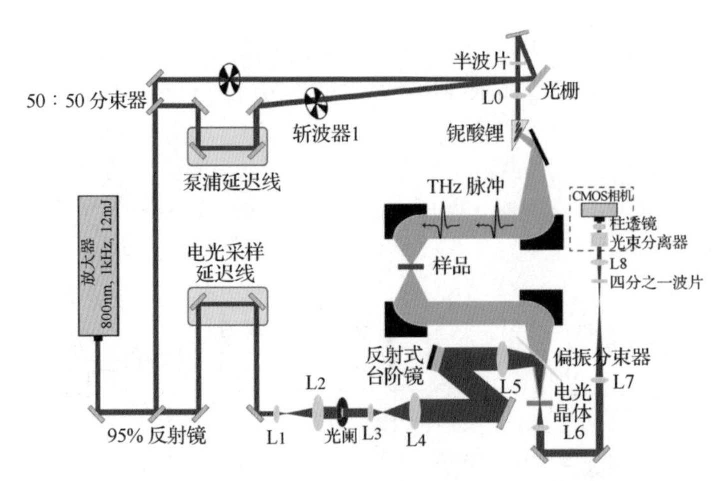

图 6-11　基于台阶镜的快速二维强场 THz 非线性光谱技术光路

6.4.2　数据采集原理

为了将两个 THz 脉冲诱导的非线性信号与单个 THz 脉冲诱导的信号分开，通常采用一种差分斩波检测方法。每个 THz 脉冲由光学斩波器按照激光重复频率的低次谐波频率进行调制。差分斩波检测方法示意如图 6-12 所示。泵浦激光重复频率为 1kHz，斩波器 A 以 500Hz 频率调制 THz 脉冲 A，斩波器 B 以 250Hz 频率调制 THz 脉冲 B。在连续的 4 次激光脉冲中，可以检测到响应两个 THz 脉冲的信号 $S_{AB}(t,\tau)$、仅 THz 脉冲 A 与样品相互作用时的信号 $S_A(t,\tau)$和仅 THz 脉冲 B 与样品相互作用时

的信号 $S_B(t)$，以及没有 THz 脉冲时的信号（即背景噪声）。在产生 THz 脉冲 B 的光路中不设置延迟线，因此 $S_B(t)$仅与真实时间 t 有关，在产生 THz 脉冲 A 的光路中设置延迟线控制与 THz 脉冲 B 之间的时间延迟 τ，因此 $S_A(t,\tau)$、$S_{AB}(t,\tau)$与真实时间 t 和时间延迟 τ 有关。

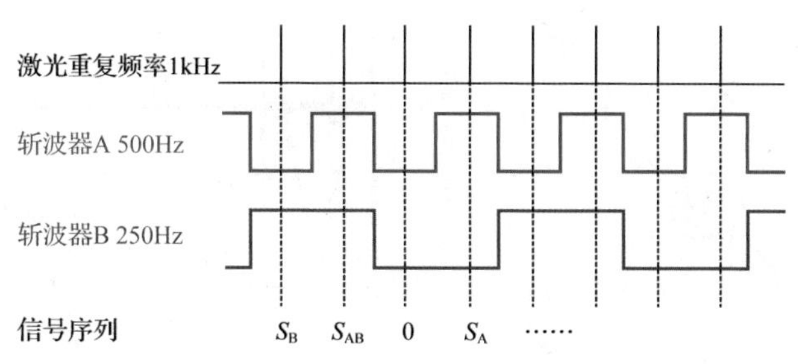

图 6-12　差分斩波检测方法示意

6.4.3　数据处理技术

按差分法提取非线性信号 $S_{NL}(t,\tau)$：

$$S_{NL}(t,\tau) = S_{AB}(t,\tau) - S_A(t,\tau) - S_B(t) \tag{6-4}$$

该方法适用于光与物质相互作用的微扰和非微扰状态，即通过共线相互作用和差分斩波检测方法提取的非线性信号 $S_{NL}(t,\tau)$不限于 $\chi^{(3)}$信号，因为其他阶非线性信号也是共线的。对信号 $S_{NL}(t,\tau)$做关于 t 和 τ 的二维傅里叶变换，可以得到有关激发频率 ω_t 和探测频率 ω_τ 的二维 THz 光谱 $S_{NL}(\omega_t,\omega_\tau)$。与不同相互作用路径相关的信号 $S_{NL}(t,\tau)$ 具有不同的特征和相位累积，因此可以在二维光谱中分离出不同类型的谱峰。

通过这种方式，非线性响应被映射为两个频率的函数，提供比泵浦探测实验更多的信息。

6.4.4　应用实例

本节以 Lu 等人的一项研究成果为例，介绍气相分子的二维 THz 旋转光谱相关内容。

超短 THz 脉冲通过共振场-偶极相互作用诱导相干分子旋转。实验装置设计如图 6-13（a）所示。由 τ 分隔的两个 THz 脉冲（表示为 A 和 B）聚焦到共线传播结构的静压样品室中。透射的 THz 电场和随后发射的信号在电光晶体中引起了双折射。测量在室温气态乙腈（CH_3CN，偶极矩 $\mu = 3.92D$）环境下进行，压强为 94.325kPa。旋转常数 $B = 0.310cm^{-1}$，对应旋转时间 $T_{rev} = 54.4ps$。一束单 THz 脉冲被用于测量来自一个共振场-偶极相互作用的自由感应衰减（Free Induction Decay，FID）信号，并呈现了量子旋转再现现象。CH_3CN 中热填充 J 能级的旋转跃迁与 THz 光谱重叠，如图 6-13（c）所示。图 6-13（b）中 FID 信号的傅里叶变换揭示了 THz 激发带宽内的旋转跃迁峰，如图 6-13（d）所示。

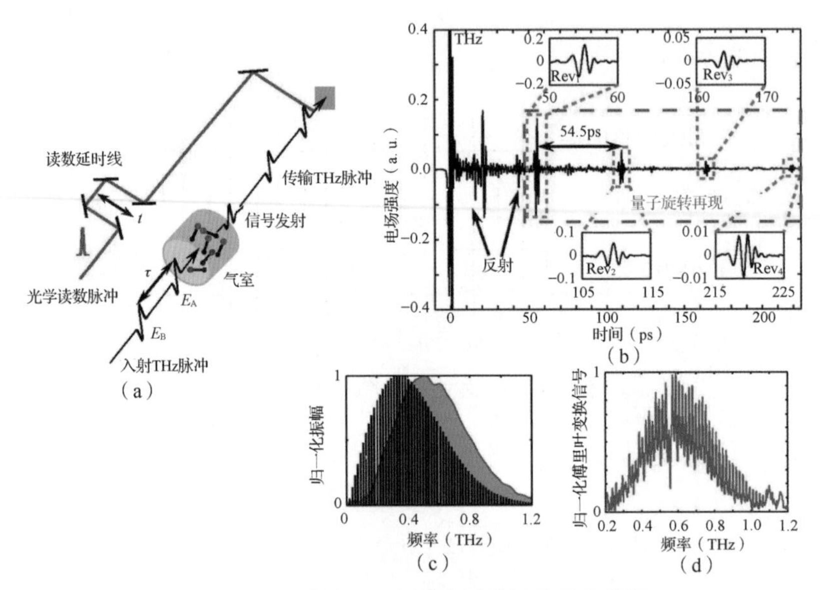

图 6-13　超短 THz 脉冲诱导相干分子旋转

（a）实验装置设计　（b）线性 FID 信号，蓝色虚线框中的信号是量子旋转再现信号　（c）在 300K 热平衡下计算得到的旋转布居分布，每个竖条代表源自不同 J 能级的旋转跃迁　（d）代表（b）图中红色虚线框中的 FID 信号的傅里叶变换结果

实验中通过差分斩波检测方法，提取与分子偶极子相互作用的两个 THz 脉冲产生的非线性信号。观测到的信号有 4 种不同类型，由 THz 电场与分子偶极子的 3 种相互作用产生，即 4 种三阶信号类型，它们在 $E_{\mathrm{NL}}(\tau,t)$ 的时域轨迹中有区别：R（Rephasing，相位重聚即光子回波）信号和 NR（Nonrephasing，非相位重聚）信号，通过与脉冲 A 的单场相互作用和时间延迟 τ 后与脉冲 B 的双场相互作用产生；2Q（双量子）信号和 PP（泵浦-探测）信号，通过与脉冲 A 的双场相互作用和时间延迟 τ 后与脉冲 B 的单场相互作用产生。

这些信号与二维红外信号和光学光谱中的信号来源相同。图 6-14（a）和图 6-14（b）所示为不同延迟下的非线性轨迹 E_{NL}。因为所有的信号都是从三阶单量子相干的完整集合中发射的，包含跃迁频率在 THz 脉冲频谱中的整个热填充 J 能级集合，所以它们都采用与一阶 FID 相同的形式。然而，并非所有的信号都在两个入射 THz 脉冲之后同时出现。对于在脉冲 A 和脉冲 B 之间的任何时延 $\tau < T_{\mathrm{rev}}$，第一个 R 信号只在脉冲 B 之后的 $t=\tau$ 时刻出现，包括再现信号在内的回波信号出现在 $t=\tau+nT_{\mathrm{rev}}(n=0,1,2,3\cdots)$ 时刻。NR 信号表现为由脉冲 B 作用导致的脉冲 A 的一阶 FID 振幅的变化，因此它们出现在 $t=-\tau+nT_{\mathrm{rev}}(n=0,1,2,3,\cdots)$ 时刻。2Q 信号出现在 $t=-2\tau+nT_{\mathrm{rev}}(n=0,1,2,3,\cdots)$ 时刻，因为脉冲 A 诱导的双量子相干在时间 τ 内以大约

两倍于单量子相干的频率演化，之后它们被脉冲 B 投射回单量子相干状态，并继续以单量子相干的频率演化。因此，三阶相干旋转周期的完成比脉冲 B 的单量子相干再现早 2τ（即比脉冲 A 的单量子相干再现早 τ）。PP 信号似乎与脉冲 B 一致，脉冲 B 的吸收被脉冲 A 产生的非热布居分布所改变，信号出现在 $t = nT_{\text{rev}}(n = 0,1,2,3,\cdots)$ 时刻。2Q 和 PP 信号的振幅相对较小。

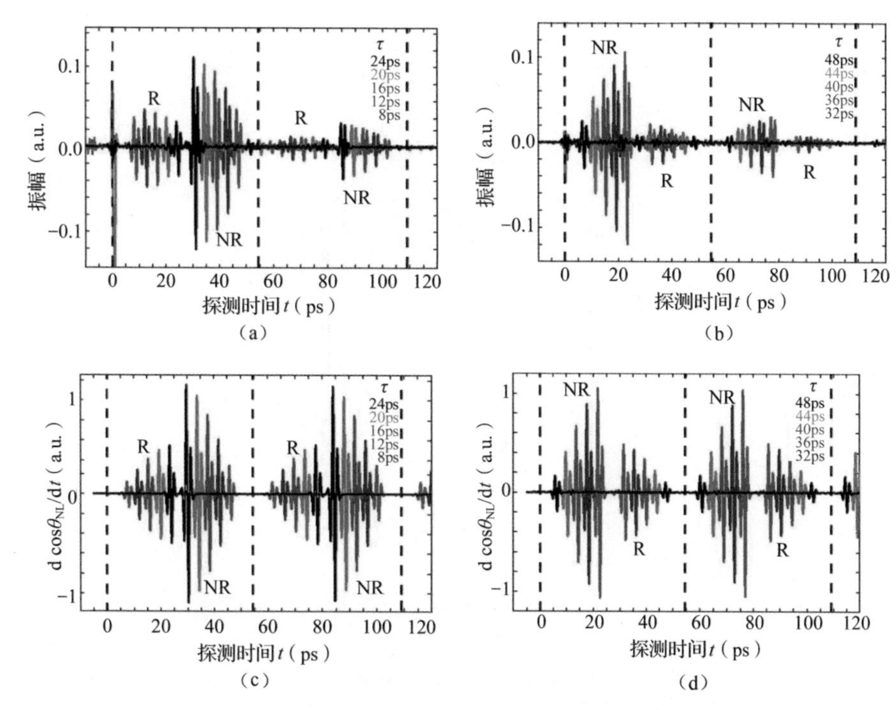

图 6-14　R 信号和 NR 信号在不同延迟下的非线性轨迹

（a）延迟 $\tau < T_{\text{rev}}/2$ 和（b）$\tau > T_{\text{rev}}/2$ 时的非线性轨迹 E_{NL}（c）$\tau < T_{\text{rev}}/2$ 和（d）$\tau > T_{\text{rev}}/2$ 时的平均定向因子的时间导数的模拟时域响应

将实验轨迹与图 6-14（c）、（d）中偶极取向响应的半经典计算进行了比较。通过在无退相干和无衰变条件下，对密度矩阵的 Liouville-von Neumann 方程做数值积分，计算了系统平均定向因子的时间导数 $\mathrm{d}\cos\theta_{\text{NL}}/\mathrm{d}t$，以表明偶极取向形成的集体极化辐射的 THz 电场大小，并与实验数据保持一致。一个显著的差异是，模拟的 R 信号在脉冲间延迟时间 $t = T_{\text{rev}}/2$ 时达到峰值，而实验中峰值出现得更早。这归因于在实验压力和温度条件下旋转的退相干相对更快。

二维时域非线性信号场 $E_{\text{NL}}(\tau,t)$ 被当作 τ 和 t 的函数记录。通过关于 τ 和 t 的数值二维傅里叶变换产生关于频率变量 ν（激励频率）和 f（探测频率）的二维旋转谱。二维旋转谱如图 6-15 所示，可观察到的三阶谱峰包括 NR、R、PP 和 2Q（红色虚线区域内放大 8 倍）信号。所有信号在两个维度上都是完全 J 分辨的。完整的二维旋转谱可以被分为 R 象限和 NR 象限，R 信号的反相积累使得其可以通过激励频

率ν的负值与 NR 信号区分开。二维旋转谱清楚地给出以上 4 种信号类型。对于 R 信号和 NR 信号，THz 脉冲 A 与分子偶极子相互作用一次，产生由密度矩阵项$|J\rangle\langle J+1|$描述的一阶单量子相干；在τ之后，脉冲 B 与分子偶极子发生两次相互作用，首先产生旋转布居$|J+1\rangle\langle J+1|$，再由此产生三阶单量子相干$|J\rangle\langle J+1|$（NR 信号）或$|J+1\rangle\langle J|$（R 信号），在时间t内辐射待测信号。

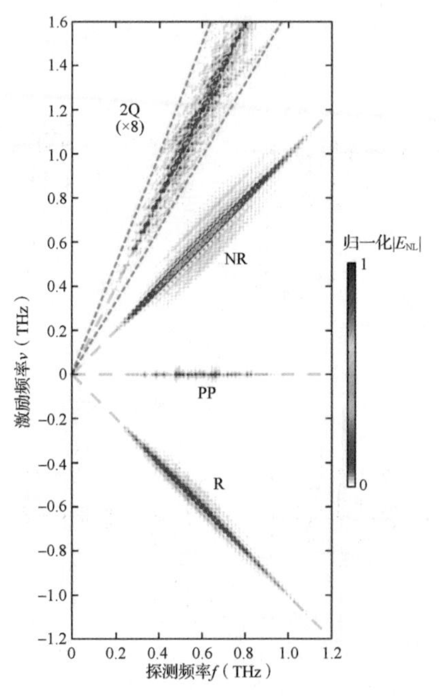

图 6-15　二维旋转谱

6.5　光泵浦-强弱 THz 交替探测光谱技术

泵浦-探测技术作为超快时间分辨技术的一种，近年来受到了广泛的关注。该技术用一束超快激光脉冲作为泵浦光激发脉冲，再用另一束探测光来测量材料的透射率变化或反射率变化，在金属、半导体、拓扑绝缘体等材料的研究上表现出独特的优势。光泵浦-强弱 THz 交替探测光谱技术是泵浦-探测技术的拓展技术之一。2019 年，我们团队为了探究 THz 频段的非线性使用了该技术。

6.5.1　典型光路介绍

我们设计的系统级光路如图 6-16 所示。

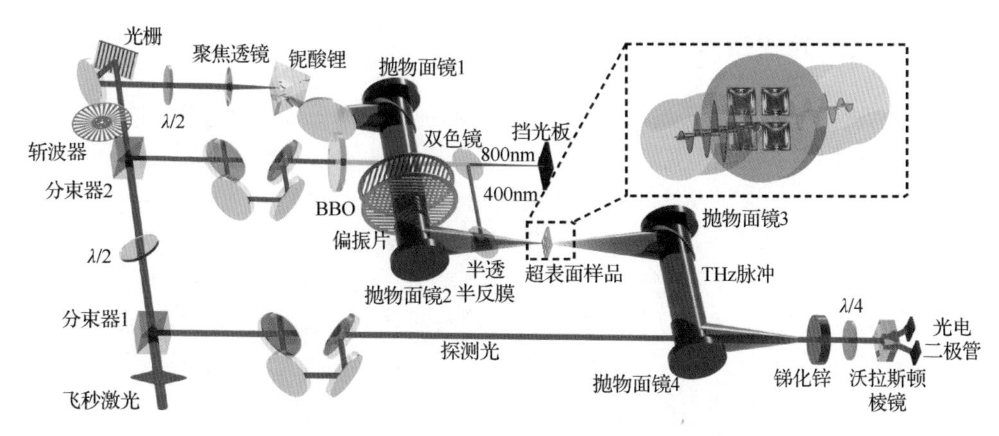

图 6-16　采用光泵浦-强弱 THz 交替探测光谱技术的光路

该系统主要由 3 部分构成：最上面一路光束是 THz 脉冲的发射路，利用倾斜波前技术在铌酸锂晶体中产生 THz 脉冲；中间一路光束用于产生波长为 400nm 的泵浦光，用来向样品衬底中注入光生载流子，照射到样品上的光斑面积约为 28mm^2；最下面的一路光束是探测光，用于探测 THz 脉冲的透射情况。这 3 路光束用同一个激光器进行驱动，激光器中心波长为 800nm、单脉冲宽度为 30fs、重复频率为 1kHz、最高单脉冲能量为 7mJ。激光出射之后，首先被分束器 1 分为两束，一束用于电光取样，探测透射的 THz 脉冲；另一束到达分束器 2 又被分为两束，其中一束通过铌酸锂倾斜波前技术产生强场 THz 脉冲，另一束通过 BBO 晶体倍频产生 400nm 的泵浦光。

由于实验室激光器的脉冲宽度为 30fs，这样的窄脉冲作用于非线性晶体获得的有效相干作用距离较短，工作效率相对较低，因此需要结合脉冲优化、倾斜波前装置优化、冷却晶体等方法来提高工作效率。

6.5.2　数据采集方法

在光泵浦-强弱 THz 交替探测光谱技术中，泵浦-探测脉冲可以看作在许多个脉冲周期中对样品重复激发和探测的所得信号的叠加。所以，准确的时间延迟在这个过程中尤为关键。提供时间延迟的方法有两种，分别是异步光学采样和电动平移台。二者各有利弊：异步光学采样需要两台工作在不同重复频率的超快激光器，使得泵浦光和探测光的光脉冲在时间上不完全重叠，虽然该方法工作稳定，但是成本相对较高；电动平移台可以很好地解决成本问题，是现有的实现时间分辨较为常见的一种方法。电动平移台通过电机的驱动使得带有一对平面镜的平移台前后移动，然后用安装好的程序来控制移动的距离，进而精确地调整探测光相对泵浦光的光程差，可以很好地达到对样品进行不同时刻扫描的目的，然后通过计算机程序就可以收集到扫描样品的信息。

6.5.3 数据处理技术

在泵浦-探测技术中，当泵浦脉冲打到样品上时，光强与时间延迟成指数关系，即可以通过探测不同时间延迟下的光强来获得样品的时间分辨信息，对获得的信息进行频域傅里叶变换即可进一步得到样品的内部动力学过程。

实际上，由于泵浦光引起的透射率或反射率变化非常小，外加光路中存在的杂散光以及探测器的不稳定等原因导致背景噪声产生，所以一般采用锁相放大器对弱信号进行探测。采用锁相放大器时，对泵浦光进行调制的目的是给激光脉冲附加一个新的频率信息，这个调制频率就是参考频率，在光电探测器收集的信号中，只有与参考频率相同的部分才能被锁相放大器探测、放大并输出，达到提高信噪比的目的。

本章小结

本章对强场 THz 非线性光谱技术进行了详细的讨论，对前沿科学研究中常用的强场 THz 非线性光谱技术，如强场 THz 泵浦-THz 探测技术、强场 THz 泵浦-光克尔效应探测技术、二维强场 THz 非线性光谱技术、光泵浦-强弱 THz 交替探测技术等的典型光路图、数据采集方法和数据处理技术等进行了说明。除此之外，还存在强场 THz 泵浦-连续白光探测、强场 THz 脉冲诱导非线性频谱展宽等其他的研究非线性过程的光谱技术。这些不断发展的光谱技术正作为强有力的研究工具，助力人们不断探索新奇的物理世界。

参考文献

[1] ELSAESSER T, REIMANN K, WOERNER M. Concepts and applications of nonlinear terahertz spectroscopy[M]. New York: Morgan & Claypool Publishers, 2019.

[2] HOFFMANN M C, HEBLING J, HWANG H Y, et al. THz-pump/THz-probe spectroscopy of semiconductors at high field strengths[J]. Journal of the Optical Society of America B, 2009, 26(9): A29-A34.

[3] YANG X. Intense terahertz light-quantum quench and control of superconductivity [D]. Iowa: Iowa State University, 2019: 25-27.

[4] HOFFMANN M C, BRANDT N C, HWANG H Y, et al. Terahertz Kerr effect[J]. Applied Physics Letters, 2009, 95(23): 231105.

[5] ZALDEN P, SONG L, WU X, et al. Molecular polarizability anisotropy of liquid water revealed by terahertz-induced transient orientation[J]. Nature Communications, 2018, 9(1): 2142.

[6] DAI J, XIE X, ZHANG X C. Detection of broadband terahertz waves with a laser-induced plasma in gases[J]. Physical Review Letters, 2006, 97(10): 103903.

[7] CHEN J, HAN P, ZHANG X C. Terahertz-field-induced second-harmonic generation in a beta barium borate crystal and its application in terahertz detection[J]. Applied Physics Letters, 2009, 95(1): 26.

[8] FINNERAN I A, WELSCH R, ALLODI M A, et al. Coherent two-dimensional terahertz-terahertz-Raman spectroscopy[J]. Proceedings of the National Academy of Sciences of the United States of America, 2016, 113(25): 6857-6861.

[9] LU J, ZHANG Y, HWANG H Y, et al. Nonlinear two-dimensional terahertz photon echo and rotational spectroscopy in the gas phase[J]. Proceeding of the National Academy of Sciences of the United States of America, 2016, 113(42): 11800-11805.

[10] WOERNER M, KUEHN W, BOWLAN P, et al. Ultrafast two-dimensional terahertz spectroscopy of elementary excitations in solids[J]. New Journal of Physics, 2013, 15(2): 025039.

[11] GAO F Y, ZHANG Z, LIU Z-J, et al. High-speed two-dimensional terahertz spectroscopy with echelon-based shot-to-shot balanced detection[J]. Optics Letters, 2022, 47(14): 3479-3482.

[12] LU J, LI X, ZHANG Y, et al. Two-dimensional spectroscopy at terahertz frequencies[J]. Topics in Current Chemistry, 2018, 376(1): 6.

[13] DONG T, LI S, MANJAPPA M, et al. Nonlinear THz-nano metasurfaces[J]. Advanced Functional Materials, 2021, 31(24): 2100463.

[14] 才家华, 张保龙, 耿春艳, 等. 铌酸锂强场太赫兹非线性时域光谱系统[J]. 中国激光, 2023, 50(17): 1714012.

第 7 章　强场 THz 耦合的先进非平衡态探测技术

将强场 THz 脉冲与其他先进探测技术耦合，也是近些年发展起来的用于物理、化学、材料科学、分子动力学等领域研究的先进手段。利用强场 THz 光源的优势，将 THz 光场与量子材料中声子等重要元激发进行耦合，可以诱导出许多新奇物理现象。当 THz 光场强度进一步提升以后，有望实现光子、声子、电子、磁子等的强耦合，有望推动极端非平衡态调控新应用。本章主要介绍强场 THz 耦合的先进非平衡态探测技术的研究进展和调控实验。

7.1　研究背景及意义

目前国际主流的非平衡态探测技术主要包括角分辨光电子谱（Angular Resolved Photoemission Spectroscopy，ARPES）、超快 X 射线衍射、超快电子衍射（Ultrafast Electron Diffraction，UED）、瞬态光谱技术等。当这些技术与强场 THz 技术强强联合后，可从时间、空间、材料的能带结构、晶体结构、磁结构，以及瞬态电导率等多个维度，对非平衡态进行全面而系统的研究。图 7-1 中所展示的几项工作，就是利用强场 THz 耦合的角分辨光电子谱、超快 X 射线衍射、超快电子衍射、瞬态光谱等探测技术，在超导材料、拓扑材料、范德瓦尔斯材料等多种量子材料中研究非平衡态的调控。

强场 THz 耦合的先进非平衡态探测技术是研究非平衡态的强大工具，表 7-1 总结了近年来国内外采用强场 THz 泵浦-先进探测技术所获得的学术成果。

表 7-1　近年来国内外采用强场 THz 泵浦-先进探测技术所获得的学术成果

时间	国家	技术	材料	电场强度	发表期刊
2012 年	美国	THz 泵浦-THz 探测	VO_2	300kV/cm	*Nature*
2014 年	德国	THz 泵浦-等离子体探测	GaAs	1.5MV/cm	*Physical Review Letters*
2017 年	瑞士	THz 泵浦-光探测	GaP	25MV/cm	*Physical Review Letters*
2018 年	德国	THz 泵浦-ARPES 探测	Bi_2Te_3	2kV/cm	*Nature*
2019 年	美国	THz 泵浦-UED 探测	WTe_2	2.6MV/cm	*Nature*

续表

时间	国家	技术	材料	电场强度	发表期刊
2019 年	美国	THz 泵浦-THz 探测	Nb_3Sn	11.5kV/cm	*Nature Photonics*
2019 年	美国	THz 泵浦-光探测	$SrTiO_3$	550kV/cm	*Science*
2020 年	德国	THz 泵浦-THz 探测	Cd_3As_2	140kV/cm	*Nature Communications*
2021 年	德国	THz 泵浦-THz 探测	Bi_2Te_3	20MV/cm	*Nature*
2021 年	美国	THz 泵浦-超快 X 射线衍射探测	$(PbTiO_3)_n/(SrTiO_3)_n$ 超晶格	800kV/cm	*Nature*

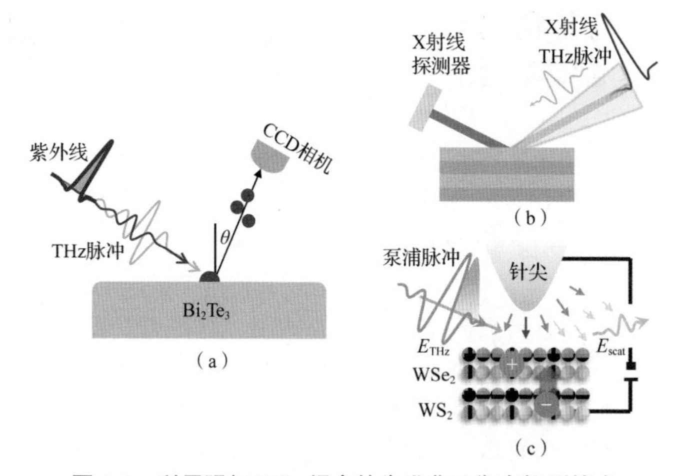

图 7-1　利用强场 THz 耦合的先进非平衡态探测技术

（a）利用 THz 泵浦-ARPES 探测进行电子能带结构的直接测量（b）利用 THz 泵浦-超快 X 射线衍射探测研究材料结构和光谱信息（c）利用 THz 泵浦-针尖耦合瞬态光谱探测技术研究非平衡态瞬态光谱信息

对于 ARPES 探测技术，从发表的高水平论文来看，近红外泵浦的超快 ARPES 探测技术较为成熟。中红外泵浦和 THz 泵浦耦合的超快 ARPES 探测技术的研究才刚起步。利用 ARPES 研究强场 THz 脉冲对量子材料能带结构调控的研究非常少，目前仅有德国有相关报道。

新型量子材料在微纳米尺度下的非平衡态性质非常有趣。但是，THz 波长在亚毫米尺度，衍射极限引起的低空间分辨率极大地限制了强场 THz 技术在微纳米尺度下研究量子材料的非平衡态性质。近年来，随着近场技术的发展，将 THz 光场耦合进入原子力显微镜甚至扫描隧道显微镜，可突破衍射极限，更好地研究低维材料的瞬态电导率等，如图 7-2 所示。但是，目前的近场技术尚未耦合极端强场 THz 泵浦，微纳米尺度的极端强场 THz 非平衡态的研究鲜有报道。

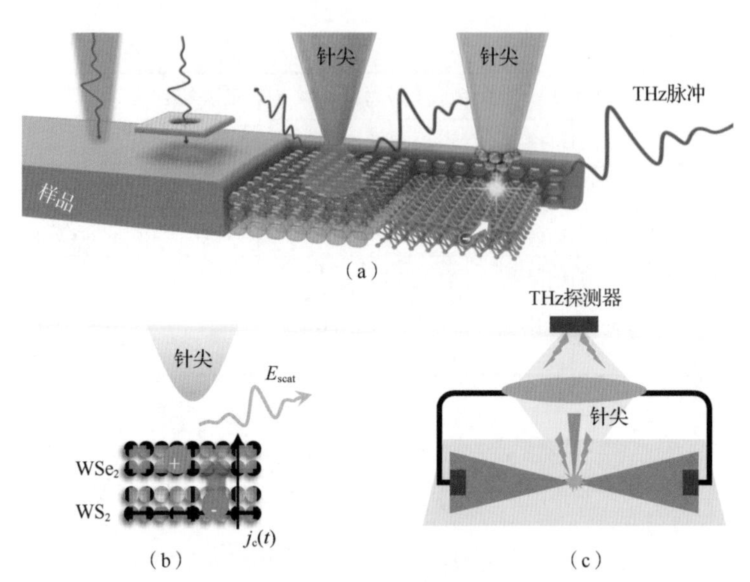

图 7-2　THz 耦合针尖型多光谱显微成像技术

（a）THz 纳米显微技术 （b）THz 发射纳米显微技术 （c）THz 噪声显微技术

在强场 THz 泵浦-超快 X 射线衍射探测技术方面，2021 年，美国阿贡实验室与 SLAC 合作研究了$(PbTiO_3)_n/(SrTiO_3)_n$超晶格结构，使用了强场 THz 脉冲激发-飞秒 X 射线衍射探测技术，观察到了新的涡流模式，相关工作成果发表在 *Nature* 上。荷兰科学家通过 THz 脉冲激发的瞬态磁光克尔效应探测技术研究了 $DyFeO_3$ 的铁磁-反铁磁相变过程。最新研究结果表明强场 THz 耦合的超快 X 射线衍射探测技术和瞬态磁光克尔效应探测技术，可直接探测晶格振动模式和自旋动力学过程。

7.2　利用强场 THz 耦合微纳结构实现局域场增强

人类总是期望社会发展得更快、更智能。量子计算机和超快、超宽带通信等概念有望满足人类对未来智能化、理想化生活的期望。目前对量子计算机的研究还处于基础物理研究阶段和概念性器件的制备阶段。在这个阶段中，各种纳米材料和量子器件的机理和应用研究非常热门，人类期望通过各种光、电、磁等手段快速、高效地操控器件，最终实现理想化的量子计算机。而超快、超宽带通信对器件的小型化、集成化、高速化的要求越来越高。

这些概念均涉及纳米材料、量子器件、超快激发和超快调控等，对量子器件和纳米材料的研究通常利用强直流电场和超快激光。然而，当直流电场强度达到 kV/cm 甚至 MV/cm 量级的时候，对直流电压源和器件甚至技术的要求将无法实现。通过超快光学技术对纳米材料和量子器件的研究通常需要光波长与材料和器件的尺寸相匹配，而光波长通常集中在可见光、紫外光甚至深紫外光波长范围，这对超快光学技术提出了更高的要求。

基于上述研究和应用背景，人们开始尝试将波长长、光子能量低的强场 THz 脉冲应用到纳米材料和量子器件中，通过将强场 THz 脉冲的非线性响应耦合到等离子体器件中实现量子隧穿，将经典光学和量子力学结合起来，将光学与材料通过表面等离子体结合起来，有望实现无接触、超强场、超快时间分辨的量子器件，对量子计算机及超快、超宽带通信的实现做出贡献，对发展和应用新一代高速集成纳米电路和微纳 THz 电子器件及等离子体器件做出贡献。

一种获得更强电场的有效方法是局域场增强。利用超材料纳米尖端和纳米缝等结构，可以增强和定位入射波的电场。超材料于 20 世纪 90 年代被首次提出，其单元尺寸通常在亚波长范围内，可以控制入射电磁波的振幅、相位和极化等。超表面是其中一种平面化的实现方式，更加容易制作。THz 超表面非常吸引人的特性是它增强和定位场的强大能力。自 2012 年首次实验实现 THz 脉冲诱导的二氧化钒（VO_2）相变以来，THz 非线性研究就与超表面密切相关，为研究 kV/cm 量级的 THz 电场诱导的 THz 非线性现象提供了极其有效的方案。

7.2.1　共振增强非线性 THz 超表面

SRR 超表面（二维超材料）可用于共振增强皮秒级强场 THz 脉冲，从而降低库仑势引起的载流子传输势垒。电场的增强源于电感-电容（LC）谐振，可用等效电路模型进行建模。使用该模型可以解释许多超表面现象，并演示相关应用。如图 7-3 所示，SRR 和完美吸收器中的间隙和间隔物可以看作电容，而金属结构可以看作电感或电阻。在共振频率下，电场被放大并局域在间隙处，从而在物质中引起与电场强度相关的响应。此外，微/纳米缝的介电环境有所不同，可以使用相干 THz 探测光束敏感地检测到。

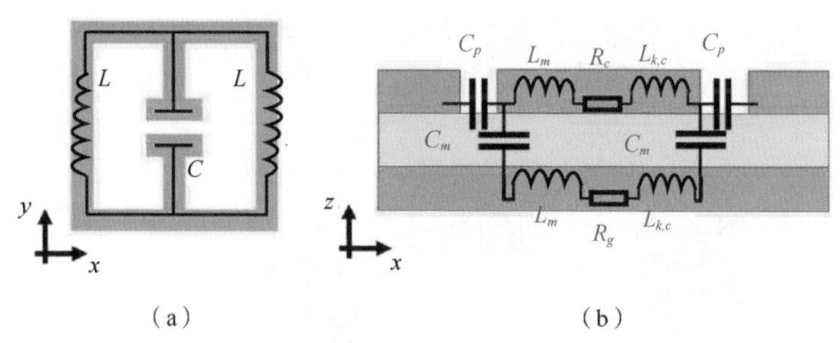

图 7-3　SRR 超表面等效电路模型

（a）SRR　（b）完美吸收器

共振增强非线性 THz 超表面的研究主要涉及结构设计，以增强 THz 电场的局部强度，然后在各种基板材料中引起非线性响应。大多数研究对单元结构的设计和制造都使用了具有微米间隙的 SRR，这些微米级结构可以将局域场增强几十倍，通常无须使用特殊的加工方式，通过传统光刻技术即可实现。对于几百 kV/cm 的自由空间 THz 电场，这种增强方式可以确保局域电场强度达到 MV/cm 量级。因此，很多相变材料和半导体中可以观察到非线性响应现象。VO_2 薄膜等相变材料的非线性行为是强场 THz 脉冲激发引起的绝缘体到金属的转变。局域场增强导致的非线性机制在半导体中更为复杂，可分为碰撞电离、谷间散射和带间隧穿。为揭示它们对 THz 非线性的贡献比例，可通过改变掺杂水平、入射电场强度和衬底材料类型等实现。

2013 年，实验上将 SRR 超表面（间隙约 2.2μm）沉积在 1.8μm 厚的掺杂 GaAs 薄膜上。在 20～160kV/cm 的自由空间 THz 峰值电场强度下，观察到谷间散射。当 THz 电场强度大于 160kV/cm 时，局域场导致碰撞电离出现，提升了载流子浓度和电导率。

有趣的是，2014 年，在未掺杂的 GaAs 衬底上制备的 SRR 超表面，其间隙约为 2.5μm，THz 局域电场强度提升至近 10MV/cm，诱导出现了超宽带近红外光和可见光发射现象，证明了 MV/cm 量级的强场 THz 脉冲诱导了带间隧穿和碰撞电离。

可调谐共振增强的非线性 THz 超表面（间隙约 1μm）提供了一种动态可调谐非线性实现方案。外部直流偏置可用于控制共振的强度和非线性性质，实现非线性 THz 超表面功能化。简言之，可以使用具有微米级开口的 SRR 超表面来研究 THz 非线性现象，而不受自由空间 THz 电场强度的绝对限制。图 7-4 展示了 SRR 非线性 THz 超表面的发展时间线。

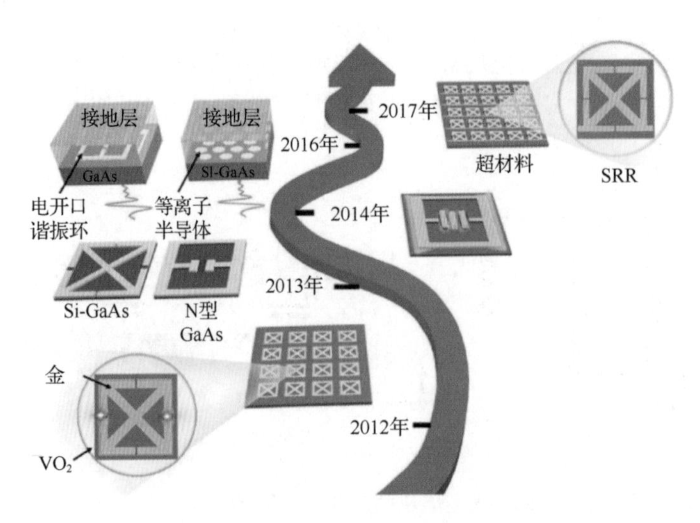

图 7-4 SRR 非线性 THz 超表面的发展时间线

7.2.2　非共振增强非线性 THz 超表面

使用共振超表面已被证明是增强 THz 电场强度的有效方法。然而，这只能增强某些特定频率的局域场。对于宽频段强场 THz 脉冲，使用非共振超表面可以实现一般意义上的局域场增强。如图 7-5 所示，此类结构通常被加工成一维亚波长光栅或纳米槽超表面结构，传输方式支持 TM 模式但不支持 TE 模式。因此，THz 脉冲通过该光栅传输的唯一途径是通过间隙或缝隙“漏光”。在这种情况下，局域场增强不依赖于频率，而依赖于间隙大小和占空比。

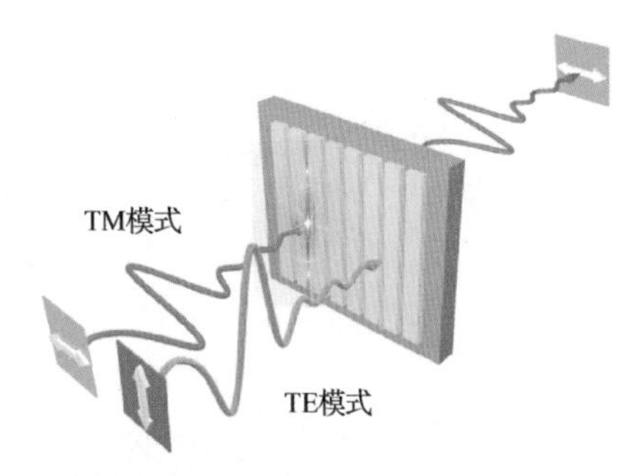

图 7-5　纳米槽超表面结构示意

因此，可以使用微米级、纳米级甚至埃米级间隙来实现有效的局域场增强。更有趣的是，一种被称为“插焊”的金属图案的制造技术被开发出来，用于实现不同尺寸的亚波长光栅结构。例如，在图 7-6 中，石墨烯原子层显示为埃米大小的“塞子”。当它被剥离时，金属条之间会形成埃米槽，从而形成金属-埃米槽-间隔物-金属超表面。使用这种方法可以将槽宽减小到 0.3nm，从而实现很大的局域场增强因子（5×10^7）。如此高的电场强度可以诱导电子隧穿，检测到明显的 THz 非线性响应。此外，Al_2O_3 等绝缘体也被用来代替石墨烯，并且在 THz 频段观察到许多非线性响应。

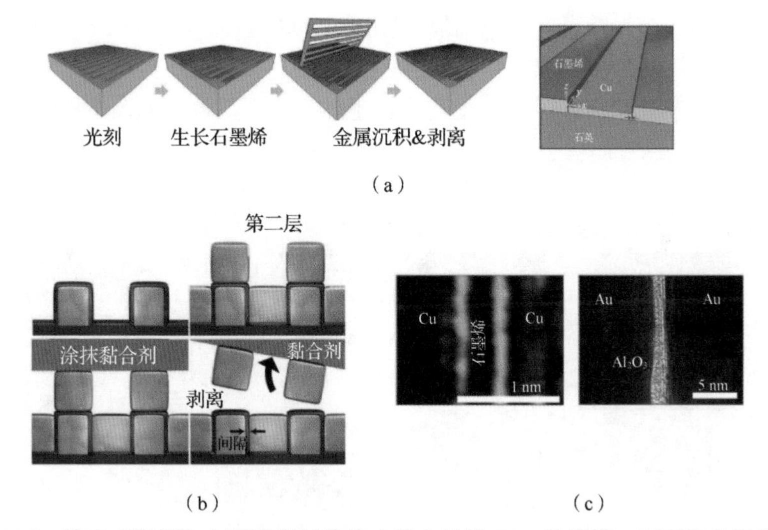

图 7-6　基于“插焊”金属图案制造技术的非线性 THz 纳米槽，可观察非线性响应
（a）石墨烯　（b）Al_2O_3　（c）扫描电镜图像

类似地，金属微米槽已被用于增强 THz 电场并进一步激发 CdSe-CdS 量子点

发光。当 THz 驱动电场强度增加到 100kV/cm 时，量子点开始发光并变得肉眼可见（见图 7-7）。

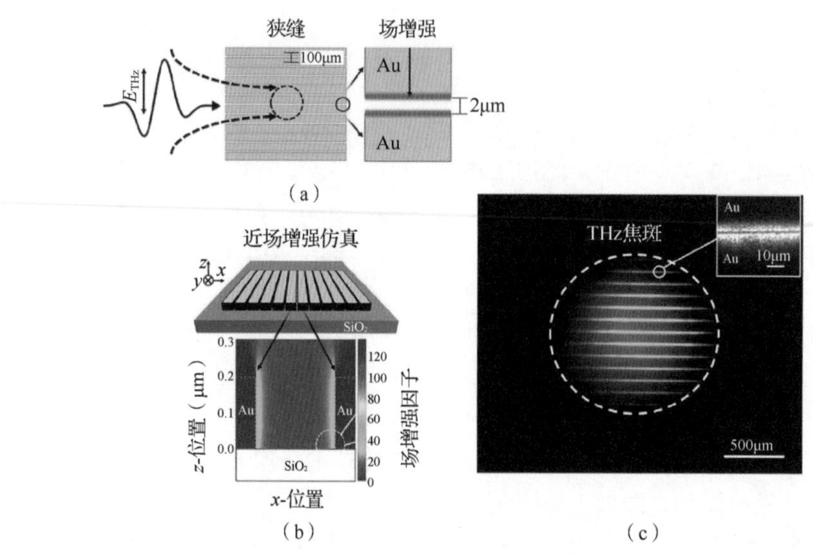

图 7-7　强场 THz 脉冲诱导量子点发光

（a）THz 电场在金属间隙中增强　（b）模拟 THz 近场增强　（c）THz 脉冲聚焦于样品中发射可见光

简言之，非共振超表面可以有效地增强局域场，已经实现了许多 THz 非线性响应。回顾之前讨论的关于共振超表面的内容，可以考虑有效地将两种类型的增强结构结合以研究 THz 非线性响应。共振超表面中的大多数间隙大于 1μm，间隙内的局域场增强倍数通常小于 50 倍。共振超表面和非共振超表面结合的主要困难在于，需要将周期性微米级的共振超表面中的间隙缩小到纳米级。为了实现这一点，我们团队通过结合传统的光刻技术和一种新颖的纳米结构加工工艺（见图 7-8），实现了具有纳米缝的 SRR 超表面。

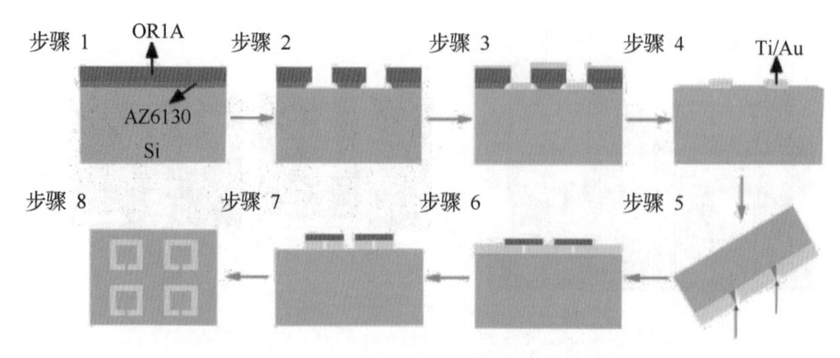

图 7-8　具有纳米缝的 SRR 超表面制造技术

使用具有纳米缝的周期性 SRR 超表面结构，观察到了硅衬底上的非线性 THz

共振现象。当 THz 电场强度从 2kV/cm 增加到 100kV/cm 时，对于单纳米缝的 SRR 阵列样品，局域强场 THz 脉冲诱导纳米缝处的高阻硅衬底产生碰撞电离效应，载流子浓度急剧增大，纳米缝闭合，共振频率红移 80GHz，如图 7-9 所示。当考虑电容级联效应并增加纳米缝数量时，非线性效应可以放大。当纳米缝变为非对称的两个时，局域场诱导两个纳米缝闭合，共振频率红移提升至 170GHz。控制实验在没有开口的闭环 SRR 样品中进行，THz 电场强度的变化不会引起透射率的变化，进一步证实了强场 THz 脉冲诱导的非线性效应。

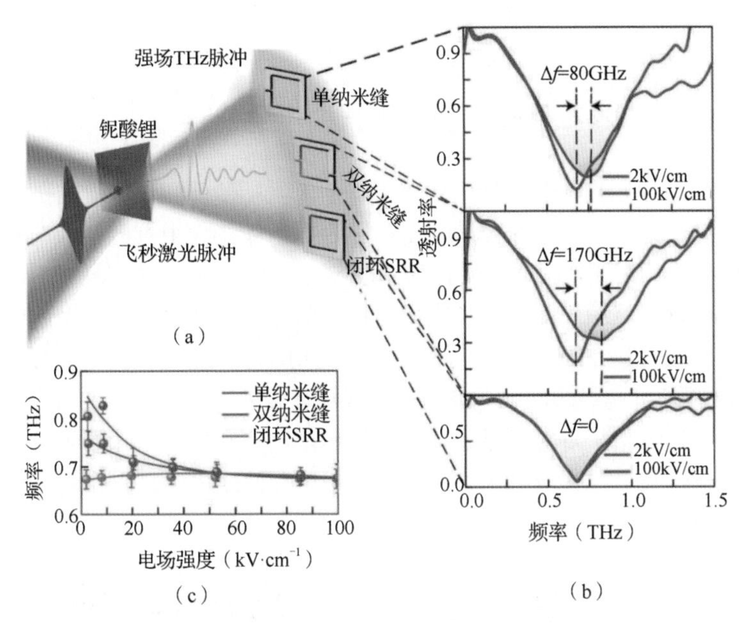

图 7-9　局域强场 THz 脉冲诱导的非线性效应

（a）实验概念图　（b）单纳米缝、双纳米缝、闭环 SRR 的归一化 THz 透射谱

（c）THz 局域场引起的非线性频率移动与电场强度的依赖关系

该实验不仅通过强场 THz 泵浦-探测的方式验证了纳米缝的共振增强可诱导衬底材料的非线性效应，还采用 400nm 光泵浦-强弱 THz 交替探测光谱技术，获得了光掺杂硅衬底在强场 THz 脉冲作用下的谷间散射效应。当 400nm 泵浦光作用于纳米超表面时，由于光生载流子的存在，纳米缝闭合，THz 透射谱的共振频率出现红移。当增大 THz 电场强度时，由于谷间散射效应，纳米缝处的硅衬底又重新由“导电”变得“不导电”，纳米缝又“断开”，THz 透射谱的共振频率发生蓝移现象。因此，通过全光操控的方式，可以制备工作在 THz 频段的纳米结构开关器件。

总之，具有局域场增强能力的超表面不仅可以增强局域电场强度，诱导衬底材料出现非线性现象，而且可以用于探测纳米超表面的非线性响应。共振型强场 THz 超表面目前并未涉及共振材料的调节，包括与分子旋转和晶格振动的耦合等，未来该方向具有极大的发展潜力。

此外，研究表明，狄拉克费米子可以在石墨烯中高效地产生 THz 谐波。一些理论和实验研究表明，使用石墨烯超表面结构可以显著提高 THz 高次谐波的产生效率，可运用于更多拓扑表面态的实验，例如狄拉克和外尔半金属实验，但由于缺乏 THz 强源而未能在实验中取得进展。金属超表面可以直接沉积在半金属材料表面，通过超表面的共振局域增强能力有望实现新型量子材料的 THz 非线性效应。此外，非线性效应还可以通过对图案化的狄拉克或外尔半金属材料使用局域增强的THz泵浦来实现，也就是说超表面结构将允许实现更多、更新颖的 THz 非线性效应以及量子物态调控研究。

7.2.3 THz 量子隧穿效应在金纳米结构中的研究

强场THz脉冲通过局域场增强效应可将纳米电子器件和结构中的电子通过量子隧穿效应拉动出来，这在纳米器件甚至量子等离子体器件中有着巨大的应用前景。2015 年初，日本的研究团队利用铌酸锂倾斜波前技术产生的强场 THz 脉冲，将 340kV/cm 的 THz 峰值电场作用在高阻硅片上的金纳米薄膜上，在金纳米薄膜厚度为 15nm 时，观察到 THz 电场诱导的非线性透射减弱现象（见图 7-10）。该结果表明强场 THz 脉冲可诱导超快非线性电子非局域化，调制局域电子的背向散射，且在金纳米结构中诱导量子隧穿而不破坏材料结构。该研究优化了金纳米结构的电磁性质，为发展下一代高频集成纳米电路和等离子体器件提供了新思路。

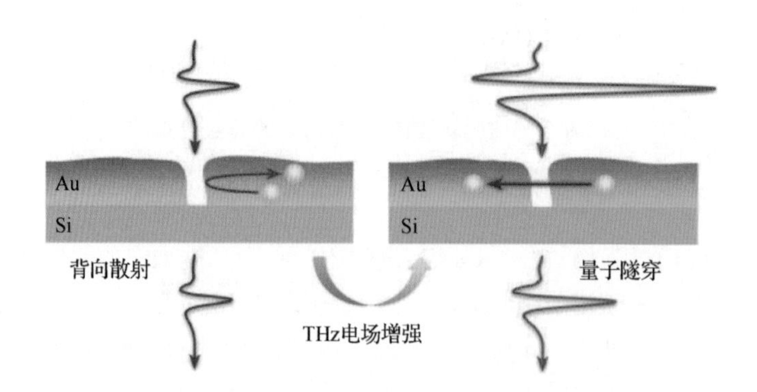

图 7-10　THz 电场诱导的非线性透射减弱现象

受到上述工作的启发，2015 年底，韩国研究团队将金纳米结构制备成规则的周期性纳米天线阵列，将天线之间的间隙缩小到 1nm（见图 7-11），将量子等离子体器件中间隙的电场强度提高到 5V/nm。对于 1nm 的天线间隙，观察到了显著的 THz 非线性透射减弱现象。该实验依然采用倾斜波前技术产生了自由空间 200kV/cm 的

THz 峰值电场。实验结果与理论计算非常吻合，表明这种非线性透射减弱现象来源于纳米结构中的THz电场诱导的量子隧穿效应，并将量子力学与经典光学结合起来。

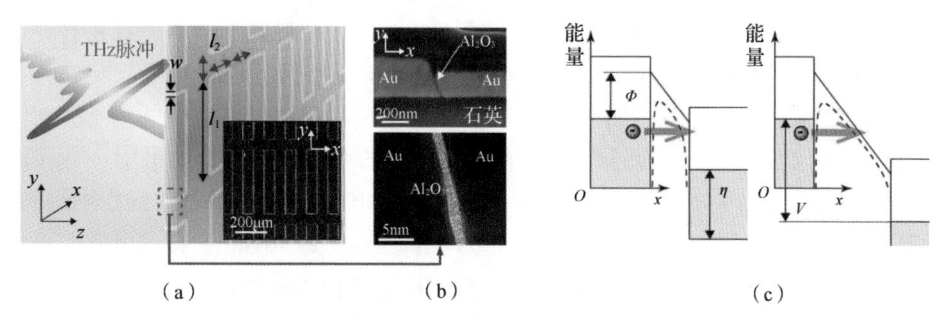

图 7-11 基于金纳米结构的周期性纳米天线阵列

（a）实验原理示意及纳米天线光学显微照片 （b）纳米缝横截面的电镜图像 （c）电子量子隧穿原理示意

7.3 强场 THz 耦合角分辨光电子谱

ARPES 可以利用光电效应研究固体电子结构。目前，ARPES 在测量光电子数与其出射角和出射动能的函数关系中应用广泛。利用能量守恒定律和动量守恒定律，可以计算出样品中电子的动能及动量。ARPES 通过测量不同出射角的光电子动能，可以得到电子在固体中平行于样品表面的动量分量。将得到的动能与动量对应起来，就可以得到晶体中电子的色散关系。同时，ARPES 也可以得到能态密度曲线和动量密度曲线，并直接给出固体的费米面。

固体晶格的能带结构描述了临近原子轨道重叠导致的电子非平庸能量-动量关系。由于能带结构主导固体的物理性质和化学性质，理解能带结构对基础材料科学的应用非常重要。例如，能量带隙的存在将绝缘体从金属中分离出来，而能带斜率决定了电子速度。ARPES 通过测量光电子能量与动量的函数关系，以表征能带占据情况。ARPES 最成功的测量实验之一是观察三维拓扑绝缘体的不寻常的输运性质：强自旋-轨道相互作用导致拓扑绝缘体在体内绝缘，表面由于受时间反演对称保护而呈现无能隙的表面态。由自旋动量锁定导致的准相对论色散关系和散射概率的降低使得这些表面态在超快低损耗电子学中的应用非常有前景。

上述实验基于重复频率为 3kHz 的钛蓝宝石放大器，产生中心波长为 807nm、脉冲能量为 5.5mJ、脉冲持续时间为 33fs 的近红外脉冲。激光输出的一束光用于在低温冷却铌酸锂晶体，通过倾斜波前光学整流产生能量为 1μJ 的强场 THz 脉冲，并通过一对线栅偏振器控制 THz 电场的偏振方向。激光输出的另一束光经倍频后转换为紫外光，用于从样品表面激发出光电子。

为了理解电子行为，对载波驱动电流进行实验研究至关重要。2019 年，Huber 小组利用具有亚周期时间分辨率的 ARPES，直接观察 THz 脉冲的载波如何加速 Bi_2Te_3 拓扑表面态中的狄拉克费米子。

实验中，单晶 Bi_2Te_3 放置在一个超高真空室，该材料属于一类三维拓扑绝缘体，其拓扑表面态在布里渊区点 $\overline{\Gamma}$ 处呈现非简并狄拉克锥。THz 电场聚焦在样品表面以加速狄拉克费米子，如图 7-12 所示，这个过程使动量空间中的电子分布沿电场方向移位。电子的运动会受到多种相互作用的强烈影响，比如散射。在实验中，通过时间和角度分辨的光电子发射来直接探测瞬态电子在动量空间中的分布，使用延时紫外激光脉冲（脉冲宽度为 100fs，中心波长为 201nm）激发出表面光电子。一个装有 CCD 探测器的静电半球电子分析仪用于探测光电子能量 ε 和动量 k_y 之间的关系。在电子到达探测器的过程中，自由飞行的电子还与真空中的 THz 电场相互作用，因此表面能带结构在能量和动量上被平移。

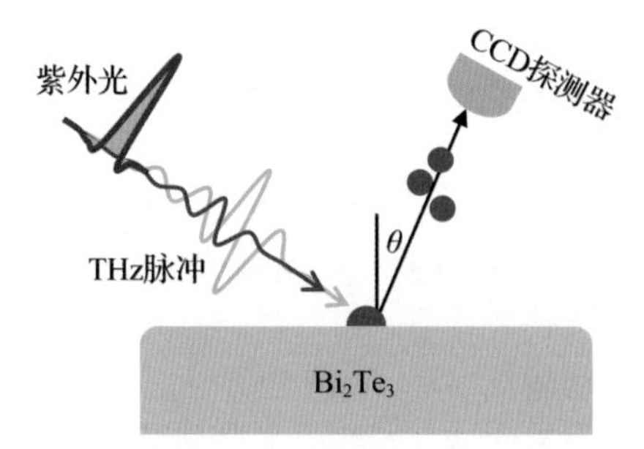

图 7-12　亚周期时间分辨率 ARPES 的原理概念

实验给出了与入射面平行的 THz 电场对光电子能量的调控，通过改变 P 偏振来实现 THz 电场和紫外探针之间的不同延迟时间。狄拉克费米子的特征 V 型色散表明了拓扑表面态的存在，而体价带则表现为较低能量的宽色散。由拓扑表面态的线性色散关系 $\varepsilon(k_y) = \hbar v_F k_y$，推导出费米速度 v_F =410nm/ps。THz 电场似乎在能量上移动了整个能带结构，而能带形状和动量位置基本不变。Bi_2Te_3 表面存在菲涅耳反射，样品中的 THz 电场垂直分量明显增大。由面外电场导致的光电子能量条纹的整体平移，不能有效加速表面带内的狄拉克费米子。

为了进行定量分析，通过跟踪基于光发射强度分布的固定截点的能量位置随时间的变化，可以从实验能量 $\Delta\varepsilon_{\text{streak}}(t)$ 中提取 THz 电场。对于给定的 THz 瞬态脉冲，可以通过对被洛伦兹力加速的电子的经典运动方程积分来计算 $\Delta\varepsilon_{\text{streak}}(t)$。通过对电子经典运动方程的反演，可以反推样品表面的 THz 时域波形 $E_{\text{THz}}(t)$。实验结果证实了动力学是由面外电场主导。将提取得到的 THz 时域波形与超高真空腔外电光取样得到的波形对比发现，利用条纹效应提取 THz 电场是可行且有效的。

这个实验中，散射影响较小。较低的散射率使得即使在 2.4kV/cm 的中等峰值电场强度下也能产生较大的费米圆位移。结合准相对论能带结构，这种情况将导致极大的电流密度。

通过重复分析不同延迟时间对应的光电子发射谱，可以画出电流密度随 THz 时域波形变化的亚波长动力学曲线。电流密度曲线给出了弹道加速的明显特征：电流密度先到达半个 THz 脉冲，然后单调增加。虽然 THz 电场过了时间零点开始下降，但是电流密度仍然保持上升趋势并在 0.15ps 达到最大值。这种发生在 THz 脉冲半周期内的行为，只有在狄拉克电流散射影响比较小的情况下才可以被观察到。

研究狄拉克费米子独特的动力学过程将推动载流子-光波电子学的研究发展。与传统电介质抛物线能带结构中的大质量准粒子相反，准相对论拓扑表面态的电子加速是无惯性的，因为狄拉克费米子的群速度从一开始就非常高。因此，THz 脉冲加速的狄拉克费米子可能在经历散射之前就在几百纳米内相干传播。这个量级超过了电介质中的电子漂移距离和最先进的电子晶体管的栅极宽度几个数量级。

这个实验在拓扑表面态的能带结构中直接探测了 THz 脉冲载波加速狄拉克费米子的动量分布。准相对论色散和自旋动量锁定的结合使拓扑绝缘体成为研究超快电子的理想材料：无惯性电荷电流和前所未有的相干长度使由光波驱动的微电子器件在宽光谱范围内进入实际应用范围。观察到的极低电流耗散率实际上消除了焦耳热的限制，因此，未来的器件速度只受限于光脉冲的时钟频率，从而使得未来的器件工作频率可以扩展到更高的频率，促进超快电子学的发展。由于自旋动量锁定，弹道狄拉克电流应该携带自旋电流，可以使自旋电子达到光学时钟频率。亚周期的 THz-ARPES 概念提供了一种在非平庸结构中直接观察载流子输运的方法，可能预示着采用时域研究体能带结构的新时代的到来，实现从拓扑到高温超导的发展。

7.4　强场 THz 耦合超快电子衍射探测技术

光谱技术缺乏动量分辨率，是一种探测晶格原子位移的间接手段。通过时间分辨的 X 射线和电子衍射可以在时域探测晶格动力学的瞬态过程。将结构敏感的探测手段与光谱技术结合，可同时获得对材料结构和电子特性的全面认知，这将成为表征和探测非平衡态的强有力手段。本节主要介绍强场 THz 耦合超快电子衍射的新手段。

在物态调控研究中，调控材料的晶格相变是一种直接改变材料性质的方法。它可调控电子-离子间的相互耦合，直接改变材料晶格的对称性。对材料的晶格施加应变的传统常规方法主要是基于异质外延晶格错配和位错，但是这种方法不能扩展、改良成人为可控、时间分辨的方法。动态时间分辨是晶体管等功能元件所必需的特性，因此需要通过具有时间分辨能力的方法调控材料晶格相变。

7.4.1 技术原理

通过超快电子衍射方法可实现时间分辨的材料晶格相变研究，包括对晶格位错的剪切移动进行实时再现、观察材料的晶格布拉格峰变化和量化原子位错等。未来的功能元件将运行在响应更快的频段，例如 THz 频段，超快电子衍射方法需要结合 THz 频段的测量方法。利用强场 THz 耦合超快电子衍射探测技术可实现对材料在 THz 频段的晶格相变研究。技术原理如图 7-13 所示，主要变化是需要在超快电子衍射探测技术之上增加强场 THz 泵浦材料，从而激发材料在 THz 频段的响应。强场 THz 耦合超快电子衍射探测技术的整套装置主要可分为 4 个部分，分别是电子束产生、电子束探测、THz 脉冲产生、THz 脉冲探测。

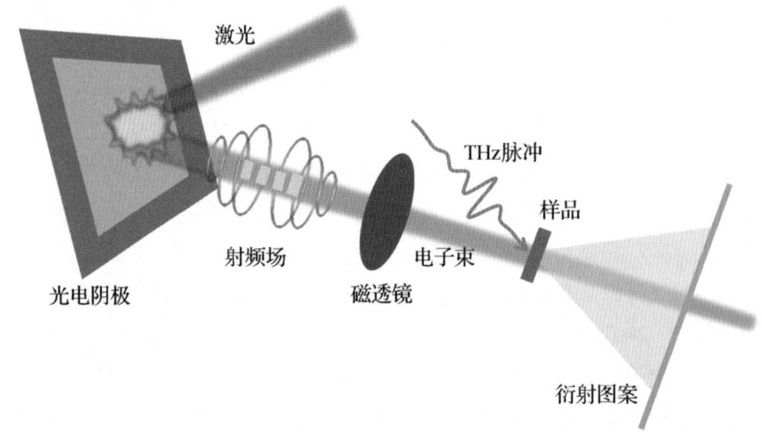

图 7-13 3MeV 超快电子衍射装置实现对材料的晶格相变研究示意

电子束产生部分使用紫外飞秒激光激发光电阴极产生电子束，并被电子速调管产生的强射频场加速，被加速后的电子束经过磁透镜约束聚焦后激发样品。电子束探测部分使用电子倍增 CCD 相机对电子衍射花样进行探测。强场 THz 脉冲由中心波长 800nm 的钛蓝宝石飞秒激光系统产生，主要方法为基于有机晶体或铌酸锂光学整流。产生的强场 THz 脉冲经过聚焦后和电子束共焦点。此外需要在聚焦激发样品处对强场 THz 脉冲进行表征探测，表征方法为经典的电光取样。为了研究材料在被强场 THz 泵浦前后的实时变化，强场 THz 脉冲和探测电子束之间的相对延迟可通过光学延迟线控制。

7.4.2 应用实例

拓扑量子材料在无耗散电子和容错量子计算机方面具有重要的应用价值，操纵这些材料中的拓扑不变量将推动类似于晶体管开关这类拓扑开关应用的发展。晶格应变为调控拓扑不变量提供了自然的方式，可以通过晶格直接调控电子-离子间相互作用，改变决定拓扑性质的晶格对称性。然而，通过异质外延晶格错配和位错施加应变等传统方法不能使晶体管中所需的可控时变原型扩展，集成到功能器件中的方法需要能够超越材料的鲁棒性和拓扑保护特性，并且能够实现对拓扑结构的高速操纵。

2019 年，Sie 等人将相对论电子衍射晶体学测量方法和强场 THz 耦合，实现 THz 脉冲诱导外尔半金属 WTe_2 中 THz 频段的层间剪切应变，并出现较大的应变振幅变化，证明了强场 THz 脉冲可诱导 WTe_2 产生拓扑亚稳相。单独的非线性光学测量表明，这种转变与中心对称、拓扑平庸相的对称性变化有关。这种层间剪切应变提供了一种超快、高效的方法，可以诱导产生稳定且分离良好的外尔点或消除所有相反手性的外尔点。这项工作展示了超快操纵固体拓扑特性以及开发在 THz 频段下工作的拓扑开关的可能性。

拓扑材料为在凝聚态体系中研究粒子物理提供了一个绝好的研究平台，为此，涌现出更多的新奇拓扑量子材料，其中的典型代表就是 WTe_2。它是一种分层过渡金属二硫化物（Transition Metal Dichalcogenides，TMD），结晶在一个扭曲的六方与正方晶胞中，其中 W-W 链方向沿晶轴 a。

在实验中，根据层间剪切位移的方向测量到的层间剪切位移振幅（约 1%）足以使外尔点完全湮灭或使外尔点分离。实验中观察到的大应变由 THz 电场驱动的二维 TMD 材料的层间剪切应变所致，这种方法比单轴应变更不易引起晶格损伤，但可以显著改变电子能带结构。

使用超快电子衍射技术重构层间剪切运动，并通过测量超过 200 个布拉格峰，用晶体学方法量化相应的原子位移。使用两种不同的 THz 泵浦激励方案，包括频率位于 3THz 的准单周期脉冲和频率位于 23THz 的多周期脉冲方案，这两种激励方案都可以被看作全光偏置场，但带间传输被压制。用作探测的超快电子束与 THz 脉冲之间的时间延迟可调谐。在没有 THz 电场到达的时候，测量样品在平衡态下的衍射图样与 WTe_2 的正交相是否一致。通过 THz 泵浦，发现许多布拉格峰的强度被调制，表明 WTe_2 晶格的结构产生变化。将布拉格峰的强度随时间的变化提取出来，则可以研究晶格在 THz 电场驱动下的动力学过程。时间分辨结果显示，在 0.24THz 处存在一个相干振荡，与密度泛函理论（Density Functional Theory，DFT）分析预测的低频层间剪切声子模式一致。为了确定原子的运动，在实验过程中，可以在固定的实验延迟点上画出某个布拉格峰的强度变化。实验结果表明，强度变化方向沿着 b 轴，表明层间剪切位移也是沿着 b 轴。

为了探究强场 THz 驱动的层间剪切应变的物理机制，实验中还研究了层间剪切应变强度与 THz 电场强度和偏振的依赖关系。实验发现，在非共振频率下，层间剪切应变随电场强度增大呈现线性增加，对于偏振呈现各向同性。此外，不管采用什么样的偏振泵浦，层间剪切运动总是从正位移方向开始。这种行为不能通过红外和拉曼（受激拉曼散射）机制来解释，因此提出了一种 THz 电场驱动的电荷-电流机制，该机制由电场强度的线性幅值响应表示，与计算结果吻合。从微观角度理解，外加电场加速电子布居数远离价带最顶端，形成层间反键轨道，使层间耦合强度失稳，沿从 T_d 相到 $1T'$ 相的面内过渡路径发生剪切运动，并形成新的平衡位置（$\Delta y > 0$）。在实验中，可以使用 Drude 模型来估算有效空穴掺杂浓度，掺杂浓度约为 10^{20}cm^{-3}，与层间剪切运动的受激驱动力相匹配。

采用强场 THz 脉冲驱动层间剪切位移的能力为超快操控 WTe_2 半金属的拓扑性质提供了一个非常有效的新技术。在 $k_z = 0$ 平面的 WTe_2 的 T_d 平衡相中存在 8 个外尔点，在 $k_x, k_y > 0$ 的四分之一象限内考虑两个外尔点就足够了，因为可以通过时间反演和镜面对称获得剩余 6 个外尔点。两个外尔点携带相反的手性，对应相反的拓扑电荷数 $\chi^- = -1$（外尔点 1）和 $\chi^+ = +1$（外尔点 2），且与表面费米弧关联。通过 DFT 方法计算了 WTe_2 的电子能带结构，并监控了在不同层间位移处的外尔点位置，计算结果发现 Lifshitz 相变将拥有 8 个外尔点的拓扑半金属转变为只有 4 个外尔点的拓扑半金属，可以在时间反演不变系统中获得外尔点的最小非零值。

尽管测量 Lifshitz 相变的不同拓扑相具有挑战性，但可以使用时间分辨二次谐波产生（Second Harmonic Generation，SHG）技术对从拓扑相到平庸相的转变进行实验验证。在 WTe_2 的反演对称性恢复的情况下，必须遵循从拓扑相到平庸相的电子相变，这是因为材料中外尔对的出现取决于通过破坏时间反演或反演对称性来提升狄拉克锥的双简并程度。SHG 源于非零二阶极化率，如非中心对称拓扑体系。因此，SHG 可以用作敏感探针，以监测 WTe_2 的反演对称性和拓扑变化。

在该实验中，采用 2.1μm 波长的泵浦激光诱导样品发生相变，与采用 THz 脉冲诱导层间剪切位移类似。在没有外加泵浦情况下，SHG 偏振扫描测量结果在水平方向呈现“8”字形状；在泵浦到达 2ps 后，SHG 信号在所有偏振方向几乎完全消失。实验还测量了 SHG 信号强度与外加泵浦电场强度的依赖关系，在低场泵浦下，SHG 强度随着层间剪切振动膜在 0.24THz 处振荡，值得注意的是，这个振荡行为源于样品的中心对称结构变化导致了 SHG 信号减弱，与超快电子衍射实验结果吻合。在强场泵浦下，SHG 信号强度骤然降低，在纳秒时间量级内几乎完全消失。中红外泵浦-SHG 发射实验结果表明 WTe_2 在外场驱动下经历了从非中心对称到中心对称相的转变，与超快电子衍射实验观察到的结果一致，对应从拓扑相到平庸相的转变过程。

总的来说，该实验使用了两种 THz 泵浦方案，对应不同的 THz 频率，系统地研究了受到 THz 泵浦后 WTe_2 的电子衍射花样的布拉格峰强度被调制的物理过程，观察到了 WTe_2 晶格的层间剪切位置。相关实验结果和使用 DFT 方法预测的晶格低频层间剪切声子模式一致。通过中红外泵浦-SHG 发射实验进一步证明了 WTe_2 的相变机理与晶格对称性改变有关，表明强场 THz 耦合超快电子衍射探测技术是调控和探测固体材料拓扑性质变化的强大工具，也加速了工作在 THz 频段的拓扑开关器件的研究进程。

7.5　强场 THz 耦合超快 X 射线衍射探测技术

和强场 THz 耦合超快电子衍射探测技术类似，由于 X 射线的短波长可以被直接用于解析物质的原子结构，所以强场 THz 耦合超快 X 射线衍射探测技术同样可用来研究材料结构的动态变化，且该技术对于基础物理科学研究具有重要意义。

7.5.1　技术原理

强场 THz 耦合超快 X 射线衍射探测技术主要利用强场 THz 泵浦和 X 射线衍射探测。装置主要可分成两部分，即强场 THz 脉冲的产生和探测部分、X 射线的产生和探测部分。强场 THz 脉冲的主要产生方法为基于铌酸锂的倾斜波前光学整流方法，探测方法为电光取样技术。X 射线可基于电子加速器的方法产生，探测方法为使用具有高动态范围的区域探测器。

这里以在直线加速器相干光源（Linac Coherent Light Source，LCLS）的 X 射线泵浦-探测光束线上进行的实验为例，重点介绍近年来关于强场 THz 泵浦-X 射线衍射探测的应用实验。LCLS 可提供水平偏振的 X 射线脉冲，脉冲宽度为 40fs、重复频率为 120Hz。利用金刚石（111）单色仪选择了 9.5keV、相对带宽为 0.05%的超快 X 射线脉冲。X 射线光束被衰减到每脉冲约 10^9 个光子，以避免样品损伤。样品被安装在一个多圆测角仪上，用于垂直和水平的散射几何光路测量。使用自制电阻加热器，样品温度在 293～388K 的环境空气温度范围内可控。散射 X 射线使用高动态范围面积探测器逐片捕获，探测器位于距离样品 600～750mm 的径向距离处，如图 7-14 所示。

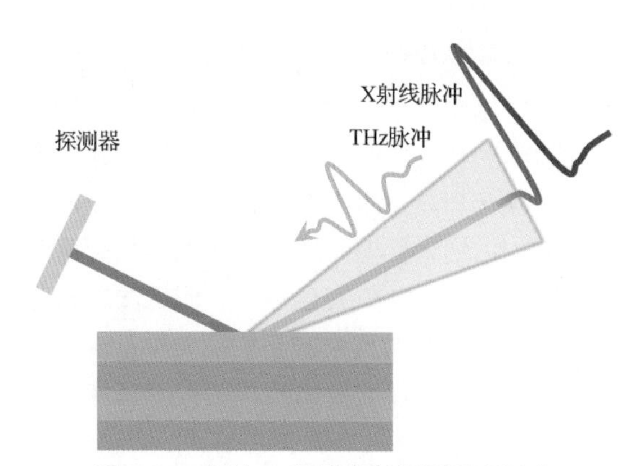

图 7-14　超快 X 射线衍射探测原理示意

与 FEL 同步的钛宝石飞秒激光系统被用来产生 100fs、800nm 的超快激光脉冲，脉冲能量高达 20mJ，然后在铌酸锂晶体中通过倾斜波前技术产生单周期 THz 脉冲。通过对 GaP 晶体的电光取样表征 THz 时域波形，THz 脉冲为竖直偏振，最大峰值电场强度约为800kV/cm。使用90°离轴抛物面镜将THz光束聚焦在样品上，并与主X射线光束共线对齐。在单独的光泵浦装置中，将800nm激光脉冲通过倍频产生400nm光泵浦脉冲，入射通量为3mJ/cm^2。

7.5.2 应用实例

2021年，Qian Li等人将X射线衍射测量方法和强场THz脉冲进行耦合，研究了（$(PbTiO_3)_{16}/(SrTiO_3)_{16}$组成的超晶格在THz频段的集体动力学，采用的实验装置为美国斯坦福大学的LCLS的X射线泵浦-探测粒子束装置。

拓扑结构的集体动力学不论是在基础物理还是实际应用中，都至关重要。例如，对磁涡旋和斯格明子的动力学性质研究不仅拓宽了人类对多体物理的理解，而且为数据处理和存储提供了潜在应用的可能。最近在铁电超晶格中实现了由电极化而非电子自旋构建的拓扑结构，这些结构有望用于拓扑序的超快电场控制。然而，人们对于这种复杂延伸纳米结构的功能动力学知之甚少。在这里，使用THz电场激发和飞秒X射线衍射测量，观察到了极涡特有的超快集体极化动力学，其频率比实验实现的磁涡旋频率高几个数量级，且横向尺寸更小。一种以前看不见的可调谐模式（以下称为涡旋）以纳米尺度圆形原子位移模式的瞬态阵列的形式出现，在皮秒尺度上实现了涡度反转，频率在临界应变下显著降低（或软化），表明结构动力学凝结（或冻结）。使用第一性原理的原子计算和相场模型来揭示微观原子排列并证实涡旋模式的频率。极涡中亚THz集体动力学的发现为超高速和密度拓扑结构中的电场驱动数据处理提供了机会。

精确调控（$(PbTiO_3)_{16}/(SrTiO_3)_{16}$氧化物超晶格，可产生许多可控材料，如负电容和光诱导超晶体，以及独特的极化拓扑结构，包括磁涡旋和斯格明子结构。与磁系统中的对应材料体系不同，这些纳米结构的构建元素是电极化的，因此可能具有磁系统中不存在的集体动力学和特性：极化与电场的直接相互作用允许电场在超快时间尺度上激发其动力学，极化与晶格的固有耦合提供了应变可调谐性。这些特性促进了铁电材料的研究，例如，纳米铁电畴壁已经被视为超高速微电子和无线通信领域的最佳候选之一，因为它可以工作在THz频段，而磁涡旋和斯格明子只能工作在GHz频段。可是，这些在极化拓扑结构中的超快动力学行为还未被实验证实。

集体动力学也是理解这些新发现的极化拓扑结构中多体相互作用的关键，在这些结构中，超越近邻的长程相互作用至关重要。“软模”动力学对于理解相变热力学、获得远离平衡的隐藏铁电性以及凝聚亚稳态非常重要。然而，拓扑结构是否拥有新的“软模式”，以及它们在超快时间尺度上的动力学行为，都是待研究的问题。

极涡是纳米级铁电材料的典型拓扑结构。$(PbTiO_3)_{16}/(SrTiO_3)_{16}$中的极涡具有独特连接性，可绕具有非零曲率的晶胞核心连续旋转，而每个涡旋单体中的旋度又可以产生一系列新的聚集模式。这些实验测到的模式和使用动态相位场建模计算得到的响应谱模式一致。这些模式不同于铁电体材料中的光学声子模式、超晶格中的声学模式和六方晶格中的手性声子模式。除了在 0.3～0.4THz 对应力变化不敏感的高频模式外，人们还识别了具有特征频率且可通过热致应变改变的低频涡模式。原子模拟结果表明，这种模式以原子集体运动的瞬态纳米尺度圆形图样的形式出现，原子位错振荡时间为皮秒尺度。这种纳米级的圆形图样的集体运动尺寸约为 6nm，比典型的亚微米尺寸的磁涡旋小得多。

在 LCLS 下使用 THz 泵浦和超快 X 射线衍射探测技术进行的测量显示，生长在 $DyScO_3$（DSO）衬底上的$(PbTiO_3)_{16}/(SrTiO_3)_{16}$中存在集体模式。因为该技术使用了相干的 THz 电场作为脉冲激励来同步极化动力学，避免了在异质双层系统中检测非相干模式的困难，X 射线衍射选择性地探测涡旋和传统铁电畴结构。这些涡旋和铁电畴结构在样品中共存，但由于晶格参数不同，衍射信号可以在互易空间中分别进行探测。所施加的 THz 电场相对晶轴的偏振方向由衍射几何结构和样品取向确定。

THz 脉冲激励下极涡的结构响应可分为两个频率区。通过探测选定的布拉格峰，可以观察到频率范围为 0.3～0.4THz 的多个高频模式。例如，(023）峰及其卫星峰的衍射强度以相同频率调制，但相位相反。这表明，面内涡序的减弱或增强将衍射强度从卫星峰重新分布到主峰。THz 电场直接激发超晶格层而不是衬底，因为衬底没有可测量的结构响应。傅里叶分析表明，频率分量在 0.34THz 和 0.38THz 处达到峰值。为了同时捕获传统铁电畴结构的响应，研究人员在相同的激发条件下，监测了铁电超晶格峰和涡旋卫星峰的（113）面的反射。铁电畴结构域在 0.22THz 处显示出光谱指纹，类似于先前预测的非均匀相模式，其频率与涡旋结构的频率不同，表明铁电畴结构和涡旋结构的集体动力学与它们的微观极化行为唯一相关。在（023）铁电布拉格峰上监测到的衍射信号在相位上振荡，表明随着铁电畴结构因子的改变，总体峰值强度被调制。

通过原子模型和动态相场模型获得了集体模式的互补微观图像，前者基于第一性原理导出的离子势寻求平衡本征模式，后者处理极化序参数的驱动动力学。原子模型揭示了同一高频区中的多个显著本征模式。

低频区的特征是室温下 0.08THz 的涡旋模式，这是从（004）涡旋峰的衍射强度变化中观察到的。值得注意的是，这种独特的模式对温度高度敏感。与 $PbTiO_3$ 和 $SrTiO_3$ 中的任何已知模式不同，样品温度从 293K 增加到 388K 直接导致该模式对应的频率从 0.08THz 变为 0.23THz。

涡旋结构中 0.08THz 模式的观测结果被原子模型中与高频模式分离得很好的低频模式所证实。通过研究极化动力学，该工作发现一对极涡的中心沿着 z 轴向相反方向移动，而不是回转运动。由于铅、钛和氧原子的集体运动，极化变化呈现波浪形结构。与手性声子的圆形原子运动方向相反，相应的铅离子位移在晶胞内是线性变化的，它们共同形成一个圆形，因此得名涡旋。这种圆形原子位移模式产生了相对于涡旋核的瞬时角动量。钛和氧离子的运动遵循类似的模式。最大位移发生在极化卷曲较大的位置，这表明预先存在的极化梯度有助于实现对THz电场的结构响应。结果，涡旋核心相对于平衡极涡结构的核心在空间上移动了半个周期。THz 电场相对于晶轴的取向可以影响该模式的振幅，但不影响其频率。实验上，当 THz 电场垂直于 x 轴时，涡旋响应比 THz 电场平行于 x 轴时更强，这与简化模型的预测不同。

研究人员确定了热致应变在产生涡旋模式的可调谐性中的主导作用。通过 X 射线衍射测量证实，95K 处的温度升高导致的应变变化相当于沿 x 轴的 0.1%的晶格膨胀。然后，从理论上探讨了应变对本征模式的影响。0.3～0.4THz 有多种模式对应变不敏感，而不同的低频模式可以通过应变进行有效调整。频率向临界应变软化（原子中的 0.3%模型和相场模拟中的 0.2%模型）在现象上类似于声子软化。事实上，原子模型表明，极涡在临界应变范围内经历了从对称到交错涡核对的对称破坏转变，这与温度诱导的有序-无序涡相变不同。平衡状态由交错涡旋组成，其中涡旋核心沿 z 轴反向偏移，远离涡旋超级单元的中心位置。围绕该平衡位置的小振幅振荡导致了衍射强度在模式的基频处的调制。

为了理解时域中的结构响应，使用动态相场模拟来计算铁电极化并构建相应的原子位置，作为时间函数的模拟布拉格峰强度再现了涡旋模式的主要实验观察结果。高频模式的模拟数据和实验数据之间的细微差异源于模型的简化。为了将观察到的集体动力学与常规超晶格声学模式区分开，在同一样品上进行了控制实验，用 400nm、100fs 的光学激发代替了 THz 脉冲激发。(004)峰的强度调制表现出 0.43THz 和 0.56THz 的特征频率，分别对应于在超晶格中以纵向和横向声速沿平面外方向传播的相干声波。因此，对 400nm 光学激发和 THz 脉冲激发的响应比较明确地将极涡的集体模式与传统超晶格声学模式区分开。

该工作对于探索拓扑结构的新物理应用至关重要。例如，在临界应变下涡旋模式的凝聚可以为研究复杂氧化物中的声子工程提供一条新途径。动态相场模拟进一步预测了涡旋模式在外部电场下的可调谐性，为室温下纳米器件中的极涡结构提供了有效控制途径。这些模式的固有频率比它们磁性模式的固有频率高出几个数量级，尺寸也更小，有可能允许对它们进行直接电场控制，以实现高速、高密度的数据处理和存储。

本章小结

本章介绍了将强场 THz 脉冲与其他先进非线性探测技术耦合，利用 THz 强源的优势和微纳米结构实现局域场增强，将这种场增强技术运用在近场显微技术上，发展出角分辨光电子谱、超快电子衍射以及超快 X 射线衍射与强场 THz 技术的融合技术，可以在新型量子材料中诱导并观察到更多远离平衡态的新奇量子物理现象。随着 THz 强源的进一步发展，在更强场下有望实现光子、声子、电子、磁子等的强耦合，这必将为研究极端非平衡态调控提供更有力的工具和手段。

参考文献

[1] REIMANN J, SCHLAUDERER S, SCHMID C P, et al. Subcycle observation of lightwave-driven dirac currents in a topological surface band[J]. Nature, 2018, 562: 396-400.

[2] LI Q, STOICA V A, PASCIAK M, et al. Subterahertz collective dynamics of polar vortices[J]. Nature, 2021, 592: 376-380.

[3] LIU M, HWANG H Y, TAO H, et al. Terahertz-field-induced insulator-to-metal transition in vanadium dioxide metamaterial[J]. Nature, 2012, 487: 345-353.

[4] LANGE C, MAAG T, HOHENLEUTNER M, et al. Extremely nonperturbative nonlinearities in GaAs driven by atomically strong terahertz fields in gold metamaterials[J]. Physical Review Letters, 2014, 113 (22): 227401-227407.

[5] VICARIO C, SHALABY M, HAURI C P. Subcycle extreme nonlinearities in GaP induced by an ultrastrong terahertz field[J]. Physical Review Letters, 2017, 118 (8): 083901-083906.

[6] SIE E J, NYBY C M, PEMMARAJU C D, et al. An ultrafast symmetry switch in a Weyl semimetal[J]. Nature, 2019, 565: 61-66.

[7] YANG X, VASWANI C, SUNDAHL C, et al. Lightwave-driven gapless superconductivity and forbidden quantum beats by terahertz symmetry breaking[J]. Nature Photonics, 2019, 13 (10): 707-713.

[8] LI X, QIU T, ZHANG J, et al. Terahertz field–induced ferroelectricity in quantum paraelectric SrTiO3[J]. Science, 2019, 364(6445): 1079-1082.

[9] MIRO C, DI CICCO E, AMBROSIO R, et al. Thyroid hormone induces progression and invasiveness of squamous cell carcinomas by promoting a ZEB-1/E-cadherin switch[J]. Nature Communications, 2019, 10 (1): 245-258.

[10] SCHMID C P, WEIGL L, GRSSING P, et al. Tunable non-integer high-harmonic generation in a topological insulator[J]. Nature, 2021, 593: 385-390.

[11] SCHMITT F, KIRCHMANN P S, BOVENSIEPEN U, et al. Transient electronic structure and melting of a charge density wave in $TbTe_3$[J]. Science, 2008, 321 (19): 1649-1653.

[12] GERBER S, YANG S L, ZHU D, et al. Femtosecond electron-phonon lock-in by photoemission and x-ray free-electron laser[J]. Science, 2017, 357(6346): 71-75.

[13] DUAN S, CHENG Y, XIA W, et al. Optical manipulation of electronic dimensionality in a quantum material[J]. Nature, 2021, 595: 239-244.

[14] COCKER T L, JELIC V, HILLENBRAND R, et al. Nanoscale terahertz scanning probe microscopy[J]. Nature Photonics, 2021, 15 (8): 558-569.

[15] WENG Q, KOMIYAMA S, YANG L, et al. Imaging of nonlocal hot-electron energy dissipation via shot noise[J]. Science, 2018, 360 (18): 775-778.

[16] MANKOWSKY R, SUBEDI A, FORST M, et al. Nonlinear lattice dynamics as a basis for enhanced superconductivity in $YBa_2Cu_3O_{6.5}$[J]. Nature, 2014(7529): 71-73.

[17] SANARI Y, TACHIZAKI T, SAITO Y, et al. Zener tunneling breakdown in phase-change materials revealed by intense terahertz pulses[J]. Physical Review Letters, 2018, 121(16): 165702-165708.

[18] MCIVER J W, SCHULTE B, STEIN F U, et al. Light-induced anomalous Hall effect in graphene[J]. Nature Physics, 2020, 16 (1): 38-41.

[19] YANG X, VASWANI C, SUNDAHL C, et al. Terahertz-light quantum tuning of a metastable emergent phase hidden by superconductivity[J]. Nature Materials, 2018, 17 (7): 586-591.

[20] MA Z, LI P, CHEN S, et al. Optical generation of strong-field terahertz radiation and its application in nonlinear terahertz metasurfaces[J]. Nanophotonics, 2022, 11 (9): 1847-1862.

[21] FAN K, HWANG H Y, LIU M, et al. Nonlinear terahertz metamaterials via field-enhanced carrier dynamics in GaAs[J]. Physical Review Letters, 2013, 110(21): 217404-217425.

[22] YOSHIOKA K, MINAMI Y, SHUDO K, et al. Terahertz-field-induced nonlinear electron delocalization in Au nanostructures[J]. Nano Letters, 2015, 15 (2): 1036-1040.

[23] KIM J Y, KANG B J, PARK J, et al. Terahertz quantum plasmonics of nanoslot antennas in nonlinear regime[J]. Nano Letters, 2015, 15 (10): 6683-6688.

第 8 章　强场 THz 技术在半导体材料中的应用

半导体材料在强电场作用下的超快电荷输运过程是高速电子学、光电子学以及固体物理学的核心，而强场 THz 脉冲相当于高频交流强电场，在超快电荷输运过程中发挥重要作用。通过强场 THz 脉冲与物质之间的相互作用可以发现一系列新奇有趣的物理机制和物理现象，例如可以观察到 THz 高阶谐波产生、诱导半导体发光淬灭过程，还可以利用带间和带内动力学的量子理论对这些物理现象进行解释等。这一系列工作开辟了 THz 非线性效应这一研究领域，为研究强电场作用下的半导体超快电荷输运过程提供了强有力的工具，也为全光 THz 电子学的研究奠定了基础。为此，本章重点研究强场 THz 技术在半导体材料中诱导的非线性动力学。

8.1　强场 THz 脉冲诱导半导体材料碰撞电离

在过去 10 年中，强场 THz 脉冲与物质之间的相互作用引起了人们极大的关注，科学家成功制备了单周期、多周期等具有时间分辨能力的 THz 强源。这些 THz 强源在大面积成像、非线性 THz 光谱、无损检测和基础科学等领域都有着广阔的应用前景。本节将重点介绍强场 THz 脉冲诱导半导体材料碰撞电离。

碰撞电离是指能量足够大的光子、电子、离子撞击分子或原子时，使分子或原子中的价电子释放出来成为正离子的过程。为了让读者深入了解碰撞电离机制，我们将以强场 THz 脉冲诱导 Si 和 InAs 两种半导体材料为例，详细讲解高速电场的碰撞电离与物质之间的相互作用。

8.1.1　强场 THz 脉冲诱导 Si 碰撞电离

2017 年，Jepsen 教授团队通过强场 THz 脉冲诱导在 Si 中产生了碰撞电离。总体来讲，碰撞电离机制分为两种，如图 8-1（a）和图 8-1（b）所示。第一种机制是，在强电场作用下，半导体的瞬时势能在原子尺度显著下降，促进强场 THz 脉冲诱导带间齐纳隧穿过程，在超短时间尺度产生大量载流子。第二种机制是，强电场加速导带电子，使其获得足够的能量从价带散射到导带，在碰撞电离过程中产生新的电子和空穴。这种碰撞电离过程以级联方式进行，可以产生大量的自由载流子。虽然这两种载流子都在飞秒时间尺度产生，但在许多情况下，很难确定主导载流子产生的机制。

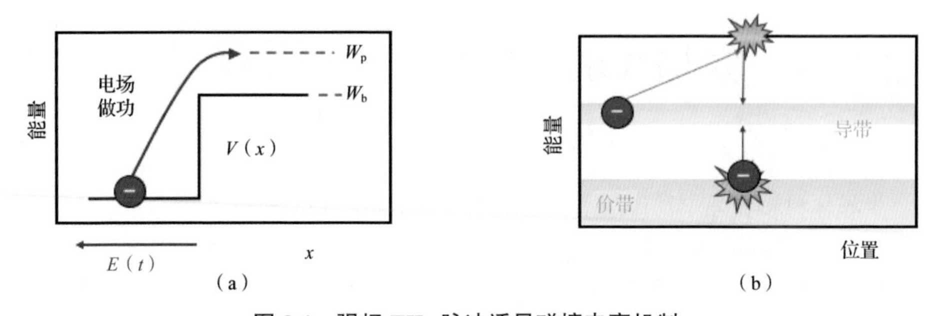

图 8-1　强场 THz 脉冲诱导碰撞电离机制

（a）场电离示意　（b）N 型掺杂半导体中碰撞电离示意

该团队对碰撞电离过程的实验研究主要是基于对具有准静态偏置电场的掺杂 P-N 结 Si 器件进行输运测量。图 8-2 展示了设计的金属偶极天线阵列，用于研究 Si 在 THz 脉冲激励下的泵浦-探测动力学过程。

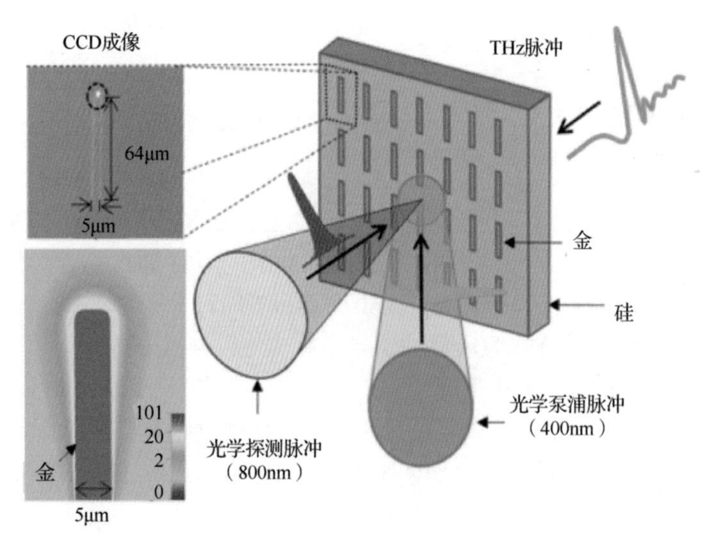

图 8-2　金属偶极天线阵列

在该实验中，THz 脉冲是通过铌酸锂倾斜波前技术产生的。光学探测脉冲的重复频率为 1kHz、中心波长为 800nm、脉冲宽度为 100fs、脉冲能量为 4mJ。使用 50mm 焦距的离轴抛物面镜将 THz 光束聚焦在样品上，入射 THz 脉冲的最大电场强度为 0.5MV/cm，通过改变两个交叉线栅偏振器之间的相对角度来改变电场强度。

实验上通过将弱近红外光垂直入射在样品上的方式来探测瞬态反射率的变化，进而定量探测载流子浓度随时间演变的过程。将在非线性 β-BBO 晶体中倍频产生的 400nm 光学泵浦脉冲直接作用在直径约为 50μm 的样品上，使其在 THz 脉冲到达之前就已经向衬底中注入大量的自由载流子。

图 8-3 展示了载流子在光学泵浦脉冲和 THz 脉冲激励下的可能跃迁情况，过程 1 表示光学泵浦脉冲引起的带间跃迁，过程 2 表示 L 谷到 X 谷的谷间散射，过程 3 表示通过碰撞电离产生的载流子倍增，过程 4 表示声子辅助电子带间跃迁。实验中所使用的光学泵浦脉冲的光子能量为 3.1eV，接近电子在 L 谷附近的带隙对称点的能量，对应能量最小的直接带隙，因此，载流子通过带间跃迁产生 L 谷中的电子之后，经历 L-X 谷间散射。电子通过声子散射与晶格达到热平衡，THz 电场沿平行于晶格方向来加速导带电子，导带电子与价带电子碰撞产生新的电子-空穴对。根据能量和动量守恒，只有当电子的阈值动能大于 Si 的带隙时，Si 中的碰撞电离过程才可能产生。最后一个过程是由探测脉冲引起的声子辅助电子带间跃迁过程。

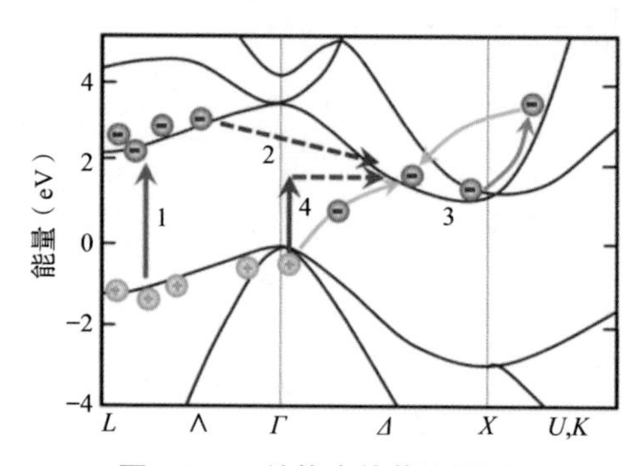

图 8-3　Si 结构中的载流子跃迁

为了进一步探索碰撞电离过程中载流子的贡献，该团队进一步进行了改变初始载流子浓度以及改变入射电场强度的实验，图 8-4 所示的动力学曲线描述了相对反射率 $\Delta R/R$ 的变化。3 种初始载流子浓度（N_i）分别为 $1.5\times10^{10}cm^{-3}$、$1.3\times10^{19}cm^{-3}$ 和 $9.5\times10^{19}cm^{-3}$ 时，光学泵浦脉冲会比 THz 脉冲先作用在样品上，使得初始载流子浓度等于 Si 衬底的本征载流子浓度。实验中可以通过改变入射光的泵浦功率，进而改变载流子的初始浓度，也可以通过调整两个交叉线栅偏振器之间的相对角度改变 THz 电场强度。

在图 8-4 中，可以很明显地看到两次相对反射率的下降：当 t=−7ps 时，相对反射率第一次下降，这是由 400nm 光学泵浦脉冲的激励引起的；当 t=0ps 时，相对反射率第二次下降，这个时候的光学泵浦脉冲与 THz 脉冲重叠，表明 THz 脉冲会导致额外载流子生成。相对反射率在下降几皮秒后快速恢复，这体现了非辐射弛豫的过程。这个过程可以理解为：在半导体材料 Si 中，电子与空穴复合时，把能量或者动量通过碰撞的形式转移给另一个电子或另一个空穴，造成电子或空穴跃迁，这种复合过程叫“俄歇复合”，可以理解为碰撞电离的逆过程。当然，这一系列的结果都来源于 400nm 光学泵浦脉冲和 THz 脉冲的共同作用，如果没有光学泵浦脉冲的激励，那么在本征初始载流子浓度下，相对反射率只会显著下降。

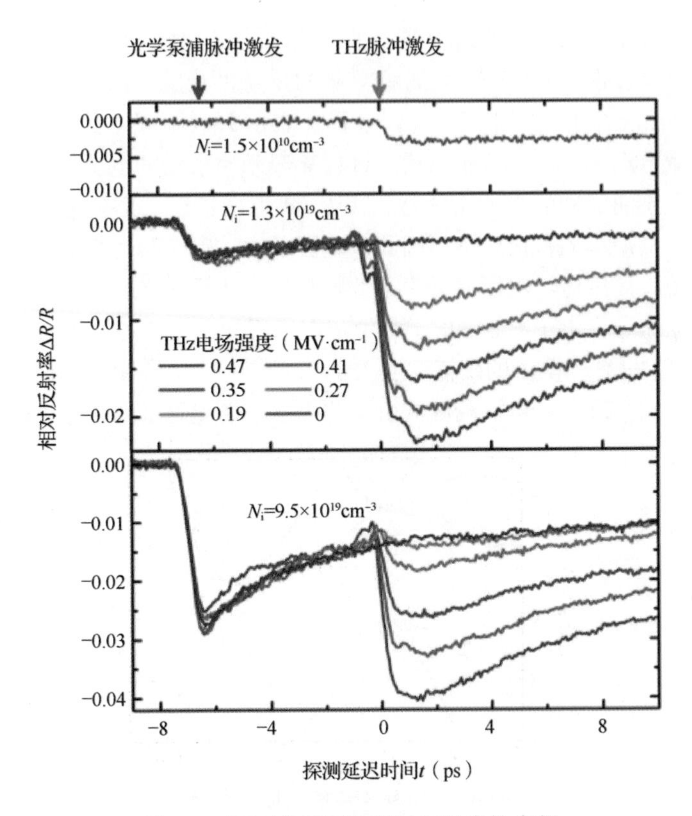

图 8-4　不同电场下的相对反射率的变化

那么，这个过程是否会受载流子掺杂的影响呢？其实，图 8-4 已经表明样品在 THz 脉冲激发下的相对反射率会放大，并且 THz 脉冲激发引起的载流子浓度的相对变化强烈依赖于初始载流子浓度。该结果表明，THz 脉冲激发使得载流子浓度增大 8 个数量级以上是通过碰撞电离过程实现的，而不是齐纳隧穿过程，故该过程不受载流子掺杂的影响。

为了确定由 THz 脉冲激发引起的载流子产生和放大机制，该团队进行了简化的蒙特卡罗模拟，如图 8-5 所示。测量结果和模拟结果表现出良好的一致性，说明载流子的产生发生在 THz 脉冲激发的碰撞电离过程中，持续时间在亚皮秒量级。

此外，实验还发现，在入射 THz 电场强度确定的情况下，通过载流子倍增因子计算出的碰撞电离系数会随着初始载流子浓度的增大而减小。在高载流子浓度下，俄歇复合通过有效耗尽载流子与碰撞电离竞争，并且自由载流子的场屏蔽降低了 Si 衬底内部的局部电场强度，也降低了碰撞电离系数。在这个过程中，齐纳隧穿的贡献非常小，无法影响碰撞电离系数。Si 的大带隙需要强电场来降低电子势能，使价带电子隧穿进入导带，隧穿速率远小于碰撞电离速率。

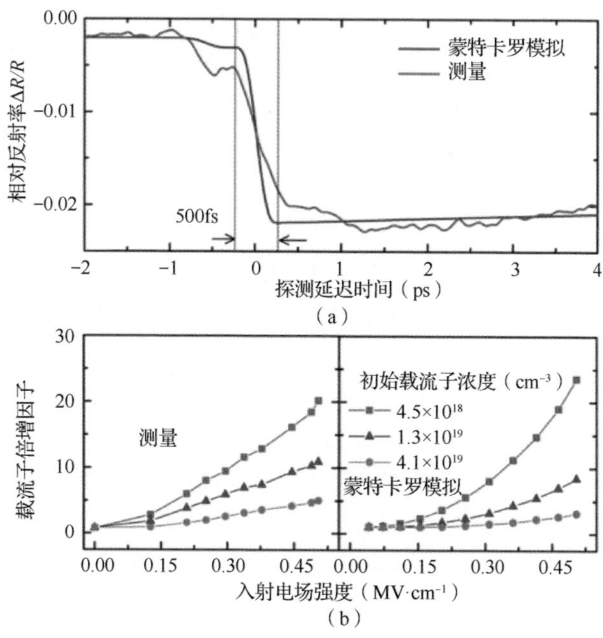

图 8-5　蒙特卡罗模拟结果

（a）相对反射率　（b）载流子倍增因子

实验表明，在不同初始载流子浓度下，超短 THz 脉冲能够在 MV/cm 量级以下的电场，激发 Si 中的碰撞电离动力学过程。在初始载流子浓度很低（$1.5\times10^{10}\text{cm}^{-3}$）时，碰撞电离系数接近由能量守恒定律计算出的基本 Okuto 极限函数值，在这个极限下，最初存在于实验样品内的单个电子可以在几百飞秒内增长到 10^8 个以上。因此，通过控制单个电子的存在，可以打开或关闭整个载流子倍增过程，该团队的结果为微观电子学和超高速宏观电子学之间的研究铺平了道路。

8.1.2　强场 THz 脉冲诱导 InAs 碰撞电离

前面我们了解了强场 THz 脉冲诱导 Si 的碰撞电离过程，深入分析了载流子的产生和放大机制。如果换成其他的半导体材料进行实验是否也会有碰撞电离的结果呢？我们来看一下 Steponas Ašmontas 团队在 2019 年利用强场 THz 脉冲作用在 InAs 上产生的有趣现象。

该团队用蒙特卡罗方法模拟了纳秒量级的超短 THz 脉冲激励 InAs 而引起的电子动力学和碰撞电离过程，研究了强电场条件下，Γ 谷、L 谷和 X 谷之间的载流子加热和电子再分配情况，探讨了碰撞电离电场 E_{th} 对 THz 脉冲频率和持续时间的依赖性。下文将详细介绍这一过程。

关于蒙特卡罗方法，最早由 Curby 和 Ferry 提出并使用，他们在 77 K 温度下研究了 N 型 InAs 在强电场诱导下引起的电子动力学和碰撞电离过程。但在研究中，他们只考虑了引发电离过程的电子散射作用，而忽略了其中产生的二次电子。后来，Reklaitis 设计了更精确的方法，计算结果表明，如果忽略二次电子，将会产生十分显著的误差，特别是在计算电流或碰撞电离过程中，由此可见计算二次电子非常重要。该方法一直被科学家认为能够较为准确地计算强电场诱导的半导体材料中的电子动力学和碰撞电离过程。

Steponas Ašmontas 等人就是根据 Reklaitis 提出的蒙特卡罗方法，建立了电子动力学和碰撞电离模型。研究人员基于该模型，计算了单周期强场 THz 脉冲作用下半导体材料中的电子动力学和碰撞电离过程。

从图 8-6 中可以观察到电子能量变化：Γ 谷中电子能量急剧增长，当 Γ 谷中的热电子能量大于 0.73eV 时，电子会以高速率分散到 L 谷中，导致 Γ 谷中的电子数急剧减少，L 谷中电子数急剧增加。Γ 谷和 L 谷之间的电子转移特征时间约为 100fs。然后，强电场加热 L 谷中的电子，当热电子能量大于 0.29eV 时，热电子分散到 X 谷中，此时 L 谷中的电子数减少，X 谷中的电子数增加，而 L 谷和 X 谷之间的电子转移特征时间约为 120fs。

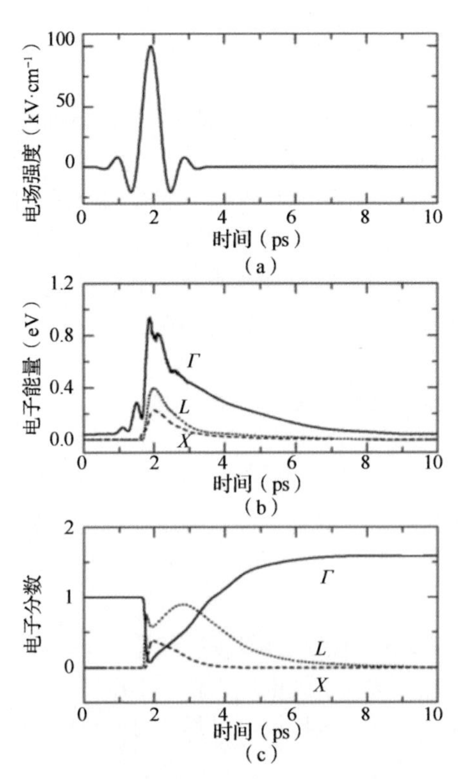

图 8-6 InAs 在强场 THz 脉冲作用下的电子动力学过程

（a）电场强度 （b）电子能量 （c）电子分数

值得注意的是，在电场作用下，X 谷中的电子数与 L 谷中的电子平均能量同时达到最大值。然后，电子从 X 谷转移到 L 谷，此时随着电场强度减小，电子平均能量也在两个谷中不断减小。所以，此时 L 谷中的电子数再次增加，X 谷中的电子数减少。当热电子能量 $\varepsilon>\varepsilon_{\mathrm{th}}$（碰撞电离阈值）时，电场诱导电子-空穴对产生。$\Gamma$ 谷中的电子数开始迅速增加，直到碰撞电离产生的二次电子进入其中，由于二次电子的能量减小，所以无论是否存在强电场，Γ 谷中电子的平均能量都会急剧减小，即观察到 Γ 谷中的场致载流子冷却效应。随后，Γ 谷中的二次电子被强电场迅速加热，Γ 谷中的电子平均能量再次增大。由于碰撞电离效应，Γ 谷中的电子数不断增加。

Γ、L 和 X 谷中的电子动力学过程较为复杂。但是蒙特卡罗模拟结果表明，电子-空穴对的产生主要受 Γ 谷中的电子的激励，因为 L 谷中的电子没有足够能量进行碰撞电离。所以当电场消失时，来自 L 谷中的电子返回 Γ 谷，电子平均能量因碰撞电离及其他干扰因素而减小，但电子碰撞电离过程是基于热电子能量高于 $\varepsilon_{\mathrm{th}}$ 的能量损失机制。

在上述每种情况下，电子密度的提高都是平稳的并且与预期一致，随着脉冲宽度的增加，电子密度提高更快。对于脉冲宽度为 0.8ps 的 THz 脉冲，电子碰撞电离的阈值电场大约为 10kV/cm。经具有不同脉冲宽度的 THz 脉冲作用后，归一化电子密度随峰值电场强度的变化趋势也不同，如图 8-7 所示。

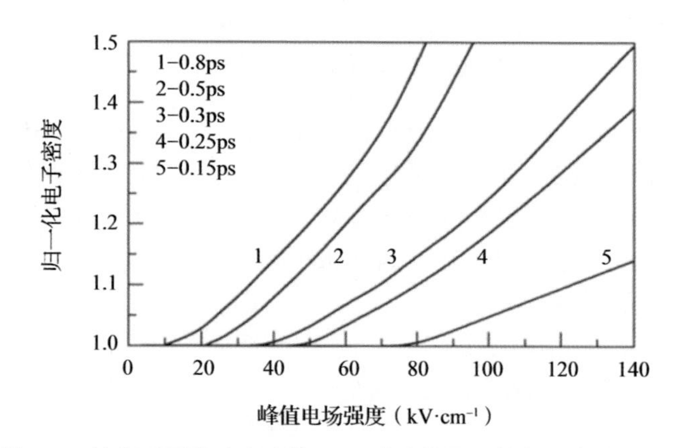

图 8-7　具有不同脉冲宽度的 THz 脉冲作用下的归一化电子密度

当脉冲宽度为 0.15ps 的 THz 脉冲的峰值电场强度从 90kV/cm 增加到 110kV/cm 时，归一化电子密度从 1.05 增加到 1.08，这一发现可能解释了早期观察到的，在强场 THz 脉冲泵浦结束后，电场强度达到 110 kV/cm 时，电子在 Γ 谷、L 谷和 X 谷之间重新分布的现象。

通过蒙特卡罗计算曲线可以看出，在 0.15ps 的超短 THz 脉冲作用下，电子在 Γ 谷和 L 谷之间重新分布，如图 8-8 所示。在一定电场强度（$E<70$kV/cm）下观察到

模拟与实验估计结果具有良好一致性，且模拟表明 L 谷中的电子数比实验估计的高。可以看出，在 0.8ps 的长 THz 脉冲作用下，电子向 L 谷转移是从 THz 电场强度达到 10kV/cm 开始的；而在直流电场中，电子向 L 谷转移是在电场强度达到 1kV/cm 开始的。当电场强度增加到 20kV/cm 时，在 L 谷中发现的电子数比 Γ 谷中的多；电场强度继续增加到 30kV/cm 时，进入 X 谷中的电子开始转移。

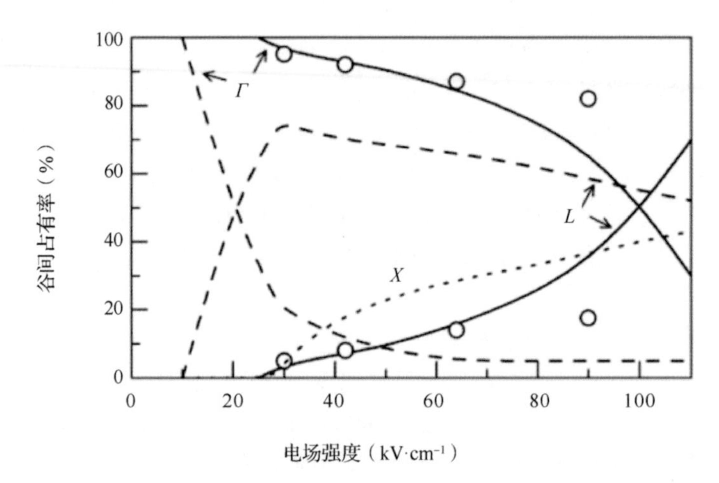

图 8-8　不同电场强度下，InAs 的 Γ 谷、L 谷和 X 谷中电子的相对布局（实线表示蒙特卡罗模拟结果，对应 0.15ps 的 THz 脉冲；圆环线是 Γ 谷和 L 谷之间电子谷间占有率的实验估计；虚线对应 0.8ps 的 THz 脉冲）

此外，Steponas Ašmontas 团队还分析了谷内电子布局随峰值电场强度和脉冲宽度变化的情况。结果表明，电子碰撞电离过程的阈值电场随 THz 脉冲宽度的缩短而增大，随 THz 频率的增大而增大，电子碰撞电离过程被证明在电子能量大于碰撞电离阈值时才会发生，这也验证了强场 THz 脉冲在超快时间尺度内是直接研究强电场与物质相互作用的理想工具。

至此，本节阐述了强场 THz 脉冲在 InAs 中诱导产生的电子动力学和碰撞电离过程，研究结果为强场 THz 脉冲在微观电子学与宏观电子学的研究搭建了“桥梁”。

8.2　强场 THz 脉冲诱导半导体材料谷间散射

强场 THz 脉冲与物质相互作用时除了可以诱导半导体材料碰撞电离，还可以诱导谷间散射。谷间散射是指电子可以从一个能带极值附近散射到另一个极值附近。本节内容由 3 个分支构成，从不同角度讲述强场 THz 脉冲诱导材料谷间散射的现象，分别是强场 THz 脉冲诱导 GaAs 谷间散射、强场 THz 脉冲诱导 Si 谷间散射以及强场 THz 脉冲诱导 InAs 谷间散射。

8.2.1 强场 THz 脉冲诱导 GaAs 谷间散射

经典的实验是 2013 年 Kebin Fan 等人通过强场 THz 脉冲诱导 GaAs 谷间散射，实验证明了 N 型 GaAs 和半绝缘 GaAs 上的超材料 SRR 在 THz 频段下存在非线性响应，这种非线性响应来自 THz 电场诱导产生的载流子动力学。

该团队对于非线性响应的测量是基于铌酸锂倾斜波前技术产生强场 THz 脉冲展开的。实验中将入射的 THz 电场记为 E_{in}，使用一对线栅偏振器使 THz 电场强度在 24～400kV/cm 这一范围变化，获得了约 400kV/cm 的峰值电场强度，THz 波束在焦点处的直径为 1mm，所有实验均在室温、干燥的空气环境中进行。

实验中设计的样品结构如图 8-9（a）所示，改变入射 THz 脉冲的电场强度，记录透射率和频率的关系。在电场强度为 24kV/cm 时，透射率呈现类似图 8-9（b）所示的结果，可观察到弱 LC 共振。

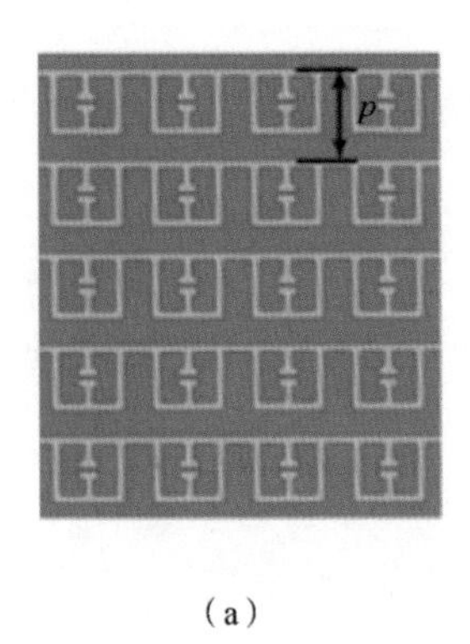

（a）

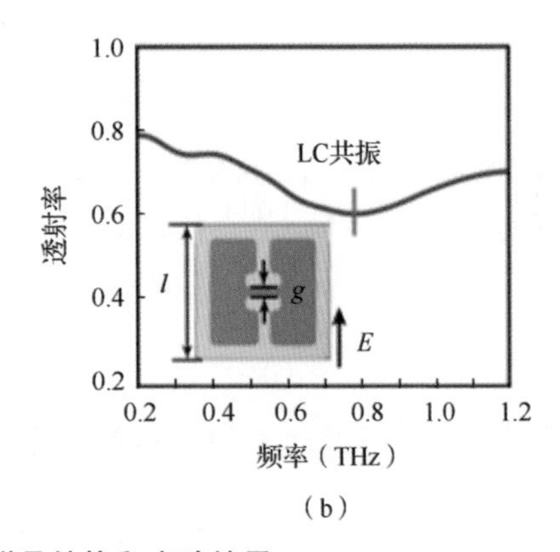

（b）

图 8-9 样品结构和实验结果

（a）N 型 GaAs 衬底上的 SRR 阵列图像 （b）在弱场下，使用 THz 时域光谱技术观察掺杂 GaAs 的 SRR 阵列的透射谱

在图 8-10 中，当峰值电场强度为 24～160kV/cm 时，谷间散射的迁移率占主导地位。对于掺杂 GaAs 而言，这种现象将导致电导率降低，超材料共振强度相应增大。此时 SRR 电容间隙内的电场增强效果对非线性响应没有明显贡献，也就是说，谷间散射在衬底上均匀发生，与 SRR 无关。

当电场强度增加到 160kV/cm 时，LC 共振变得非常明显，导致透射率从 65%降低到约 30%，这种现象源于谷间散射导致载流子迁移率降低。低频下的非共振透射率增加，例如，在 0.4THz 下，透射率从 80%增加到 90%以上，这表明整个 N 型 GaAs 的电导率因电场强度增大而降低。因此，E_{in} 为 24～160kV/cm 时，非线性响应不是强烈依赖于间隙内电场强度的增大。

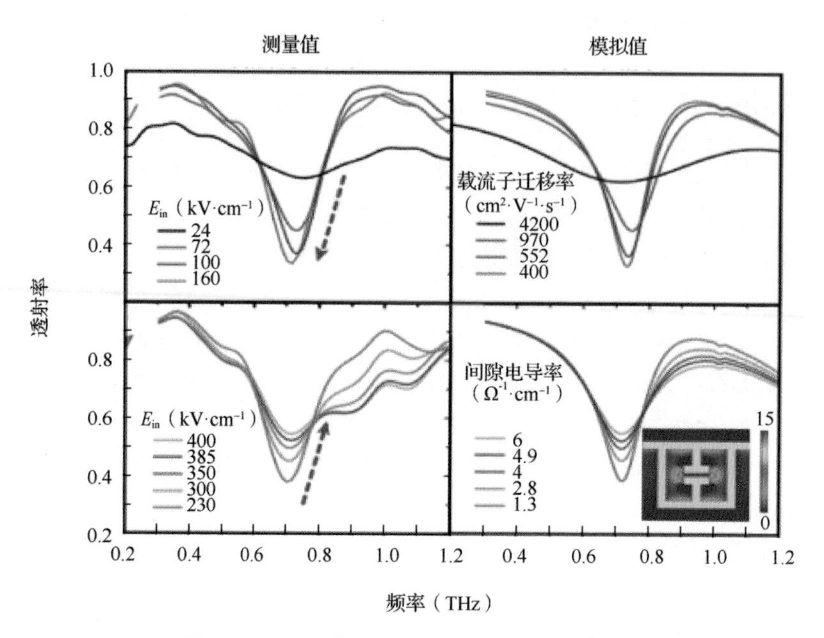

图 8-10　不同电场强度下透射率的实验结果

然而，在电场强度大于 160kV/cm 时，透射率随着 E_{in} 的增加而增加，这表明电导率的潜在趋势发生逆转。值得注意的是，低频（<0.5THz）下的非共振透射率几乎保持不变，这意味着仅 SRR 电容间隙内的局部电导率增加，将这种响应归因于 THz 电场诱导的碰撞电离过程。

8.2.2　强场 THz 脉冲诱导 Si 谷间散射

2021 年，我们团队通过强场 THz 脉冲诱导硅衬底材料也观察到类似的谷间散射现象。将飞秒激光放大器作为泵浦源，在铌酸锂晶体中产生强场 THz 脉冲。如图 8-11（a）所示，泵浦源中心波长为 800nm，脉冲宽度为 30fs，重复频率为 1kHz，最大单脉冲能量为 7mJ。实验中采用 400nm 泵浦-强/弱 THz 电场交替探测技术，在 BBO 晶体中产生了波长为 400nm 的泵浦光脉冲。

400nm 的泵浦光通过带间跃迁将价带电子注入 L 谷，在泵浦功率密度约为 $70\mu J/cm^2$ 时，载流子浓度可达 $1.4\times10^{19}cm^{-3}$。由于产生的自由载流子的屏蔽效应，电子碰撞电离过程与初始载流子浓度密切相关。但在实验中，初始载流子浓度可以显著降低。因此，在光注入条件下，谷间复合将主导物理过程。

图 8-11（c）～（e）显示了单开口 SRR、双开口 SRR 和闭环 SRR 样品的 THz 透射谱。这些光谱首先由 400nm 泵浦光照射，然后由弱场 THz 脉冲或强场 THz 脉冲探测。

在这 3 种样品中，泵浦光的存在会降低共振强度。这是因为泵浦光注入的光生载流子在硅衬底上是均匀分布的，总载流子浓度和电导率均会增加，从而降低由金属 SRR 几何形状诱导的共振强度。与弱 THz 电场照射相比，强 THz 电场可引起具有更高品质因数和更小频率（蓝移）SRR 的共振，这种现象是谷间散射和俄歇复合共同作用的结果。如图 8-11（b）所示，强 THz 电场诱导导带中载流子的谷间散射效应，导致载流子迁移率和衬底电导率显著降低，从而抵消光注入载流子，并增强几何形状诱导的共振强度。

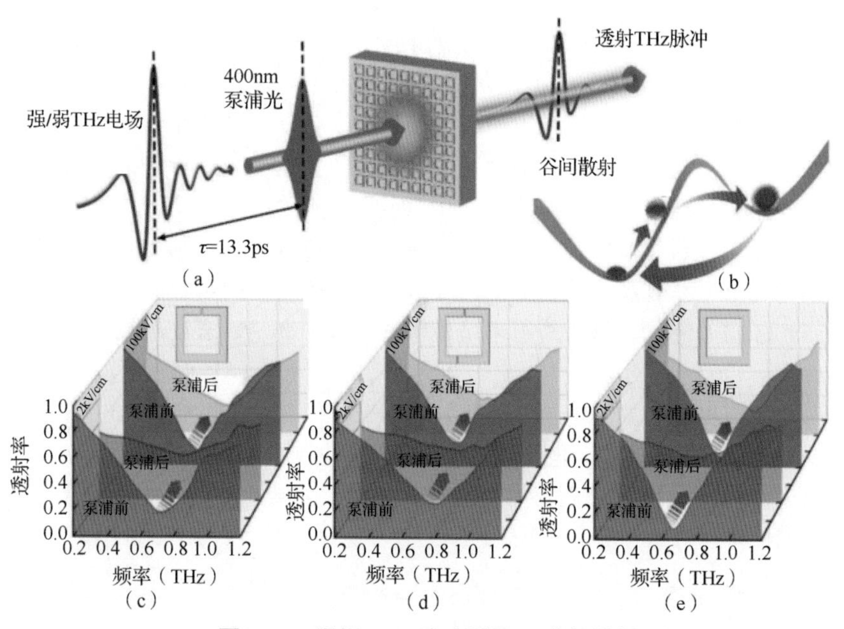

图 8-11 强场 THz 脉冲诱导 Si 谷间散射

（a）400nm 泵浦-强/弱 THz 电场交替探测技术示意 （b）强 THz 电场诱导的谷间散射示意 （c）～（e）是单开口 SRR、双开口 SRR 和闭环 SRR 样品的 THz 透射谱

与谷间散射相比，强 THz 电场诱导的俄歇复合耗尽了光注入的载流子，尤其是在具有纳米缝区域的硅材料中降低了硅的导电性，进而减轻了对 SRR 共振振幅的抑制作用。在弱 THz 电场和强 THz 电场的作用下，不论 SRR 是否具有纳米/微米间隙，均会出现这种现象，表明光注入载流子通过谷间散射和俄歇复合主导了强/弱 THz 电场诱导的反效应。

与直接通过光谱引起的 THz 电场调制相比，基于超表面的 THz 电场非线性自调制具有几个独特的优势。一方面，THz 电场诱导的非线性自调制效应可以通过制造易控的 SRR 金属环来调谐任何区域所需的 THz 脉冲特性；另一方面，它不需要额外的泵浦光，强场 THz 脉冲可以自己调节自己的透射共振频率和振幅等。这些优势使得用微纳复合结构实现增强的 THz 非线性效应成为可能。

除了利用局域场增强效应在高阻硅衬底中观测到谷间散射效应外，采用铌酸锂THz强源照射掺杂硅片也观测到了谷间散射效应。该实验采用了两种硅片，一种是0.5mm的掺杂硅片（N型掺杂，掺杂浓度约为$10^{16}cm^{-3}$），另一种是0.5mm高阻硅片（电阻率约为8kΩ·cm），用来研究硅片的场强依赖性及其非线性吸收效应。

由于倾斜波前THz源具有非常好的偏振特性，该实验只选用了一个THz线栅偏振片，放置在第一个离轴抛物面镜的焦点之前，以衰减THz脉冲能量来研究硅片的非线性吸收效应。将样品放置于焦点处，在样品后紧贴一个热释电THz脉冲能量探头以监测THz脉冲透射信号的变化，使THz脉冲正入射到样品上，实验中用到的最大THz脉冲能量为0.37mJ，电场强度约为3.2MV/cm。掺杂硅片和高阻硅片关于THz脉冲的相对透射率与偏振片角度的关系如图8-12所示，相对透射率指的是样品透射率与样品最低透射率的比值，偏振片角度为0°代表偏振片和THz脉冲的偏振方向平行。实验发现，当偏振片角度为0°时，透过THz脉冲的能量最大。从图中可以非常明显地看出两种硅片对于THz电场响应的差异：对于高阻硅片来说，THz脉冲的相对透射率基本没有变化；而对于掺杂硅片来说，偏振片角度越大，掺杂硅片的相对透射率越高，最大值约为3.0。这代表了掺杂硅片对于THz脉冲的透射率经历了3倍的起伏，最大透射率是最小透射率的3倍，表明有较强的非线性现象发生。

这种现象可以用经典的电子谷间散射理论来解释：处于下能级的电子被强THz电场激发到上能级的能谷中，电场越强，被激发的电子数目越多。由于电子在高能带（级）的有效质量较大，电子的迁移率较低，使得掺杂硅片的电导率也降低，而电导率的降低则使得透射率升高。高阻硅片则不存在这种情况，所以其透射率一直表现为一条近乎水平的直线。

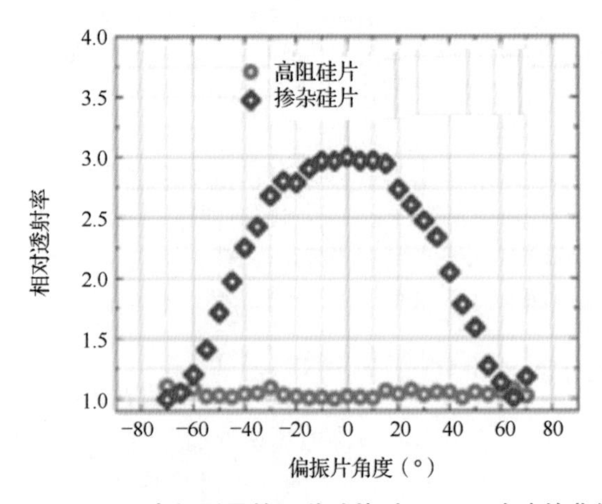

图8-12　强THz电场诱导的两种硅片对于THz脉冲的非线性吸收

8.2.3　强场 THz 脉冲诱导 InAs 谷间散射

8.2.1 和 8.2.2 节分别讲述了强场 THz 脉冲诱导 GaAs 和 Si 谷间散射的现象，但随着超快光学的不断发展，光与物质的相互作用已经扩展到新的区域，包括时间、强度和带宽。将非线性相互作用限制在一个子循环中，可以精确测试各种基本理论过程。

2018 年，Tsuneyuki Ozaki 团队使用 THz 脉冲来研究半导体中载流子的非线性动力学及其对亚周期 THz 波形整形的影响，证明了亚周期非线性光学不同于单周期和多周期非线性光学，并且证明了在高阶谐波产生（High-order Harmonic Generation，HHG）过程中观察到的离散频谱是不同半周期产生的谐波辐射相互干扰的结果，通过使用极强的多周期 THz 脉冲观察到了 HHG 现象。

为方便读者理解该工作，先介绍以下几点背景知识。

（1）半周期脉冲：超短脉冲极限，允许在时间上限制电磁能量以产生强电场，并且允许通过对带电粒子提供单向作用来控制非线性光-物质相互作用过程。

（2）持续时间小于一个周期的脉冲具有较大的相干带宽，这可能导致实验现象与持续时间为几个周期的脉冲的不同。

（3）以光学领域相对容易实现的高阶谐波的产生为例，在 THz 频段，高阶谐波产生有两个主要障碍：首先是 THz 电场不够强不足以激发非线性现象，其次是高阶谐波产生的效率相对较低。

在该团队的研究工作中，他们使用了峰值频率小于 0.2THz 的准半周期 THz 脉冲在 N 型掺杂半导体 $In_{0.57}Ga_{0.43}As$ 薄膜上进行了非线性 THz 时域光谱测量，通过基于叉指式大孔径光导天线的 THz 源提供了半周期持续时间高达 580fs 的 THz 脉冲，比其他团队使用的 THz 脉冲短得多。通过如此短的 THz 脉冲，可以将光-物质耦合过程从线性区域调整至非线性区域，并在一个半周期内开启 THz 波形整形过程。

实验中采用的 $In_{0.57}Ga_{0.43}As$ 由 500nm 厚的 N 型 $In_{0.57}Ga_{0.43}As$（100）外延层组成。实验时将样品放置在 THz 脉冲焦点处，进行正入射下的强场透射测量，通过电光取样技术测量 THz 脉冲的透射电场。当在裸衬底上进行实验时，未观察到非线性效应。

为了研究非线性效应，将峰值电场强度从 31kV/cm 不断升至 190kV/cm，实验中发现样品在弱场下表现出线性响应，在强场下观察到强烈的非线性响应增强现象。如图 8-13（a）所示。当电场强度大于 129kV/cm 时，半周期持续时间迅速减少，在高频下观察到大于 1 的透射率；电场强度为 190kV/cm 时，观察到高频产生（High-Frequency Generation，HFG）现象。光谱振幅增强区域随电场的增大而增大，并覆盖 1THz 以上的光谱区域。图 8-13（b）显示了计算的透射率，所有 THz 脉冲都是从相同的起始时间开始测量的。对比两幅图可以发现实验值和计算值吻合良好。

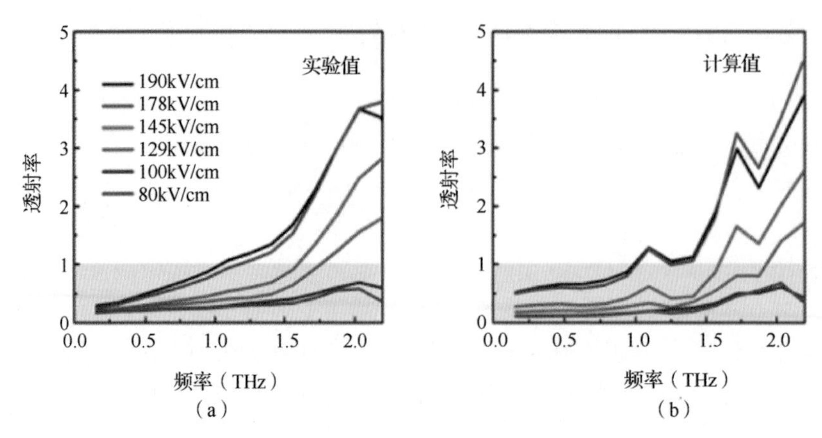

图 8-13 实验与计算结果

（a）不同入射电场强度下的 THz 透射谱，灰色区域对应低于 1 的透射率 （b）基于模型计算的透射谱

为了表征瞬态载流子的动力学特性，研究人员模拟了系统中每个载流子的动力学过程，如图 8-14（a）和图 8-14（b）所示，周期性电流密度 J 由电子平均漂移速度确定。

由于亚周期电流密度下降，产生了连续的高频段，电流密度的快速下降导致 THz 脉冲峰值的时间偏移现象。在强电场下，半周期的后部经历了低电导率，进而将 THz 脉冲峰值时间向后推，图 8-14（c）和图 8-14（d）中的实验值和计算值展示出的时域结果可以很好地辅证这些现象。

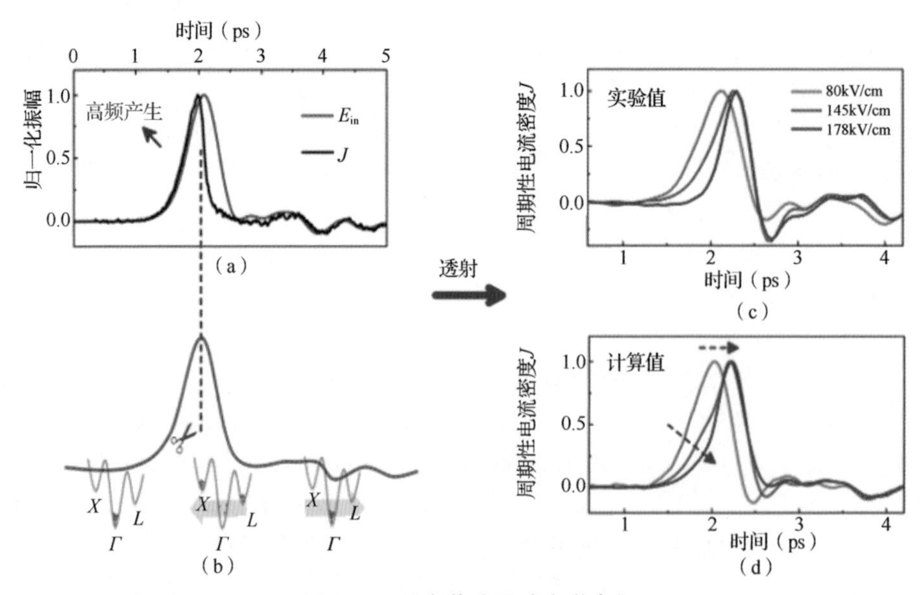

图 8-14 瞬态载流子动力学表征

（a）入射 THz 波形和计算的电流密度，电场强度为 190kV/cm （b）动量空间示意 （c）实验中电流密度下降对传输 THz 波形的影响 （d）计算得到的归一化传输 THz 波形

对于相干带内的载流子传输，强激光场可以在散射发生之前将载流子驱动到布洛赫区的边缘，从而导致半导体材料中发生布洛赫振荡。电荷载流子在激光的每半个周期内能够进行多次振荡，并发射高阶谐波。散射引起的电流密度下降会导致半周期脉冲截断，进而增大传输脉冲的带宽。然而，上能谷中的散射热载流子具有更长的弛豫时间。因此，下半周期应与上半周期的电场强度具有相关性，这就解释了为什么半导体材料对单周期和多周期脉冲会产生不同的响应。

该团队还在同一 THz 源上使用二元相位掩模构建了准单周期 THz 脉冲。图 8-15（a）给出了不同电场强度下的传输 THz 脉冲的峰值电场强度和瞬时 THz 脉冲强度。图 8-15（b）展示了透射场和入射场的关系，优化后的负极性入射电场强度（E_{neg}）约为正极性入射电场强度（E_{pos}）的 80%，在低电场强度下二者对于入射电场近似呈现线性响应，发射的 THz 波形与入射脉冲相似，随着入射电场强度增大，E_{neg} 大于 E_{pos}。对于 E_{pos} 和 E_{neg}，研究人员从中提取了入射电场强度以及半周期持续时间（脉冲持续时间），如图 8-15（c）所示，一旦 THz 电场强度高于 137kV/cm，E_{neg} 的半周期持续时间开始增加，而 E_{pos} 的半周期持续时间继续减少，这种现象是由单周期 THz 脉冲引起的谷间载流子动力学作用的结果。

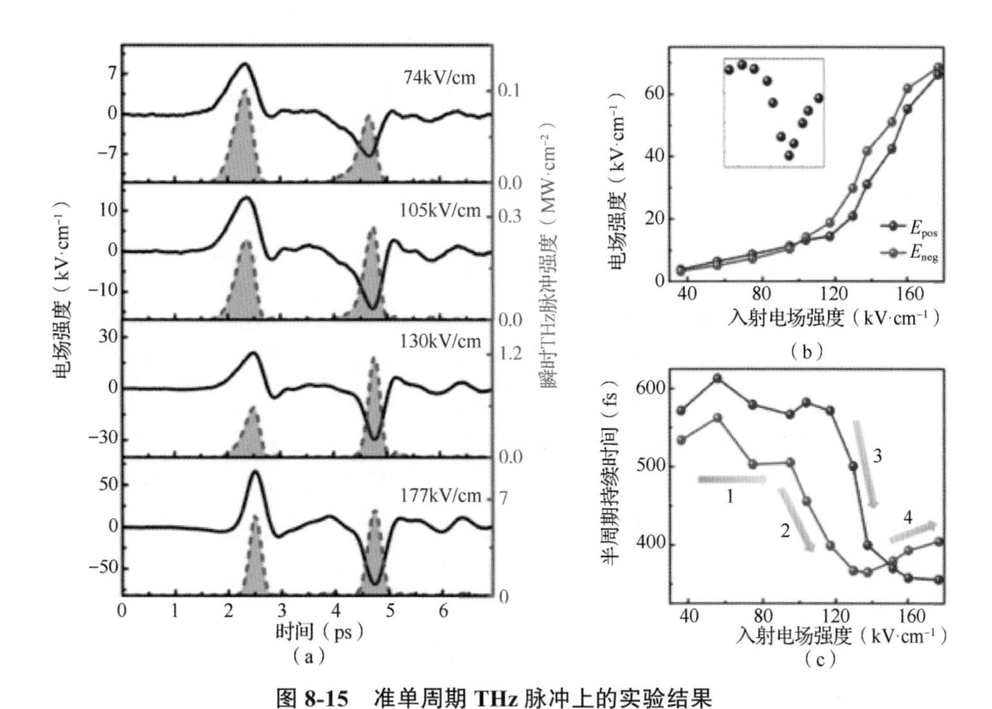

图 8-15　准单周期 THz 脉冲上的实验结果

（a）不同电场强度下的传输 THz 脉冲的峰值电场强度（黑色曲线）和瞬时 THz 脉冲强度（绿色曲线）
（b）E_{neg} 和 E_{pos}　（c）半周期持续时间与入射电场强度的关系，1、2、3、4 分别对应线性区域、负极上的电流截断、正极上的电流截断、负极脉冲展宽

原则上，谷间散射使不同载流子的动量随机化，并破坏相干传输过程。然而，总电流密度是由载流子系统的集体运动决定的，在单个半周期脉冲内，总电流密度先增加，随后减少。通过上半周期 THz 脉冲的激励，可以产生与驱动 THz 电场同步的畸变电流。当施加多周期 THz 脉冲时，可能导致离散高阶谐波产生。宏观上，类似于石墨烯中的 THz 相干高阶谐波产生，电流密度的时间峰值受到线性频段色散的抑制作用，导致传输 THz 脉冲中产生奇次谐波。对于场驱动的带内布洛赫振荡，每个半周期脉冲内的振荡次数随着驱动激光场振荡次数的增加而增加。然而，对 $In_{0.57}Ga_{0.43}As$ 样品而言，色散引起的非分解性或载流子加热引起的电流截断效应均可引起亚周期非线性现象，使场相关性显著降低。

该团队研究了 $In_{0.57}Ga_{0.43}As$ 样品在强场下的性质，证明亚周期 THz 脉冲和带内载流子之间的非线性相互作用导致了发射连续高频 THz 光谱的实验。实际上，根据需要，可以通过调整载流子浓度、样品厚度或使用具有不同能带结构的其他半导体材料以及利用载流子加热和弛豫的迁移率、速度来控制亚周期 THz 脉冲宽度。使用极强的多周期THz脉冲观察到高阶谐波产生现象是因为半导体材料中的动态布洛赫振荡效应。在传统的 THz 脉冲窗口（0.1～3THz），由于较低的峰值电场强度和各种散射效应，难以观察到带内布洛赫振荡。特别是，谷间散射效应在几种半导体材料的强场响应中占主导地位，这种基于带内载波散射效应的高频 THz 脉冲产生的亚周期控制新方法，对未来 THz 电子学和光电子学发展具有重要意义。

本章小结

随着 THz 科学与技术不断发展，强场 THz 脉冲与物质的相互作用已成为继量子信息、非线性光学和粒子加速之后的下一个科学前沿，但由于缺乏 THz 强源以及难以突破的衍射极限，THz 脉冲的应用受阻。以半导体材料为载体设计独特的半导体结构，在超高时间分辨下通过多光谱探测技术将强场 THz 脉冲耦合到半导体中将有望改变这一困境。半导体内部的超快电荷输运过程将为强场 THz 脉冲诱导材料非线性效应奠定坚实的基础，为非线性光学和超快电子学的发展铺平道路。

参考文献

[1] TAREKEGNE A T, HIRORI H, TANAKA K, et al. Impact ionization dynamics in silicon by MV/cm THz fields[J]. New Journal of Physics, 2017, 19(12): 123018.

[2] AŠMONTAS S, BUMELIENĖ S, GRADAUSKAS J, et al. Intense terahertz pulse-induced impact ionization and electron dynamics in InAs[J]. Semiconductor Science and Technology, 2019, 34(7): 075016.
[3] CURBY R C, FERRY D K. Impact ionization in narrow gap semiconductors[J]. Physica Status Solidi, 2010, 15(1): 319-328.
[4] REKLAITIS A. Electron transport in semiconductors in the presence of impact ionization[J]. Journal of Physics and Chemistry of Solids, 1981, 42(10): 891-896.
[5] HO I C, ZHANG X C. Driving intervalley scattering and impact ionization in InAs with intense terahertz pulses[J]. Applied Physics Letters, 2011, 98(24): 3287.
[6] HO I C, ZHANG X C. Nonlinear THz pump/THz probe spectroscopy of n-doped III–V semiconductors [J]. IEEE Journal of Selected Topics in Quantum Electronics, 2013, 19(1): 8401005.
[7] KARISHY S, ZIAD P, SABATINI G, et al. Review of electron transport properties in bulk InGaAs and InAs at room temperature[J]. Lithuanian Journal of Physics, 2016, 55(4): 305-314.
[8] FAN K, HWANG H Y, LIU M, et al. Nonlinear terahertz metamaterials via field-enhanced carrier dynamics in GaAs[J]. Physical Review Letters, 2013, 110(21): 217404.
[9] DONG T, LI S, MANJAPPA M, et al. Nonlinear THz-nano metasurfaces[J]. Advanced Functional Materials, 2021, 31(24): 2100463.
[10] ZHANG B, MA Z, MA J, et al. 1.4-mJ high energy terahertz radiation from lithium niobates[J]. Laser & Photonics Reviews, 2020, 15(3): 2000295.
[11] CHAI X, ROPAGNOL X, RAEIS-ZADEH S M, et al. Subcycle terahertz nonlinear optics[J]. Physical Review Letters, 2018, 121(14): 143901.
[12] YOSHIOKA K, MINAMI Y, SHUDO K, et al. Terahertz-field-induced nonlinear electron delocalization in Au nanostructures[J]. Nano Letters, 2015, 15(2): 1036-1040.
[13] KIM J Y, KANG B J, PARK J, et al. Terahertz quantum plasmonics of nanoslot antennas in nonlinear regime[J]. Nano Letters, 2015, 15(10): 6683-6688.

第9章 强场THz波在电子加速与操控中的应用

前面讲解了强场THz波产生、探测，以及在半导体和凝聚态物理中的应用，充分展示了强场THz波在前沿研究中的重要应用价值。这些应用涉及物质中的束缚电子、自旋、磁子、声子等的元激发，那么本章将聚焦强场THz波对自由空间中电子的加速与操控，包括电子的加速、减速、偏转等，以及对电子束的展宽、压缩等。这些技术不仅对制造桌面式小型化的全光THz电子加速器和产生相干阿秒X射线源有重要的意义，而且为实现具有高时空分辨率的超快电子衍射应用，以及多维泵浦-探测技术提供了可能。

9.1 粒子加速器简介

粒子加速器是有着百年历史的大科学装置。1909年，卢瑟福用α粒子轰击金箔，基于实验现象提出了著名的原子核模型，开创了人们利用粒子束研究微观物质结构的先河。自此之后，粒子加速器应运而生，其产生高质量的粒子束流，方便科学家进行基础研究。在百年的发展历程中，粒子加速器已经应用于生活中的很多领域。例如，医学中利用粒子加速器撞击物质产生放射性粒子，用于医学影像或治疗；核物理学中利用粒子加速器在高温下研究物质的结构特性；电子显微镜、分析仪、射线管以及各种电子束器件都需要粒子加速器。

传统的射频加速器主要用于在常温下或者波导结构中建立强场，从而对粒子进行射频加速，如美国SLAC的直线加速器、欧洲核子研究中心直径为27km的大型强子对撞机，以及中国上海同步辐射光源等。这些加速器装置已经能够产生高亮度、高质量的超快电子脉冲，广泛用于工业和科研领域。但这种加速器受限于金属结构在高功率微波下的射频击穿效应，加速梯度难以进一步提高，因此传统射频加速器往往体积大且成本高，需要昂贵的大功率基础设施支撑。

随着科学技术的快速发展，科学家想要得到更高能量的粒子束，传统射频加速技术遇到了瓶颈与挑战。为了在保证束流质量的同时尽可能减少加速器成本，人们希望有一款更小型、更经济、加速梯度更大的新型电子加速器，这是粒子加速器发展的重要方向。

9.1.1 粒子加速器发展历程

几十年来，粒子加速技术的目标用户群体主要是粒子物理学家。在同步辐射光源和 FEL 发展后，粒子加速技术在高能物理学领域逐渐发挥重要作用。它可以有效应用于医疗诊断、放射治疗、质子治疗和放射性同位素产生等领域。因此，粒子加速技术现在成了一个单独的研究领域。

1909 年，卢瑟福带领他的手下做了一系列的 α 粒子散射实验。在实验中，他用放射性元素产生的 α 粒子轰击金属薄板（金箔）。如果按照之前原子的葡萄干布丁模型，放射性 α 粒子应该能够穿过金属薄板，且粒子方向不会有太大的改变。因为如果在原子核中正负电荷是均匀分布的，α 粒子从中间穿过，受到的左右上下偏转力的差距不会太大。同时，电子的质量很小，它对原子、α 粒子的影响很小。因此，应该能看到绝大多数 α 粒子穿过原子，并且方向没有大的改变。但是在实验中，卢瑟福发现实验现象与预期的完全不同，确实有很多 α 粒子从原子中穿过去，且方向没有大的改变，但是存在 1/8000 的 α 粒子以大角度偏转。更奇特的是，卢瑟福还发现偏转的 α 粒子中大概有 1/20 000 的粒子被完全反弹回来。这些现象用原有的原子的葡萄干布丁模型很难解释。基于这些实验数据，卢瑟福最后提出了原子核模型来解释 α 粒子散射现象。原子核模型中的电荷量和质量都集中在非常小的尺寸内，电子在原子核中运动。

基于卢瑟福前期在核物理领域中的一系列突出贡献，他被选为英国皇家学会主席。在 1927 年的年度报告中卢瑟福提出："我一直渴望拥有人工加速器产生的大量的粒子，如原子、电子等，这样得到的粒子要比人工放射性产生的粒子的能量高得多，而且可靠性和操控性更好。这样，我能够开展更多的核物理实验。当然，为了获得更高能量的粒子，需要克服很多实验上的困难。"

该报告激励了许多做加速器的学者，于是在 1930 年前后，人们开始了人工加速器的早期研究工作。最早的研究人员是范德格拉夫，他用一个运动的导电带，把电荷从低电位输送到高电位，从而形成一个净高压。他在实验中能够实现兆伏量级的净高压。另外，卢瑟福当时所在的实验室（卡文迪许实验室）的两个同事利用自己的专业背景，基于交流电桥式整流的电压倍加方法产生了直流净高压，在 1930 年实现了 300kV～0.4MV 的净高压。并且，他们用这个净高压加速了质子，质子被加速后撞击锂核，产生两个氦核。这是人类历史上第一个人工启动的核反应过程。他们后续也因为这个实验获得了诺贝尔奖。但是这个净高压并不能无限制持续增长。由于电场击穿等原因，这种净高压仅能维持在十几到几十兆伏。基于直流净高压实现粒子加速器的方法遇到了很大的困难。

直到 1932 年左右，Lawrence 在伯克利实验室创新性地提出了回旋加速器概念。

这个概念开辟了另一种研发粒子加速器的道路。直流净高压很难稳定存在，因此实验室中往往只能利用一个很小的净高压。如果能够在电场基础上利用磁场，让带电粒子反复通过这个小的净高压，让粒子成千上万次（甚至上千万次）地与小的净高压相互作用，就能得到高能量的加速粒子束。回旋加速器这个新发展方向开启了利用随时间交变的电场来加速粒子的全新思路。Lawrence 最早发明的回旋加速器尺寸在 15cm 左右，而且成本很低，仅用 25 美金就能够制造出一个。为了得到更高能量的粒子束，Lawrence 和他的学生在伯克利实验室建造了一个更高能量、更大尺寸的回旋加速器，尺寸在 70cm 左右。到目前为止，回旋加速器发展迅速。瑞士散裂中子源的回旋加速器可以把质子加速到 590MeV，并且质子具有非常强的束流功率，可达 1MW。用这种高质量、高能量的质子来打靶能够产生散裂中子，将中子作为实验探针能够开展许多前沿工作。

当然，在加速器百年发展历史中不仅出现了上述加速器，还有其他一系列的各种类型加速器。加速器中的摩尔定律表明：随着科学技术发展，粒子加速器能量不断增长，每 6～10 年，能量增长一个量级，即增长 10 倍左右。但粒子能量的增长，不仅是依靠把粒子加速器做大、花更多的钱来实现的，还提出了一系列新的粒子加速技术或加速器类型，如回旋加速器、静电加速器、感应加速器、同步加速器、直线加速器、对撞机等。每一个新加速器类型的出现都是为了解决当时加速器能量向上提高时遇到的技术瓶颈。另外，在加速器领域中，加速粒子能量并不是唯一追求的指标，有时也强调追求更高束流强度和高亮度等指标。

其实，粒子加速器不仅对推动基础科学发展、支撑科学研究有重要意义，在日常生活中也有大量应用。目前世界上初步估计有 3 万多台加速器，大量加速器对工业、医疗等方面有重要贡献，比如用于放射性治疗和肿瘤放疗、产生放射性同位素、对材料进行杀菌消毒等。对于很多疾病产生的医学垃圾，都可以用粒子加速器做无毒处理。粒子加速器在安全检查、考古、环境处理、能源等方面均有非常广泛的应用。更多的粒子加速器应用于工业和医疗领域，而非科学研究，这种加速器往往尺寸很大，所需功率很高，很难由一个大学或者一个实验室单独使用。

早在 20 世纪，物理学家对加速粒子已经提出了远超 GeV 的更高能量（1PeV，即 10^{15}eV）要求。但是基于回旋加速器原理以及现有的磁场强度和技术水平，要实现 10^{15}eV 的粒子加速能量要求，需要一个长度能够绕地球一周的加速器，这显然是很难实现的。如果需要更高能量（超过 PeV 量级），加速器就必须向地外发展。因此，传统加速方案无法实现 PeV 量级的高能量要求，亟待新技术革命，即新的加速原理或者新的加速器类型出现，来突破目前的技术瓶颈。

在总结可能有哪些新加速技术或者新型加速器出现之前，我们可以简单回顾一下前面所提的加速技术。目前历史上大多数加速器的发展都经历了大致 4 个阶段的演变，如图 9-1 所示。第一阶段是产生创造性的想法，提出创新性的加速器概念，构建精巧的设计方案，之后通过初步的实验验证这个想法是可行的。在想法可行的基础上，围绕着这个想法做技术创新、技术改进，将该技术落地为实际可用的加速器，即第二阶段。到这一步，基于这种想法的新型加速器诞生。然后进入第三阶段，继续投入经费、投入人力，将该技术开发到极限，将新型加速器做大、将加速粒子能量指标提升到更高。到此，基本上这个新型加速器的粒子能量、粒子亮度等指标已经提升到了极限，之后会对加速器进行一些局部改进，或者将一些新的技术思路融入以开拓它的应用范围，实现性能上的提高。到第四阶段，新加速技术其实在它的能力范围内基本到达极限了，接下来应该等待新的创新方案诞生。随着科学技术的发展，目前加速器领域正在等待着新的技术革命。

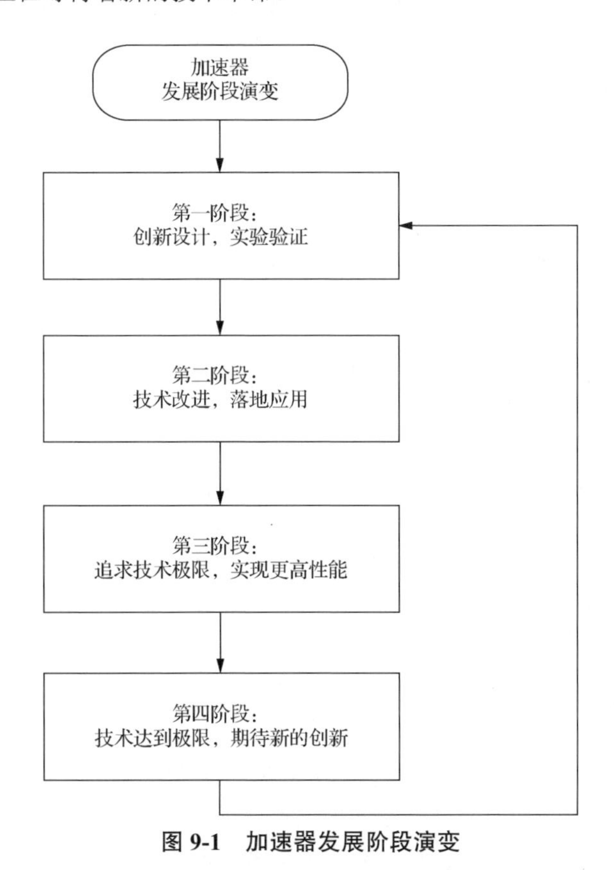

图 9-1　加速器发展阶段演变

为此，从 20 世纪末开始，一系列的新加速技术蓬勃发展，如基于强激光驱动的等离子体尾场加速，以及基于强流高能量束流驱动的等离子体尾场加速等，已经能够在非常短的距离（厘米尺度）将粒子能量加速到 GeV 甚至几十 GeV 量级，正在向实现加速器落地应用阶段努力。还出现了直接用激光加速的加速想法，介质尾场加速也是一个热门的研究方向。本章所讲的 THz 电子加速技术是用 THz 频段的电磁场来加速粒子，THz 波的独特优越性质让该技术方案具有很大发展潜力，是未来新型加速器的研究方向之一。

9.1.2 THz 电子加速原理

电子加速器在前沿科学和工业应用方面发挥着重要作用。电子加速器的核心是利用电磁场快速将电子从静止状态加速到高能量状态，避免空间电荷效应引起束流衰减。早期的直流高压电子加速器、回旋加速电子加速器能够产生一些高质量高能量的束流，支持许多科学实验进行。然而，传统射频加速器由于金属材料击穿阈值的限制，最大加速梯度有上限，粒子加速过程必须经历很长的加速距离，加速器体积大、成本高。同时，射频加速器在与激光同步方面比较复杂，限制了加速器的时间分辨率。因此，探索更加小型化、具有更高加速梯度、更高时间分辨率的新型电子加速技术至关重要。

电子加速器小型化的关键在于如何提高加速梯度，在更短的相互作用距离内让粒子加速到更高能量。金属结构的射频击穿效应公式如下：

$$E_{\text{breakdown}} \sim f^{\frac{1}{2}} \tau^{-\frac{1}{4}} \tag{9-1}$$

可以看出，射频击穿场强（加速梯度阈值）$E_{\text{breakdown}}$ 与工作频率 f 呈正相关，与工作脉冲宽度 τ 呈反相关。因此，我们可以通过使用更高频率、更短脉冲宽度的电磁波来提高金属结构的击穿阈值，进而提高加速梯度。于是，科学家很容易地想到了直接利用激光的高频率（激光频率在 10^{14}～10^{15}Hz，射频频率在 10^{6}Hz）优势来加速粒子，提出许多新型电子加速器结构方案，如激光介质加速器、激光等离子体加速器等，并在此基础上，通过将电子枪、直线加速器与偏转产生 X 射线源等环节进行各种优化组合，结合级联加速等方案，取得了重要进展。

每种加速器都有其优缺点。传统射频加速器受到光电阴极材料击穿阈值的限制，内部电场加速梯度最高为 100MV/m，这种加速器中激光与电子的相位匹配困难，对二者的相位同步程度要求较高；激光等离子体加速器能够达到 200MV/m 的强电场加速梯度，能够将电子能量加速到相对论或超相对论能量，但由于等离子体结构的不稳定性，该加速器具有不稳定、重复性低的缺点；激光介质加速器可以达到 GV/m 量级的加速梯度，但该加速器采用微米级结构，在校准和控制上需要的公差极大，并且只能加速电荷量在亚飞库仑范围内的电荷束，具有低电荷量和大公差的缺点。

近几年诞生的 THz 电子加速技术的场诱导击穿阈值高，能够产生更大的加速梯度，达到 GV/m 量级，且能够避免常规直流电子加速技术的高压屏蔽限制这一缺点，与激光等离子体加速技术相比稳定性高，与激光介质加速技术相比电荷量大，结构简单，易于操作。因此 THz 电子加速技术具有很大优势，能够有效改善其他加速技术的不足之处。进一步，由于 THz 波和诱导光电流产生的紫外脉冲能够由同一束激光产生，因此没有过高的时间同步性难度。可利用 THz 波加速后的电子束实现超快电子衍射等应用，也可进一步应用于电子脉冲压缩与调控工作中，促进了全光 THz 电子加速器的实施与应用。THz 电子加速器所用毫米尺寸的加速结构可以用传统加工方式实现，具有装置紧凑、经济实用的优点。这些优势使得 THz 电子加速器成为未来极有前途的发展方向。

从加速器的角度来看，科学家一般喜欢用超高频率的电场来加速粒子，优势在于用更高频率的电场来加速粒子，最大加速梯度的阈值会更高。式（9-1）表明，能够稳定存在的射频击穿场强 $E_{\text{breakdown}}$ 与 f 呈正相关，与 τ 呈反相关。从该公式中可以看出，如果用更高的工作频率 f、更短的脉冲宽度 τ，$E_{\text{breakdown}}$ 会更大，从而允许加速技术实现更高的加速梯度。如果能够在更短的加速长度内获得更高的加速梯度，就能够实现加速器的小型化。频率越高，加速器的尺寸越小，需要的储能也就越少，这对加速器稳定运行来说是有利的。另外，近期加速器领域的科学家还发现，如果用一个脉冲或者一个交替变化的电磁场来激励加速结构，加速结构表面会产生面电流。因为激励信号是个交变电场，所以加速器表面会出现脉冲电流产生与消失的交替变化现象，这个表面电流会引起局部温升，加速器表面会产生一个基底温度，在基底温度上出现温度上升和下降的交替变化现象，造成表面老化损坏。温升幅度变小有利于加速器的持久性和稳定性，所以当采用短脉冲激励信号时，显然会有利于调整温升幅度的大小，采用更高工作频率 f 也有利于减小脉冲加热的危害。综上所述，用高工作频率的加速电场来馈入加速器十分重要。

另外，从粒子的动力学，即束流被加速的动力学角度来看，如果采用更高工作频率加速电场，电子在单位长度加速电场上的变化梯度会更大，变化电场会更加陡峭，有利于产生脉冲宽度更小的束流。同时，束流在空间中的加速运动过程会受到两个力，一个是同性电荷之间的库仑力，另一个是同向传输束流之间的相互吸引力。同性电荷之间的库仑力大于同向传输束流之间的吸引力，库仑力的大小和束流电荷量成正比。根据空间电荷效应，束流能量越低，空间电荷效应越强。因此科学家都希望电子束在低能量的时候就被快速加速到相对论能量，这样能够减弱空间电荷效应对电子束造成的破坏，进而得到高品质束流。综合下来，从加速梯度的提高和束流动力学的优化两个角度来说，都希望采用更高工作频率的加速电场来实现对粒子的加速。

THz 波是一个典型短脉冲，对应的波长范围为 30～3000μm，对应的束流孔径在 μm 量级。基于这样的尺寸，THz 电子加速有 3 大优势：①THz 波频率足够高，可以实现 GV/m 量级的高加速梯度；②THz 波长在毫米量级，传统加工方法也能够实现；③THz 波的振荡周期在 ps 量级，能够在一个周期内支持足够多的电荷（子）加速。因此，THz 电子加速技术具有很大发展潜力，THz 波的特殊频段优势给电子加速提供了介于射频和激光之间的折中选项。THz 波的加速梯度介于射频和激光之间，能够达到 GV/m 量级，加速电荷量能够达到 pC 量级。同时，THz 波相对较大的脉冲宽度使其对时间抖动的容忍度较高，对于 1THz 的电磁波，1%周期的抖动对应的时间尺度为 10fs，在现有技术可以控制的范围内。此外，THz 波毫米量级的波长在加工波导等结构上也易于实现。近年来，随着 THz 技术的快速发展，THz 波单脉冲能量不断提高，基于 THz 波的波长和频率优势，THz 波驱动的电子加速器不仅能够提高加速结构的击穿阈值，产生较大的加速梯度，还能够适用于具有大电荷量的电子加速场景。与其他新型加速结构相比，THz 电子加速可同时满足稳定性高、电荷量大、结构简单紧凑等优点。并且，用于激发电子加速的 THz 波和诱导光电流产生的紫外脉冲能够由同一束激光产生，具有较好的时间同步性，能够实现较高的时间分辨率，可用于电子探针、电子衍射等实验。这些优势都使得 THz 波驱动的电子加速方案具有极大的研究前景。

此外，与传统加速器的加速结构相比，强场 THz 电子枪有很大的潜在优势，即 THz 波能量高，不需要再对加速粒子进行后加速操作。传统电子枪产生的电子束能量不高，要把它快速加速到相对论能量，需要在传统加速器中使用针对电子或者其他带电粒子的后续加速结构，包括像“糖葫芦”腔的超导腔。相对于传统加速结构，THz 加速结构在动力学上有一系列的不同点，简单概括如下。传统加速器所用驱动光束为微波脉冲，该脉冲长度是被加速的束流的长度的成百上千倍甚至上万倍。因此，被加速粒子穿过此加速结构获得加速的过程中，电子感受的电场已经达到稳定状态。所以，固定大小的电场能量被电子吸收，属于稳态加速过程。但是，如果用 THz 波来驱动加速结构，基于光学整流或者其他方式产生的高能 THz 波大多是单周期脉冲或多周期脉冲。在这种情况下，没有办法等多周期脉冲在加速结构中形成稳定的电场后再让束流通过，所以电子加速过程是非稳态过程，即电场没达到稳态时电子脉冲已经到达加速结构中，且必须前向运动，束流也在边建立电场边被加速的过程中实现，所以 THz 电子加速过程是非稳态加速过程。

另外，THz 电子加速技术所用的是超短脉冲，它是宽频谱脉冲，因此加速结构或多或少存在色散问题，虽然设计加速结构时总是尽可能地让色散问题越小越好，但是很难完全解决。也因此造成，超短 THz 波在加速结构中运动时，脉冲越来越长，峰值加速电场越来越小，加速效率随之降低。所以，色散问题是需要在设计加速结构时重点考虑解决的。

还有另一个设计 THz 加速结构时需要注意的问题，如图 9-2 所示，绿色部分代表 THz 波，THz 波的速度相对光速很慢，THz 波在加速结构中传输的相速度和群速度都小于光速。因此，非相对论电子束，即能量为 keV 量级的电子束在加速过程中能量增加，速度增加，逐渐超过 THz 波。因此，科学家总是希望加速粒子一直处于 THz 波上的红点位置，这里假设向上代表正加速，即希望被加速粒子一直处于不断加速过程中。但是这种情况无法实现，因为随着电子能量的增加，它的相对论性虽然还不强，但能量增加导致它的速度急剧增加，此时加速粒子从红点位置滑到蓝点位置，也就是所谓的滑相问题，从加速相位滑到了减速相位。如果一个相对论电子束的速度非常接近光速，在这种情况下，THz 波在加速结构中的相速度和群速度都低于光速，而被加速的电子速度接近光速，甚至会超过光速。因此，电子束在加速相位上的停留时间并不长，它运动得很快，发生了电子束和加速脉冲之间的走离现象。对于相对论电子束，要解决的就是加速电子与 THz 波之间的走离问题，所以，对于相对论电子束和非相对论电子束来说，它们需要解决不同的问题。

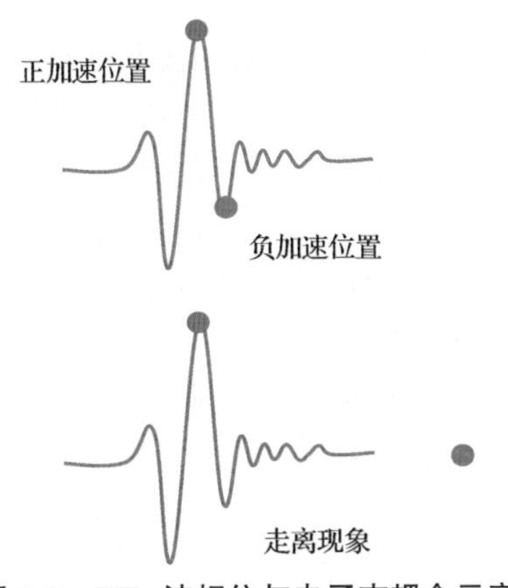

图 9-2　THz 波相位与电子束耦合示意

9.1.3　THz 电子加速仿真理论

为了更好地模拟强场 THz 电子加速过程，Arya 等人还提出了 DGTD/PIC（Discontinuous Galerkin Time Domain/Particle-in-Cell，间断伽辽金时域/质点网格）混合算法。在加速器物理学中，无论是在空腔还是在波导中，能量通过电磁场作用从激励源转移到粒子中。此外，带电粒子会以辐射形式反作用于电磁场。在这种情况下，我们不仅需要研究电磁场对电子束的作用，还需要研究自由电荷对场分布的反作用。由于电磁场的广泛应用，人们开发了各种算法来模拟带电粒子与电磁波之间的相互作用过程。一种广泛使用的算法是将电荷视为麦克斯韦方程中的电流密度，同时求解场和电流。这种方法包含在许多标准算法中，如有限元法、有限时域差分法以及矩量法，并且在一些现有的商业软件包中可用。然而，这些方法宏观处理电荷分布，不支持研究相互作用过程中的内部束流轮廓演化。因此，基于分布函数的电子束流动力学模型诞生，用于解决这一问题。该模型直接考虑瞬变分布函数和电磁场，产生了麦克斯韦-弗拉索夫方程，在 20 世纪 80 年代被广泛研究。2012 年，Seal 详细描述了使用间断伽辽金法求解等离子体麦克斯韦-弗拉索夫方程。这些已有的模型很有用，考虑了电荷分布的累积效应，并且能够对束流的微观性质进行近似预测。使用 PIC 代码可以模拟微观束流参数的变化情况，而不是预测，因此 PIC 方法是模拟束流动力学的标准计算方法。在 PIC 模拟中，针对特定电磁场剖面连续更新运动方程，通过使用解析公式或导入一些先前求解的数值来获得场分布。使用数值模拟是设计加速器腔的标准技术方法，然而当短脉冲作用于束流时，该方法受到严格限制。由于超快光学和 THz 源的出现，该方法再次得到重视。因此，在上述领域中，当考虑微观效应时，对于作用于束流上的场传播过程，经常使用时域数值模拟的方法来解决问题。

在具有已知边界条件的计算域内，任意电磁波激发的场效应，涵盖了散射体以及初始电荷分布。数值模拟方法必须求解电磁场和电荷分布的演化过程，目标是通过提供一种时间推进机制来找到模拟方案，该机制能够在计算域中求解电磁场，同时求解束流演化。首先，我们需要确定麦克斯韦方程组的严格时域求解方法。FDTD 是一种高效、通用和灵活的选择，广泛的研究工作致力于开发 FDTD/PIC 代码，从而产生了软件包，如 SELFT、MAGIC、MAFIA、WARP 和 PIConGPU。然而，FDTD 在时间和空间上具有严重的二阶精度限制，并且仅适用于均匀笛卡儿网格。目前提出的子网格和分割材料体素等方法没有完全解决这个问题。在这方面，21 世纪初见证了间断伽辽金法在求解高阶精度的时域电磁方程以及非结构网格方面的进展。相关文献描述了两种纳米光子系统模拟方法（有限时域差分法和间断伽辽金法）的完整比较。Arya 等人最终选择 DGTD 作为麦克斯韦解算器，基于上述理论，粒子运动可由 PIC 算法求解，使用混合 DGTD/PIC 算法模拟 THz 波与电子之间的相互作用过程。

DGTD 侧重于求解色散介质的麦克斯韦方程组。计算区域被细分为多个四面体单元。在每个单元中，场和电流均被写成一组假定基函数的展开式。DGTD 中假设的基函数是 Webb 开发的分层多项式向量基函数。Webb 基函数是多项式函数，在每个单元的边和面上施加展开量的连续性，形成了所谓的边、面和体积基函数。与模态间断伽辽金法中常规使用的节点基函数相比，模态间断伽辽金基函数系数不对应单元中特定节点的字段值。由于 DGTD 算法中质量矩阵的精确反演，节点基函数和模态基函数的计算成本相同。然而，Webb 基函数在计算相邻元素的场耦合过程和区分旋转函数、无旋转函数方面具有优势。更准确地说，只有特定的面和边基函数有助于共享一个面中元素间的耦合，其他函数的贡献等于 0。这一事实导致运算期间的浮点计算量大大减小，促进了 Webb 基函数的使用。

PIC 方法是一种通用技术，用于求解流体动力学和等离子体物理学等领域中的某类偏微分方程。在传统的 PIC 方法中，电荷场被插值到预定义网格中，第二次插值返回粒子所在位置的场值。为了求解相对论电子束积分运动方程，该方法使用与 DGTD 相同的四阶龙格-库塔格式实现。这种 DGTD/PIC 协同作用方法的优点是直接使用计算的场值，而不需要时间插值或者保持先前时间步骤所得的结果。

Ayra 所开发的 DGTD/PIC 算法是解决复杂强场超快光电问题（不存在解析解）的一种有效方法，它将广泛用于模拟结构化光电阴极和电子枪。目前备受关注的一个研究方向是激光场诱导电子发射的超快电子源。场发射阴极器件利用强电场中的量子隧穿效应产生高亮度电子束。实际上，超短激光脉冲照射大块金属表面，并从表面提取电子，自由电子发射后进一步受到现有场的影响。由于场发射过程包含电磁场的传播、散射以及粒子运动，DGTD/PIC 算法是模拟这一现象的合适方法。此外，处理非结构化网格的能力使该算法能够自适应地增大电子发射点处的网格分辨率。

Arya 等人比较了考虑和不考虑粒子场（即空间电荷效应）的场发射结果。若不考虑粒子场，短激光脉冲诱导约 200 万电子从金属表面发射。然而，当考虑粒子场和静态场相互作用时，库仑阻塞效应抑制了约一半的隧穿电荷发射。之后，正负电荷的吸引作用和电子间的相互排斥导致发射电子与金属表面复合。该场发射模拟结果也验证了所设计的 DGTD/PIC 算法对于非线性网格问题的适用性，对电子与场之间相互作用过程的模拟具有重要作用。

利用电磁仿真软件 CST Studio Suite 也能模拟部分波导加速结构中 THz 波与电子之间的相互作用，通过建立仿真模型，将电磁波信号、电子源加入模型中，可对模型进行分析、计算，最终得到模拟的 THz 电子加速结果。如图 9-3 所示，本次模拟的是喇叭口矩形波导中 THz 波与电子之间的相互作用，黄色波形即所加入的 THz 波激励信号，让激励信号沿着 y 轴负方向向前传输，中心绿色区域为加入的模拟圆形电子源。本次电子模型选用光电发射模型，即设置了一个高斯电子源，通过设置该电子源的半高宽持续时间、电子束间隔时间、电子束发射时间等参数，模拟紫外光打在光电阴极材料上所产生的电子性能。图 9-3 中的蓝色模型为模拟的加速结构，在波导结构中设置为真空环境，在波导以外设置为理想电导体环境，在波导上下前后面上均设置为理想电边界。以上仿真环境参数的设置均是为了最大程度地与实际物理模型结构相吻合。本次利用 CST Studio Suite 软件仿真电子在电磁波作用下的运动过程。仿真激励信号波形即实验所得 THz 波时域波形，设置初始 THz 波峰值电场强度为 2GV/m，即 20MV/cm，设置的初始电子束由 6241 个具有 0.18eV 初始平均动能的大颗粒模拟，总电荷量约为 50fC，发射位置设置在图 9-3 中模型中心的下底面处，仿真预期目标是 THz 波成功将电子从模型的下表面加速到上表面，实现一定的电子能量增益。

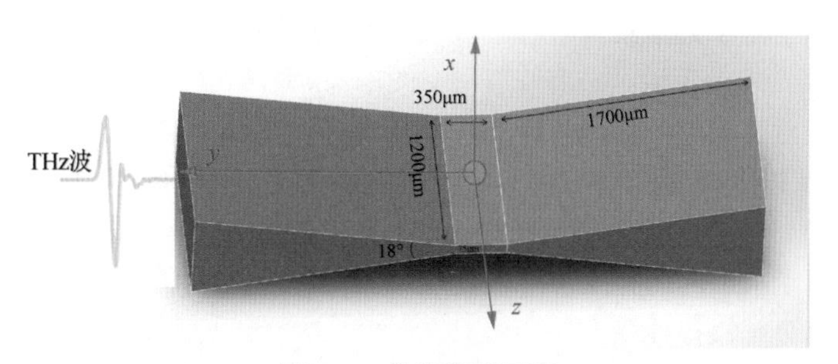

图 9-3　仿真模型示意

图 9-4 是 THz 波激励信号在矩形波导不同位置处的电场强度随时间的变化。可以看出，波导中电场强度（绝对值）逐渐增大，当激励信号到达中心矩形波导处，电场强度达到峰值，之后逐渐衰减振荡，信号从另一侧喇叭口传输出去。电子加速过程主要是利用电场负半周期，让电子能够沿着 x 轴正方向向上运动到模型上表面。中心电场负半周期峰值强度可达 66.23MV/cm，是输入信号电场负半周期峰值强度（22.29MV/cm）的 3 倍左右。由图 9-4 中的数据可知，信号在 6.9ps 时到达中心处，负半周期电场持续时间为 6.91～7.50ps，本次设置电子束发射的起始时间也是在 6.9ps 处，因为在这个时间前激励信号尚未到达或者刚刚到达，此时发射电子，正向电场会对电子产生作用，阻碍电子加速，在这个时间之后又会损失部分有用信号的作用时间。因此，综合考虑最终选择在 6.9ps 时发射电子，主要研究中心峰值电场对电子的加速效果。

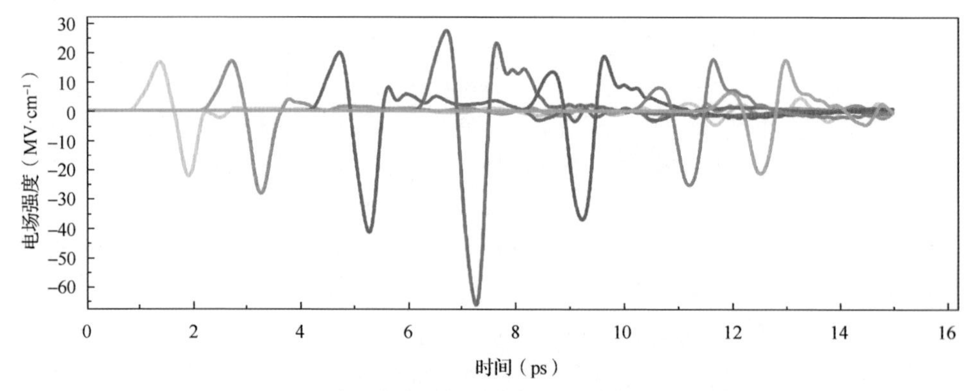

图 9-4　矩形波导中电场强度在不同位置处随时间的变化

图 9-5 是电子束发射后能够达到的最大能量随时间的变化，右下角为电子运动轨迹简图。电子最大能量从初始的 0.18eV 迅速上升到 31.97keV，然后慢慢上升，逐渐稳定在 425keV。此时高能电子位置接近模型上表面，可以逃逸出去，部分低能电子未受到加速作用或者加速效果不明显，可能是因为本次在 CST Studio Suite 仿真软件中仅设置了一个激励信号与一束电子束进行相互作用，当在这个基础上再加入一个激励信号与电子束相互作用时，可以实现对剩余低能电子的加速。实际应用中，THz 波随着激光频率变化，一个波形一个波形地向前传输，而电子由紫外光或者其他光束打在光电阴极上产生，也是一束一束地产生。虽然每次只有一个 THz 波和一束电子束相互作用，但前一次尚未加速的电子不具有足够的能量逃离本模型，可以在下一次电子加速过程中继续加速。由此，我们得到了在该种矩形波导结构中 THz 波与电子或电子束之间的相互作用，也验证了利用仿真软件 CST Studio Suite 确实可以对该种情况进行模拟计算。

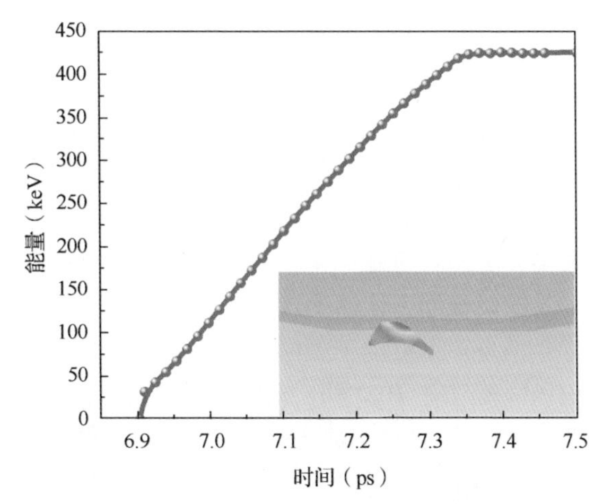

图 9-5　电子束发射后能够达到的最大能量随时间的变化

9.2　强场 THz 电子枪

THz 电子枪具有稳定性高、发射电荷量大、结构简单紧凑等优点，并且具有较好的时间同步性、较高的时间分辨率，可用于电子探针、电子衍射等应用，是新型小型化电子枪发展的重要方向之一。本节将介绍 THz 电子枪的技术原理和目前已有研究成果，能够让读者深入理解 THz 电子枪技术。

9.2.1　THz 电子枪简介

在开始介绍具体的 THz 电子加速技术实现方案之前，我们先介绍电子枪原理。大部分电子枪是自由电子激光装置束线的源头。电子枪的性能基本决定了直线加速器在输出结尾部分得到的电子束的束流品质上限，即最后得到的电子束的束流品质只可能比电子枪发射的束流更坏，不可能比电子枪发射的性能更好。基于此，加速器领域的学者十分重视电子枪性能，做了很多研究工作，制备了一系列的常规传统电子枪，如直流高压电子枪、直流高压超导枪、射频常温电子枪、高频常温电子枪等。目前，典型加速器分布在世界各地，包括中国正在建造的自由电子激光装置。传统自由电子激光装置可以利用光电阴极电子枪产生电子束，用后加速的直线加速器对电子束进行加速，将电子束能量加速到 GeV 量级，之后通过多级磁铁波荡器，使电子束在波荡器中不断进行扭摆运动。电子束有加速度，会辐射出能量，电子束摆动幅度很小，所以它产生的辐射是相干辐射，可以叠加。这样得到了能量很高、脉冲很短、相干性很强的辐射波，甚至可以达到 X 射线频段。这种电子枪结构的典型尺寸基本在米量级，为了把电子束能量加速到 GeV 量级，所用直线加速器尺寸基本在千米量级。为了利用电子束摆动来产生辐射波，所用波荡器尺寸要在百米量级。目前常见的自由电子激光装置规模很大，在千米量级，并且造价很高。只有国家级的大科学装置才能有这样的建造成本，很难给高校或者个人实验室使用。为此，科学家想要开发一种能够在实验室应用的小型化电子加速装置，于是诞生了很多新型紧凑电子枪。

下面介绍两种高平均功率和高峰值功率的电子枪，分别采用不同的技术路线。其中一种重复频率很高，另一种重复频率很低但单脉冲能量很强。电子枪出口的电子束品质称为亮度，与在阴极面上能够实现的电场强度大小密切相关，亮度越大，产生的束流品质越好。但是，目前由于受电场发射和电场击穿的限制，直流高压电子枪阴极面产生的电场强度只有 10MV/m。传统的微波馈入加速电子的电子枪在阴极面产生的电场强度为 100～200MV/m，严重限制了电子枪可应用场景。图 9-6 所示为超导射频电子枪、直流高压电子枪、传统射频电子枪的束流亮度的比较。可以看出，如果采用 THz 波来驱动电子枪，基于 THz 波的高频特性，阴极面能够实现更高的电场强度，得到更高亮度的电子束。另外，由于电子枪尺寸与激励波长是正相关的，而 THz 波频率高、波长短，所以 THz 波驱动的电子枪装置会更加紧凑，在电子衍射装置、电子显微镜装置中都有很好的应用前景。研制全光 THz 电子加速器，必然需要 THz 电子枪。因此发展 THz 电子枪成为非常迫切的需求，且其具有巨大的应用空间。

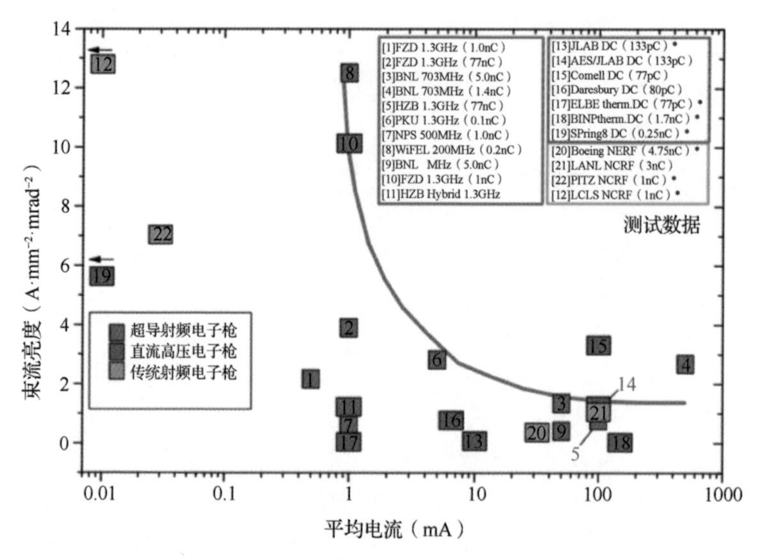

图 9-6　超导射频电子枪、直流高压电子枪、传统射频电子枪的束流亮度随平均电流的变化

9.2.2　THz 电子枪实例

早在 2014 年，德国哥廷根大学的 Ropers 教授团队发现在金属纳米针尖产生的

THz 波的局域电场增强，峰值电场强度可达 0.9GV/m，能够实现对近红外脉冲诱导纳米材料产生的光电流的调控。该研究主要基于条纹谱学的相位分辨采样，将瞬态场时间信息转化为光电子能量或者自由度的变化信息，由此观察到金属纳米针尖产生了具有强场特征的光电子。当时，在近红外等频段，条纹谱学在金属纳米结构上的应用已经被深入研究，但是这些概念在 THz 波领域尚未出现。在该实验中，科学家用双频段脉冲激发金纳米针尖，验证 THz 波对电子动力学的调控作用。用近红外脉冲（波长为 800nm，脉冲宽度为 50fs）诱导纳米针尖产生非线性光电子，同时用激光诱导空气等离子体产生单周期 THz 电场，光电子受到 THz 电场作用后能谱发生改变，实验原理示意如图 9-7 所示。通过光谱图的压缩、扩展等变化获知局域 THz 电场信息，同时对条纹光谱图进行了数值模拟，给出了在瞬态 THz 电场作用下粒子传播的模拟结果，验证了实验的正确性。

由实验和模拟结果可知：在近红外频段，强电场让光电子初始动能变大，使光电子得以逃逸出纳米针尖，纳米针尖结构中增强的 THz 电场可以实现对光电子轨迹的控制，让发射后的电子光谱产生位移和重塑。最终实验得到了峰值电场强度为 9MV/cm 的局域增强 THz 电场，展示了针尖局域电场增强的单周期 THz 波对光电流和光电子谱的高对比度切换和控制作用。该研究证明了超快、高产率 THz 光电子加速器的实现可行性，为全光 THz 电子枪的诞生提供了理论支撑，也为超快电子脉冲成像和衍射技术奠定了基础。

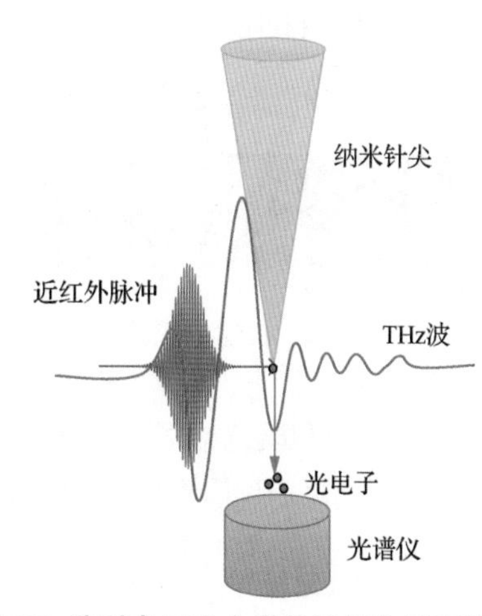

图 9-7　THz 波对电子动力学的调控作用实验原理示意

之后，美国 MIT 研究组、德国电子同步加速器中心和汉堡大学一直开展基于 THz 波驱动的电子枪的研究。Ropers 教授团队证明了纳米结构中强 THz 电场诱导的光电子调控现象。德国汉堡大学的 Kärtner 教授团队证明了 THz 波可以加速宏观结构中的电子，图 9-8 给出了该团队在 2015 年前后实现的一款 THz 电子枪的实验结果。在这个实验中，他们设计的电子枪结构比较简单，包括两个平行板，其中上端平行板的左端开放，这样的渐开口结构使 THz 波馈入更方便，能够让更多的 THz 波能量进入结构中。之后利用红外激光的二次谐波产生绿光，打在铜光电阴极上产生光电子束。光电子束受到 THz 电场的加速，加速后的光电子束从电子枪的出口发射出去。作为原理验证实验，该团队使用峰值电场强度为 72MV/m、重复频率为 1kHz 的微焦 THz 波，将铜光电阴极上发射的 50fC 电子束从 0 加速到几十 eV。

实验装置示意如图 9-8（a）所示。中间的铜光电阴极类似于传统电子枪中使用的光电阴极。金属铜因具有鲁棒性非常适用于高能电子应用领域。用脉冲宽度为 525fs、波长为 515nm、重复频率为 1kHz 的绿光打在光电阴极上产生电子束，每束电子束的总电荷量为 50fC。发射的电子束暴露于中心频率为 0.45THz 的 THz 波中。光电阴极的反射使 THz 电场强度增大了两倍。最终 THz 波能量为 6μJ，计算的峰值电场强度为 72MV/m。THz 电子加速器的性能主要由发射电子束的电子能谱决定，因此该研究通过将光电流的导数作为偏压函数来测量光电子能谱，进而得到该结构发射的高能电子束的能量变化图像。

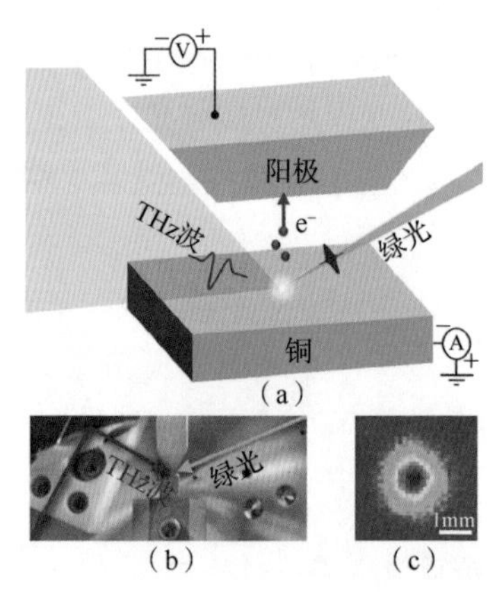

图 9-8　THz 电子枪

（a）实验装置示意（b）电子枪实物（c）焦点处 THz 电子束强度分布

图 9-9 所示是该研究所得的实验和模拟结果，图 9-9（a）所示为驱动电子枪的 THz 电场情况，该 THz 波是由铌酸锂光学整流产生的单周期 THz 波。图 9-9（c）、图 9-9（e）所示是不同 THz 波能量下，基于电子束动力学模拟出的 THz 波驱动电子束的能量演化。横轴代表的是紫外光和 THz 波之间的时间延迟，纵轴代表的是被加速束流的能量分布。假设存在一个类正弦函数的 THz 波，那么被加速粒子在该函数不同的相位上会出现加速、减速，甚至无加速情况出现。因此，从图 9-9 中可以看出，每一个时间点得到的电子束能量分布是不一样的。该实验利用光学整流方法得到一个中心频率为 0.45THz 的 6μJ 的 THz 波，经过聚焦产生了 1.1mm 的光斑。根据得到的加速束流进行能量推算，在阴极面上产生了 72MV/m 的加速梯度，最终得到了电荷密度很大的 50fC 电子束。平均能量为 28keV 的被加速电子束有非常宽

的能谱，在加速器领域里不算是很好的束流，因为能散太大。但该电子枪出口电子束的平均能量为 28keV，这个指标很好。该实验只用了 6μJ 的 THz 波能量加速电子。将 THz 波能量不断提高，使铜光电阴极表面产生的加速梯度达到 2GV/m 量级，图 9-9（e）给出了能量演化结果。该加速梯度可以把电子束能量加速到 100keV，同时实现更好的电子能散分布。后续实验表明，当 THz 波与绿光脉冲同时到达图 9-8（a）中阴极上方的中心位置时，观察到电子束峰值能量高达 92eV，平均能量为 18eV。为了验证该实验结果的正确性，该研究对实验过程进行了模拟仿真，在 THz 波峰值电场强度为 72MV/m 时预测的电子束峰值能量为 90eV，平均能量为 20eV。实验结果与模拟结果相吻合。

通过对实验和模拟数据的分析，该团队发现电子束能量演化主要分为两个阶段。在短时间尺度（<3ps）下，强 THz 电场支配电子束能量。在长时间尺度（>3ps）下，空间电荷力（库仑力）使电子获得或者损失能量，进而使能谱产生啁啾效应。未来通过增大现有的 THz 电场强度（达到 GV/m）和缩短光电发射激光脉冲宽度（达到 20fs），该方案可以产生能量高达 100keV 的单能电子，极大地促进全光学、紧凑型 THz 电子枪的发展。

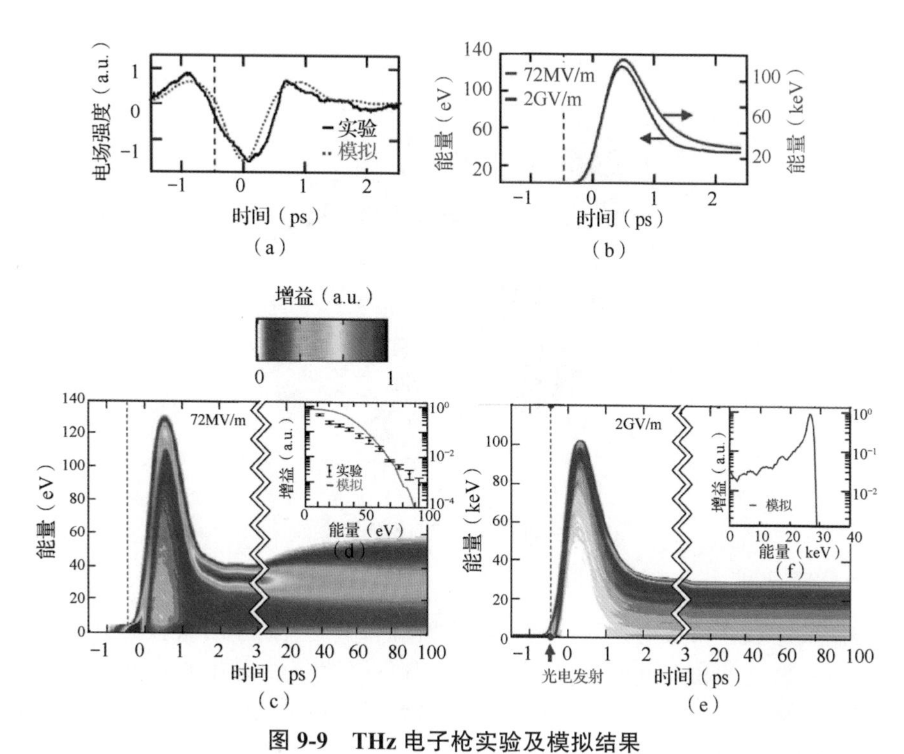

图 9-9　THz 电子枪实验及模拟结果

（a）THz 电场（b）单电子在 72MV/m（蓝色）和 2GV/m（红色）THz 电场作用下的能量演化（c）50fC 电子束在 72MV/m THz 电场作用下的能量演化（d）72MV/m THz 电场作用下的电子能谱（e）50fC 电子束在 2GV/m THz 电场作用下的能量演化（f）2GV/m THz 电场作用下的电子能谱

基于2015年THz电子枪的原理验证实验与仿真工作，Kärtner教授团队在2016年制备了图9-10所示的一款小型THz电子枪。加速电场强度大于300MV/m，电子能量增益高达0.8keV，获得了电荷量为32fC的准单能亚keV电子束，可用于电子衍射等。该研究所用THz电子枪为铜平行板波导形式，与之前电子枪结构相比，本结构在平行板两端均设置喇叭口，将更多THz波能量耦合进加速结构中。并且，该电子枪结构尺寸是渐变的，中间亚波长间距为75μm，以实现对加速电场的汇聚增强作用，利用电磁场与该波导的横向电磁模式来实现THz波加速电子的目标。在该加速结构中，铜平行板波导底面设置了一个铜膜光电阴极，在此处用一束紫外脉冲反向照射该薄膜，利用光电发射原理产生电子。与前一次产生电子使用的绿光不同，本次使用的是将红外激光四倍频后产生的紫外脉冲。同时，加速电场垂直作用在上下平行板波导之间，对电子束进行加速，加速后的电子通过顶板上的狭缝逃离电子加速器结构。在电子逃逸后，利用减速场分析仪或法拉第杯对电子光谱进行表征。在该过程中，紫外脉冲和THz波由同一1030nm泵浦激光器产生，能够确保绝对定时同步。THz波是利用铌酸锂倾斜波前技术产生的，中心频率为0.3THz，能量为35.7μJ，在自由空间中的峰值电场强度为153MV/m，在电子加速器中的峰值电场强度为350MV/m，具有两倍电场增强效果。而紫外脉冲波长为258nm，脉冲宽度为275fs。

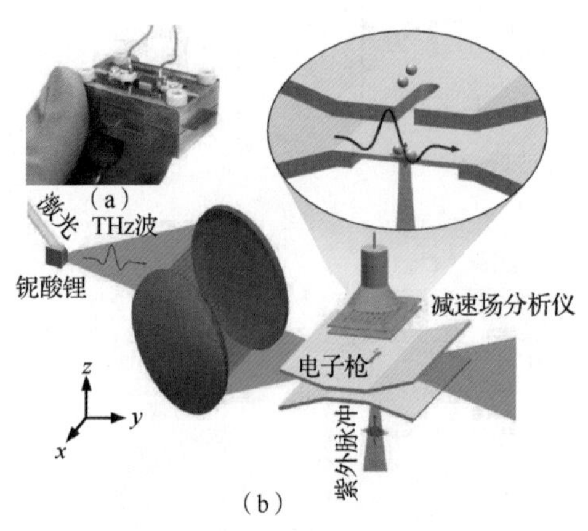

图9-10　小型THz电子枪

（a）实物 （b）实验装置示意

该团队通过实验数据发现，电子能量增益与其发射时间有很大关系。他们给出了电子能量增益和束流电荷随THz波延迟时间的变化，如图9-11所示。THz波可以在紫外脉冲之前发射，也可以在其之后发射，或者同时发射。但是当电子发射在THz电场的正半周期时，电场方向与电子运动方向相反，降低了电子能量。为了更好地验证实验结果的正确性，对此过程进行了粒子轨迹模拟，模拟了在最佳延迟时间发射的32fC的电子束沿着加速方向运动时的能谱演变。光诱导发射后，电子束立即经历一个强加速电场，在前 3μm 内，电子能量增加至 350eV。在 THz 波与电子束相互作用期间（对应的加速距离 z 为 0～25μm），电子能量经历 4 个加速/减速周期，这是由最佳延迟时间之后的 THz 电场中的 4 个振荡周期引起的。当加速距离达到 25μm 时，THz 波通过，电子束稳定加速到上方狭缝出口，模拟的电子能谱与实验结果很好地吻合，最终得到了电荷量为 32fC、能量为 0.8keV 的电子束。虽然所得电子束中心能量增益并不高，但它是一个能散很低的束流，可以供下游或供后加速使用。同时，根据电子束能量增益能够推算，电子枪内部产生的峰值电场强度大于 300MV/m。此时能看出，用 THz 波来加速电子束的方案具有很好的潜力。

综上所述，Kärtner 教授团队从仿真到实验设计了一款小型、拥有高加速电场的 THz 电子枪，能够将几十 fC 电子束的能量加速到亚 keV 量级，性能稳定。这是当时首个由几毫焦激光驱动的无抖动的全光 THz 电子枪，其实际性能与模拟结果基本一致，通过优化电子枪结构和提高 THz 电场强度，有望进一步改善 THz 电子枪性能。

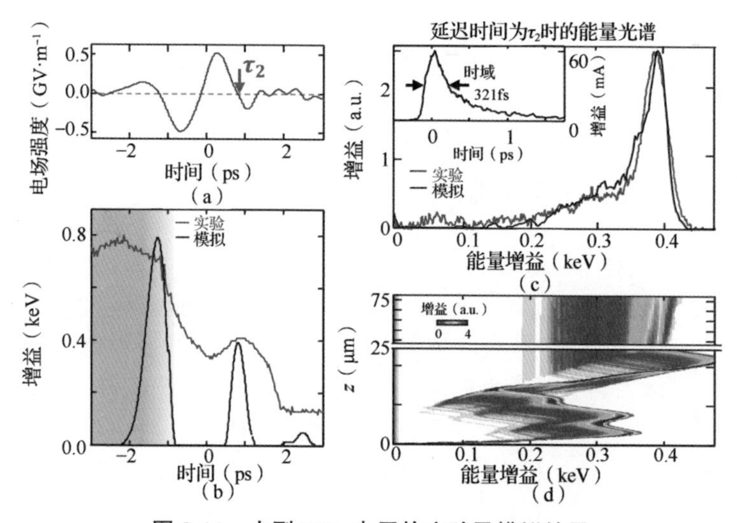

图 9-11　小型 THz 电子枪实验及模拟结果

（a）利用电光取样技术得到的 THz 电场（b）单电子能量增益（c）在延迟时间为 τ_2 时发射电子，电子枪出口束的能量增益　（d）电子束在加速路径上的模拟能谱变化

从这个过程可以看出，目前主要的研究方向是用更强的阴极表面加速电场把电子束能量从初始态加速到 keV 量级，很难加速到 GeV 量级。相对来说，目前电子束能量还不算太强，要尽可能地把电子束能量加速到 keV 或者几十 keV 量级。但在这个过程中，由于电子束能量不太高，它的洛伦兹因子不够大，而空间电荷力对电子束品质的破坏效应正比于洛伦兹因子平方的倒数。因此在 THz 电子枪中，空间电

荷力的破坏作用很强。最直接的效果是基于 THz 电子枪产生的电子束长度很长，可能在皮秒量级。而我们前面提及，比如中心频率为 0.3THz 的 THz 波，它对应的周期在皮秒量级。如果 1ps 的电子束被送到一个振荡周期为 1ps 的 THz 电场中，THz 电场是一个在 2π 相位周期内均匀分布的电场，此时电子束均匀分布在其中，会看到有的电子束被加速，有的电子束被减速，有的电子束没有被加速也没有被减速。如果把这样的电子束送到后加速结构中就会产生一个能散较高的电子束，这也是 THz 电子枪加速结构中需要解决的一个比较重要的问题。

9.3 强场 THz 电子加速器

THz 电子加速器用于在 THz 电子枪的基础上对发射出的加速电子束再次进行加速，以获得更高能量（keV 量级甚至是 GeV 量级）的加速电子束。上述介绍的 THz 电子枪具有结构简单、易于操作和加速梯度大等优点，如果把该电子枪发射的电子束送到后加速结构（THz 电子加速器）中，就会产生高能电子束。随着 THz 波能量的提高，THz 电子加速器的性能也会提升，因此，强场 THz 电子加速器是重要的研究方向之一。

9.3.1 单级 THz 电子加速器

如果用 THz 波对电子束进行后加速，需要解决一系列问题，主要针对非相对论电子束和相对论电子束。接下来讲述在加速器领域是怎么解决后加速问题的。

首先介绍 MIT 实验室对 THz 电子加速技术做的第一步原理验证实验，该实验室提出并验证了一种全光学、小型化的 THz 电子加速器方案，制作了一个 3mm 长的金属介质毛细管用作加速结构，用中心频率为 0.45THz 的 10μJ THz 波轴向分量来加速电子，如图 9-12（a）和图 9-12（b）所示，波导中的介质减小了 THz 波的群速度和相速度，能够加速低能电子。在该实验中，单周期 THz 波是通过能量为 1.2mJ、波长为 1.03μm、重复频率为 1kHz 的激光脉冲作用于铌酸锂晶体并通过倾斜波前技术产生的，之后 THz 波经过一个分束片，将极化方向从纵向转化为径向，得到峰值电场强度可达 10MV/m 的径向 THz 电场，THz 波相关参数如图 9-12（c）～（e）所示。电子束为 350fs 紫外脉冲激发直流光电发射阴极所得，能量为 60keV，电荷量为 25fC。在 THz 波与电子束相互作用过程中，波导处于 TM_{01} 模式，利用此时电场的轴向分量加速电子，因为波导中行波模式最有利于电磁波的传输。该研究选择在波导中增加介质厚度，最终得到了介质厚度为 270mm、铜厚度为 940mm、电子加速的真空环境半径为 200mm 的介质圆柱形波导。

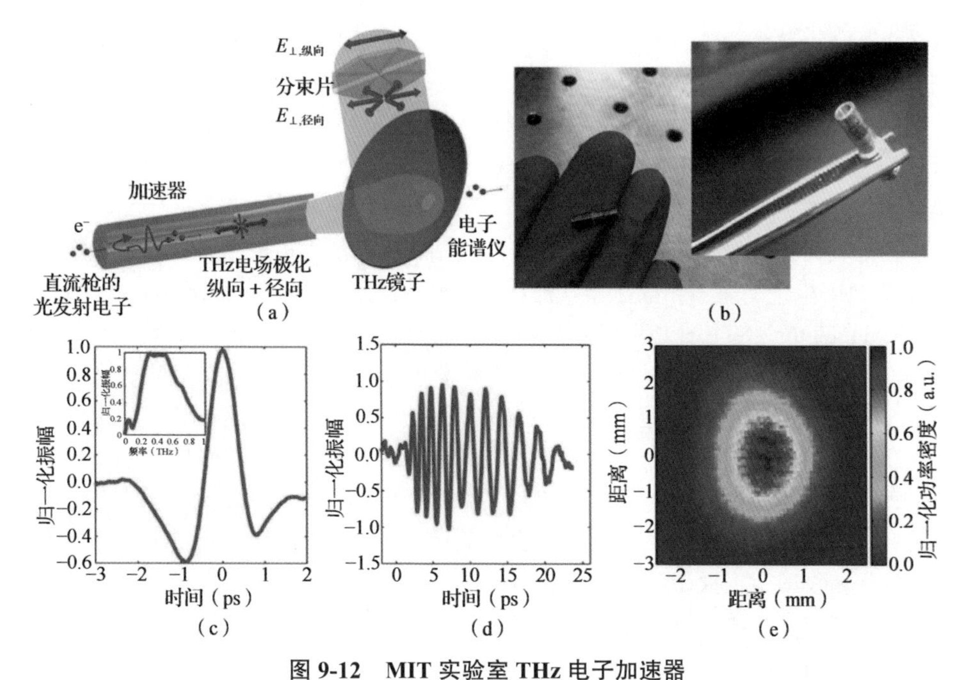

图 9-12　MIT 实验室 THz 电子加速器

（a）加速器示意　（b）加速器实物　（c）利用电光取样技术得到的 THz 时域波形，插图为 THz 频谱
（d）加速器出口处的 THz 时域波形　（e）聚焦 THz 波的归一化强度分布

THz 电子加速技术的一个关键因素就是电子束和 THz 波的相互作用过程，为了更好地将径向极化 THz 波耦合进单模介质波导内，该研究在介质圆柱形波导管的基础上增加了一个喇叭结构，在 THz 波馈入过程中能清楚看到馈入口呈喇叭口天线形状，使 THz 波在结构中发生渐变，让尽可能多的 THz 波能量和频谱分量馈入加速结构中。THz 波在向左传输的过程中，在波导管的终端会看到一个短路面，THz 波会被反射回来，再继续向右传输。而这个波导管终端的短路面上有一个小孔，在此处注入由传统的直流高压电子枪产生的 60keV 电子束，通过调整 THz 波的注入时间使电子束与 THz 波同步。电子束能量变化情况是通过微通道板探测器以及电子能谱仪测定的。

该实验最终观察到电子峰值能量增益为 7keV。该实验也测量了电子束平均输出能量随电子初始能量的变化规律，发现较高的初始能量有利于得到较高的能量增益，因为该加速结构适用于电子速度迅速变化的非相对论领域，如果电子初始能量较小，当粒子速度减小时，电子束与 THz 波的相位失配程度增大，相互作用距离和粒子加速度减小，电子能量增益降低。

综上所述，该实验基于一个简单实用的介质圆柱形波导检验了 THz 电子加速技术，在 THz 波与电子相互作用距离为 3mm 时，实现了 7keV 的能量增益，推算得到的有效加速梯度并不高，只有 2.5MV/m。虽然能量增益不高，但这是第一次用 THz

电场来加速电子的实验。而且，经过模拟和实验数据对比，证明了该实验的可扩展性，即如果实验使用更高能量的 THz 波，电子就可以获得更高的能量增益。未来随着泵浦激光能量的提升、THz 电子加速技术的改进，电子加速结构可在 10mJ THz 波和相对论能量电子注入下达到超过 GV/m 量级的加速梯度和超过 10MeV 的电子能量增益。

另外要介绍的一个结构是张东方等人在 2018 年基于矩形介质板波导提出的一种分段 THz 电子加速器和操控器，被称作 Segmented Terahertz Electron Accelerator and Manipulator（STEAM），可以演示 THz 波对电子束能量、能量扩散和发射度的控制作用。图 9-13 是实验示意，包括一个直流电子枪（能够提供 55keV 的电子束）、一个 THz 波驱动的电子加速或操控装置，以及一些探测装置，这些装置均由同一台红外激光器驱动。用于光电子发射的紫外脉冲由二次谐波产生，而单周期 THz 波则是由铌酸锂晶体产生。两个 THz 波通过两个喇叭结构横向耦合到中心波导中，THz 电场会加速和减速电子，而 THz 磁场会引起电子横向偏转。中心介质板波导分为多层，每层通过薄金属板相互隔离，金属板把介质层分割开，在每层中插入不同长度的电介质板，来实现不同的 THz 波延迟时间，使 THz 波与被加速电子束的到达时间一致，从而使电子和 THz 波的相位匹配。

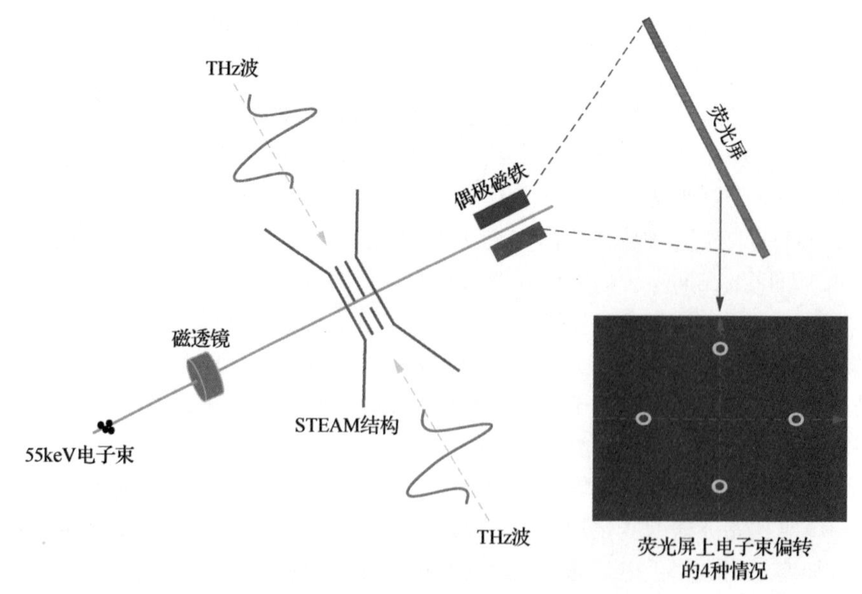

图 9-13　基于 STEAM 结构的实验示意

左右两端的 THz 波的延迟时间是可以调整的，因此该装置可以实现两种关键的操作模式，一种是用于加速、压缩和聚焦的“电”模式，另一种是用于偏转和调控的“磁”模式，通过两种操作模式的切换可实现对电子的多种控制。左右两端的 THz 波延迟时间的自由调整可以实现加速路径上馈入的左右两个 THz 电场的相互叠加、磁场相互抵消。此时实现的是一个纯电子加速电场。假设 THz 波是类正弦函数，如果把电子束放在加速相位上，电子束能量就会增加。能量偏高的电子束会受到向左的偏转力往左偏，能量偏低的则会往右偏。如果把电子束放在减速相位上，此时能量偏低的电子束则会受到向左的偏转力向左偏，所以就看到了图 9-13 中横轴上的两个点，一个对应加速，一个对应减速。如果调整 THz 波延迟时间，那么电子束传输路径上的 THz 电场相互抵消、磁场相互叠加。那么在这条传输路径上会看到使电子束沿垂直方向偏转的磁场。如果是向上偏转的相位，荧光屏上显示的是纵轴上方的点。如果是向下偏转的相位，就对应纵轴下方的点。因此 STEAM 结构的功能很强，可实现偏转、加速。

如果 STEAM 处于加速模式，即在 THz 电场相互叠加、磁场相互相消的情况下，此时图 9-13 中荧光屏的纵轴代表的是电子束能量增益，横轴代表的是不同的 THz 波延迟时间。荧光屏上方出现的黄色亮点代表此时电子束处于加速相位，下方的黄色亮点则代表电子束处于减速相位。由于电子束比较长，横跨了一个 THz 波的整周期，甚至更多周期，因此会看到电子束有处于加速相位的部分，也有处于减速相位的部分。无论是减速相位还是加速相位，在横向位置上电子束基本上是没有偏转的，所以此时 THz 磁场几乎完全抵消，该结构处于加速模式。如果 STEAM 处于偏转模式，即 THz 电场相互抵消、磁场相互叠加，此时电子束偏转也对应不同的相位，有向上偏的，有向下偏的，因为电子束偏长。相对 THz 波长来说，电子束覆盖了一个周期甚至一个周期以上的 THz 波，所以描绘出了一个类正弦函数的曲线。

最后总结该实验结果，基于 STEAM，以中心频率为 0.3THz 的 6μJ 单周期 THz 波为动力，THz 波以左右双馈模式进入加速结构中，能够观察到大于 30keV 的电子能量增益，低于 10fs 时间分辨率的条纹，大于 2kT/m 的聚焦强度，100fs 左右的电子束长。对于电荷量为 5fC、能量为 55keV 的电子束来说，观察到了加速向上偏转、减速向下偏转的实验现象。无论是向上偏转，还是向下偏转，仅通过调整左右两个馈入 THz 波的延迟时间，就能快速调整 STEAM 结构的模式。根据能量增益推算出该结构中产生的最大加速电场达到 70MV/m。通过提高 THz 波能量至毫焦量级，结构中的电场强度可以增大一个量级以上，远远超过传统射频电子枪的加速电场强度。这种基于 THz 波的加速结构具有优异的性能，能够在台面上产生高质量、可控制的飞秒或阿秒级持续时间电子束，证明了 THz 波加速、操控、诊断电子的可行性，使人们思考如何在一个 THz 波系统中实现多种功能，对促进台式全光 THz 波驱动的小型高梯度加速器的实现具有重要意义。

9.3.2　THz 级联电子加速器

前面讲述了几种对相对论电子束和非相对论电子束实现加速的 THz 电子加速

器，它们都面临一个共同的问题，由于 THz 波很短，电子束相对 THz 波周期来说太长，实现不了对电子束的全加速效果，只有当电子束也很短时，电子束与 THz 波在一个很短的作用距离中才能完成加速任务。要想得到高的能量增益，就需要用多段的 THz 加速结构与电子束相互作用，也就是说系统要从单级加速装置升级到级联加速装置。

张东方等人继续开展了级联加速的研究工作，提出了新的设计方案，如图 9-14 所示，基于介质管加载的圆波导加速结构，用多周期 THz 波驱动电子加速。在介质管中，THz 波的相速度和群速度远低于光速。被加速的电子束能量在几十 keV 量级，恰好能与 THz 波实现相位匹配。

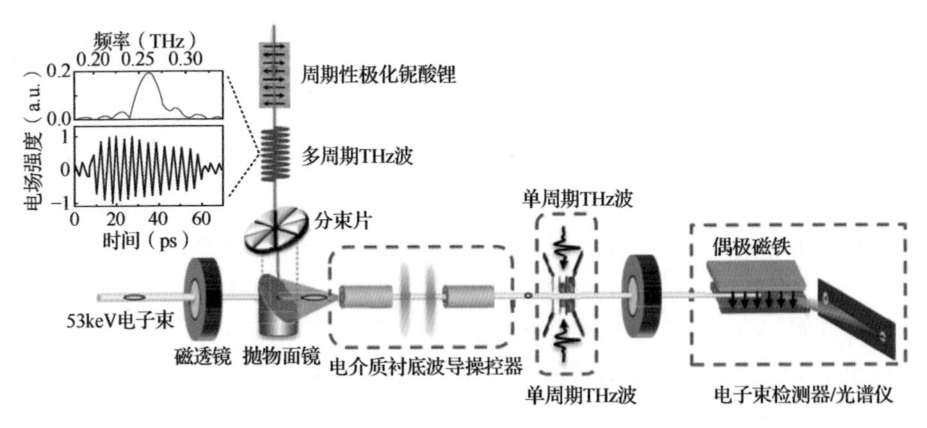

图 9-14　张东方等人二次优化后的 STEAM 实验装置

最开始在加速结构中电子束和 THz 波的相位匹配，但是随着电子束不断被加速，能量不断增加，速度变快，会出现走离问题。针对该问题他们设计了一个加速结构，在刚发生图 9-15 所示的走离现象时，就把电子束导出加速结构，此时 THz 波与电子束就不会产生相互作用。THz 波在真空中的相速度和群速度均会接近于光速，THz 波往前传播，此时电子束能量尚未达到相对论量级，所以它的运动速度是小于光速的。因此，在真空中 THz 波位置会超过电子束位置，如图 9-15 所示。

基于以上想法，张东方等人在第一个加速结构下游的某个位置放置了另一个加速结构，让刚发生走离现象的电子束逐渐追上 THz 波。如果能够收集这部分 THz 波，把前面真空中传输的这部分 THz 波再馈入第二个加速结构中，就可以进行第二次电子加速，实现 THz 波能量的回收再利用。这个想法在该实验中已经被很好地实现。实验中比较了一个加速结构和两个加速结构的情况，可以看到比较清晰的电子加速过程。同样地，两个介质管可以工作在聚束状态，实现对电子束的纵向压缩。最终，该系统用一级加速结构在 15mm 的作用距离内实现了 1keV 的电子束能量增益，这个能量增益不是特别高，因为该装置所用的 THz 波能量太低，只有 20nJ，但是两级加速结构实现了 1.6 倍的能量增益。也就是说，该系统对电子束实现了两级压缩和两级加速的效果，对相对论电子束实现了级联加速。

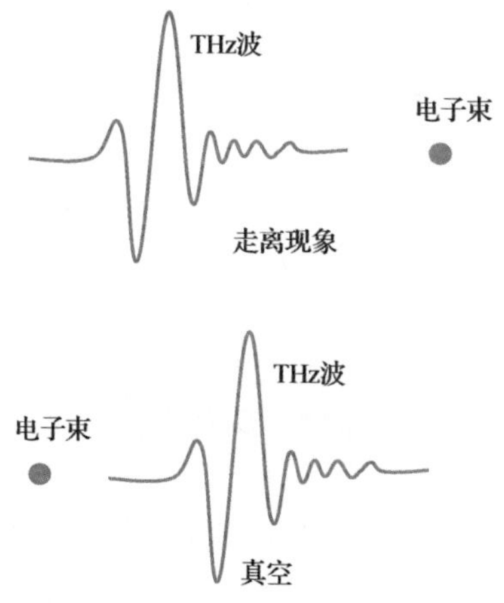

图 9-15　THz 波与电子束之间的运动情况示意

综上，张东方等人在 THz 电子加速器和操控器前增加了两个连续的氧化铝基电介质毛细管，实现了 THz 波能量的回收，演示了使用窄带、多周期 THz 波驱动的介质波导对电子进行加速和操控，提供了厘米级的电子束与THz波的相互作用长度，并通过级联加速进一步增加了相互作用长度，让 THz 波和电子束之间的转移能量大大提高。这个研究结果也提示我们，经过级联优化后的 THz 电子加速器的加速性能会大大提升，为后续获取高品质电子束提供了新方案。

强场 THz 级联电子加速技术基于强场 THz 电子加速技术，通过级联多个加速结构，改善单个模块的缺点，充分发挥每个模块的优势，实现对粒子束的多功能操控，最终得到高亮度、高质量的粒子束。上述级联的全光 THz 电子加速器充分展示了 THz 波驱动电子加速技术的潜力，为构建真正的 THz 波驱动的电子加速器提供了可行的技术途径，为新加速技术的研究贡献了新思路和新方案。

9.4　强场 THz 电子脉冲压缩与操控技术

前面我们讨论了相对论电子束、非相对论电子束的单级加速和级联加速的相关研究成果，验证了电子加速技术的几个关键点。随着科学技术的发展，利用飞秒激光产生 THz 波的技术不断完善，THz 单脉冲能量不断增强，THz 电场强度也不断增强，强场 THz 技术在量子通信、生物材料、电子加速等多个领域都能够发挥作用，并且强场 THz 波具有在多个维度加速、压缩和操控电子束的能力。上述实验证明了

THz 波在波导结构中加速和操控电子相空间方面的可行性。其实，THz 波与电子束之间的相互作用模式还可以是压缩、聚焦和条纹。下面介绍利用 THz 电场对电子束进行纵向相空间的压缩与操控的研究进展。

9.4.1 强场 THz 电子脉冲压缩技术

THz 波是一个以类正弦函数或者类余弦函数形式振荡的电场。电子的加速运动和减速运动取决于电子束关于 THz 波的相位位置，电子在加速相位上加速，在减速相位上减速。如果束流中心位于过零相位上，那么束流中心是无法加速的。假设馈入加速结构中的电子束的能量分布是均匀、一致的，THz 波能量在加速结构中的分布也是均匀、一致的，均只有纵向空间、时间上的变化。此时将束流前面的电子束称为束流头部，束流后面的电子束称为束流尾部。如果束流中心位于过零相位（由正变负的零点），会看到束流头部获得了减速，束流尾部获得了加速。原来的电子束能量是相同的，但是现在的电子束有加速也有减速。所以，当电子束通过这个加速结构后，束流头部能量低，尾部能量高。如果此时电子束能量尚未达到相对论级别，电子束能量的差异代表速度差异，则束流头部速度慢，束流尾部速度快。如果粒子继续运动了一小段距离或者经过一些色散结构，会发现束流头部相对束流中心向后移动，束流尾部相对束流中心向前移动。如果经过恰当的相位选择，或者设置了恰当的色散结构，非常有可能把电子束从纵向直线投影为一个点或者一个椭圆形，如图 9-16 所示，投影面横轴代表纵向长度或者纵向时间。投影变为椭圆形证明电子束在长度上或者说时间结构上变短了，即束流在纵向上被压缩了。如果把电子束放在过零相位上，电子束就会被拉伸。因此我们可以基于上述原理，利用 THz 波实现对电子束在纵向相空间上的压缩和拉伸操控。

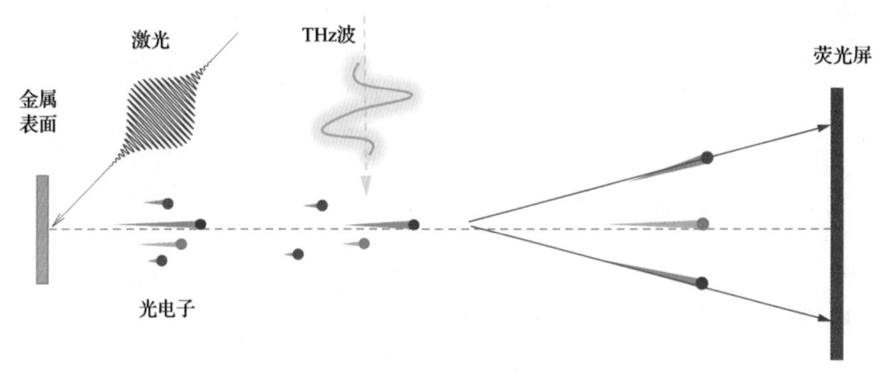

图 9-16　THz 波对电子束的偏转作用示意

利用强场 THz 波替代射频电场对电子束进行加速、诊断以及制备小型化 X 射线源等实验不断出现，并取得非常好的结果。其中，具有代表性的研究是德国的

Käertner 教授团队实现的，他们通过设计加速结构实现场增强效果，制备了一款全光 THz 超快电子枪以及在加速结构中实现了对电子束的诊断和操控。

2016 年 4 月，Kealhofer 等人在 *Science* 上发表文章，报道全光操控和电子脉冲测量的实验结果。Ropers 在评论中提到："电子显微镜和电子衍射是从原子尺度研究物质结构的必不可少且成功的技术。如果这个技术变得'超快'，即电子脉冲具有飞秒量级的时间分辨能力，就可以利用其研究材料中原子运动的时间分辨动力学过程。"这个研究的关键在于控制超短电子脉冲的产生。Kealhofer 等人利用 THz 波与电子束相互作用过程成功实现了对电子束的操控。制备超短电子脉冲并不容易，虽然第一步看起来非常直接，即用激光脉冲照射金属表面，基于光电效应在真空中发射电子。不幸的是，从金属表面发射出来的电子有不同的速度、不同的相位，电子在出射过程中将会发散。进一步地，如果一个脉冲作用下有许多电子产生，这些电子之间存在相互排斥的库仑力。在以上效应的共同作用下，电子脉冲就被展宽了。可是，超快电子衍射和电子显微镜的分辨率由样品处的电子脉冲宽度决定，宽度越窄越好。为了压缩电子脉冲，科学家提出大量方法，包括利用小型化电子枪、纳米电子源、有源操控电子束等。下面以微波技术为例进行介绍。已经展宽的电子脉冲注入微波腔里，在合适的动量位置处，脉冲前方的电子被微波电场适当减速，剩余部分被加速。如果电场强度和时间零点完美匹配，所有的电子可能在一个点相遇，电子脉冲就会被成功压缩。该技术需要实现高能量微波与电子束之间的同步，需要激光光源，缺点在于存在不可避免的时间抖动。

Kealhofer 等人采用了一种不同的方法，仅仅使用激光自身的场和非线性光学，就能制备、压缩和测量电子脉冲。这种方法没有同步上的困难。他们利用领结型的微米结构来增强 THz 电场，通过倾斜结构，使得脉冲中的电子被减速和加速，从而实现压缩电子的目的，让 THz 电场在电子传输方向上与电子束相互作用。表征电子脉冲所用的器件基本上是示波器或电视管中使用的阴极射线管的小型化、极快版本，微米结构中的 THz 电场性能能够代表电子束的部分性能，并且 THz 波的宽度、条纹能够证明电子脉冲持续时间。在该研究中，测量的电子脉冲宽度为 75fs，时间抖动仅为几飞秒，可忽略不计。该研究工作融合了强场 THz 波的多个概念，包括近场、电子加速和条纹相机等，推动了 THz 波驱动的电子脉冲源的时间分辨成像和衍射等应用。

9.4.2　强场 THz 电子脉冲多维操控

THz 电子加速结构还有另外一个用途，就是对束流进行纵向长度的测量。THz 电子加速结构激励起的加速电场是纵向电场，即 E_z 场。如果 THz 波在这个加速结构中激励起的是垂直于电子束前进方向的场，即垂直于 z 方向的场，如图 9-17 所示，电子束分为红、绿、蓝 3 个部分，红色部分走在前面，绿色部分走在中间，蓝色部分走在后面，调整这个电子束馈入加速结构的时间，那么此时激励起的加速电场是垂直于 z 方向的电场。如果这个电场相对红色部分电子束是一个方向向下的偏转电场，那绿色部分感受到的就是一个零电场，所以这部分束流不变。蓝色部分电子束受到的则是一个向上的偏转电场，经过后续的漂移后，会观察到束流由竖纵向结构转变为横向上结构。在此处放置一块荧光屏，能够将电子束在垂直方向的偏转情况记录下来，此处信息包含束流的纵向分布信息，经过反演就能推导出来束流在纵向上的分布情况，这种方法被称为 streaking。利用 THz 电子加速结构可以实现对束流的纵向操控和对束流纵向分布的测量。THz 波周期比较短，在皮秒量级，恰好是现在加速器中电子束的典型特征尺寸，并且如果 THz 波的振幅比较大，它的电场强度就会很高，电子束压缩、测量的分辨率也会提高，具有很大发展优势。

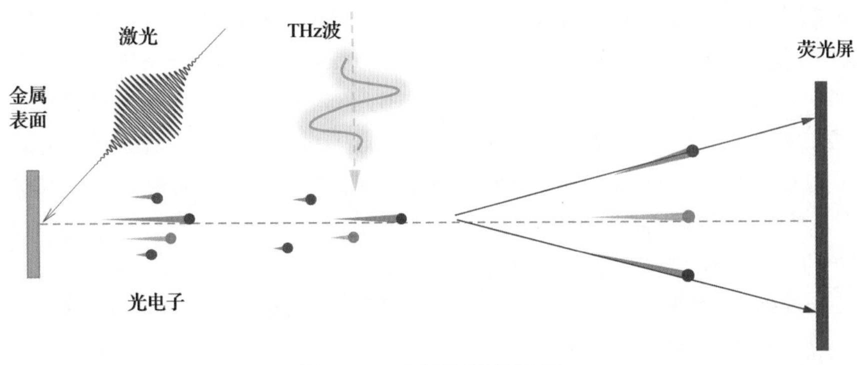

图 9-17　电子束偏转示意

基于时变电场对电子束进行控制的研究工作产生了第一台示波器和电子计算机。如今，超快条纹相机、FEL、飞秒成像和衍射技术都依赖于时变电场对电子束的控制作用。GHz 频段的微波技术一直是用来实现超快电子脉冲控制的，并且已经用在了粒子加速、超快脉冲压缩、高分辨条纹相机等应用中。遗憾的是，微波技术存在相位漂移、同步困难等问题。工作在 THz 频段的激光驱动的介质加速器相关技术正在蓬勃发展，被视为下一代粒子加速器，近红外脉冲具有波长短和振荡周期小的特点，决定了其对入射光束和脉冲宽度有很高的要求。介于两者之间的 THz 波成为候选。Kealhofer 等人将微波电子脉冲压缩和条纹相机概念扩展到了 THz 频段，利用几个周期的 THz 波将电子脉冲宽度压缩至原来的 1/12 且获得小于 4fs 的时间分辨率，并且利用了场诱导的偏转测量了电子脉冲宽度。2016 年，Kealhofer 团队采用了蝴蝶缝金属狭缝结构来激励 THz 电场，电子偏转示意如图 9-18 所示。该结构主要采用两个金属狭缝，THz 电场以 45°角入射金属狭缝，产生的是一个 z 方向的电场，能够实现对电子束的纵向压缩。第二个金属狭缝垂直于束流传输方向，馈入的 THz 波激励起的电场是一个垂直于 z 方向的电场。该结构对电子束的操控主要是使电子束向上或者向下偏转，对束流长度进行测量。最终，用两个蝴蝶缝的加速结构，用中心频率为 0.3THz 的 20nJ 的一个很弱的 THz 电场对电子束（直流高压电子枪产生的能量为 70keV 的电子束）进行束流压缩，时间分辨率小于 10fs。在关于纵向分布的测量过程中，会看到当电子束到达图 9-17 中的绿色光束位置时，中心束流是不受向上或者向下偏转力作用的。如果束流整体早到一些或晚到一些，那么束流在垂直方向的投影就会整体向上一些或者向下一些，这个上下变化其实就反映了束流相对 THz 波到达时间的变化情况，或者说抖动情况。因此该系统还可以用于测量电子束到达时间的抖动情况。

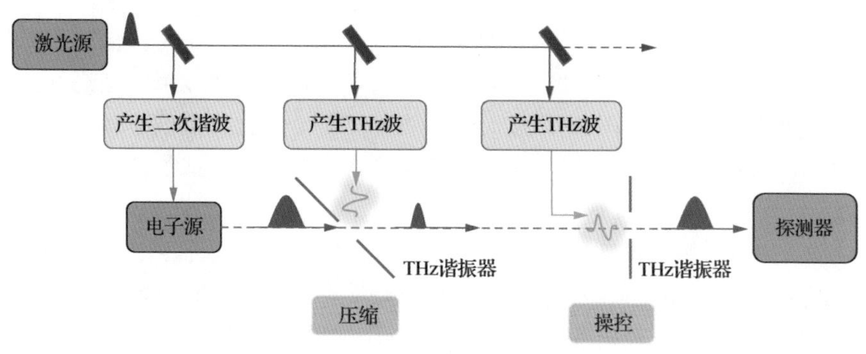

图 9-18　金属狭缝结构电子偏转示意

9.5　基于 THz 电子加速器的小型化 X 射线源

随着科学技术的发展，科学家对小型光源的需求日益增长，推动了小型高效加速器领域的发展。研究 THz 电子加速技术的一个目标是开发一种小型光源，这种光源成本低，可供多个研究组使用，能够在物理、化学、材料科学、生物学和医学等多个领域发挥重要作用。本节所述光源在 X 射线频段（对应波长范围为 0.01～50nm），介绍了基于 THz 电子加速器的小型化 X 射线源方案，实现了全光 THz 电子加速技术。

9.5.1　小型化 X 射线源发展历程

为了更好地了解、学习相关知识，本节先对 X 射线源发展历史进行回顾。

1895 年，Röntgen 首次发现 X 射线，为利用 X 射线研究物质结构奠定了基础。20 世纪前 50 年，X 射线逐渐发挥一些作用，如 1912 年 Laue 等人观察到 X 射线衍射图像；1913 年 Coolidge 首次开发了一个高真空 X 射线管；1953 年 Crick 和 Watson 利用 X 射线分析了 DNA 结构。随着 X 射线的广泛应用，科学家开始追求高亮度、高质量的 X 射线源。

第一代光源从同步加速器开始，1897 年，Larmor 提出了同步辐射的理论基础，他基于经典电动力学推导了加速带电粒子辐射的瞬时总功率表达式。第二年，Li'enard 将这一结果推广到了相对论粒子沿圆形轨道运动的情况。直到 1945 年，Schwinger 完善了相对论电子辐射的经典理论。他的理论预测了强前向峰值分布，这使同步辐射具有高度准直的特性，并且随着电子能量的增加，辐射光谱向更高的光子能量方向移动。同步加速器的一个很好的例子是德国的电子同步加速器。从 20 世纪 60 年代末开始，基于存储环的粒子加速器开始出现。对于粒子物理领域，存储环增强了对加速粒子相互碰撞位置或加速粒子与目标碰撞的位置的控制作用。对于使用同步辐射的科学家来说，存储环可以使这种辐射连续进行，从而保证室温下样品的长时间曝光。然而，这些并不是专门为产生同步辐射而设计或使用的。在这种情况下，使用同步辐射被称为寄生操作，这些加速器被视为第一代光源。

此后，出现了第二代光源。在这些光源中，当电子束路径被偶极磁体的磁场弯曲时会产生光。维持电子束路径所需的磁晶格要尽可能多地产生高质量的同步辐射。随着同步辐射质量的提高，各个研究领域的同步加速器用户快速增长。人们希望通过基于同步辐射设计的新实验获得更亮、更强、更好的光束，例如，基于 X 射线的显微镜技术、X 射线光谱学和结晶学的研究工作。用户的这种需求导致了第三代光源的开发。

第三代光源是先进同步加速器光源，它利用双环模型和加速器物理学的最新成果来产生发射度非常低的电子束。这使得在电子轨迹上使用波荡器和摆动器等插入装置成为可能。欧洲同步辐射光源是第一个运行的第三代硬 X 射线源，科学家在 1994 年使用 6GeV 存储环和部分补充的委托束线进行实验。在它之后，1996 年底，阿贡国家实验室实现了存储环能量为 7GeV 的先进光源，1997 年底，日本实现了存储环能量为 8GeV 的先进光源 SPring-8。这些装置的物理尺寸都很大（周长为 850～1440m），能够安装 30 个或更多的插入装置。

第三代光源在全世界应用后，科学家又致力于开发性能更强的新一代光源。第四代光源中的佼佼者是高能电子直线加速器中基于超长波荡器的硬 X 射线 FEL。FEL 的峰值亮度比第三代光源高出许多量级，脉冲长度为 100fs 或更短，具有完全相干特性。在 FEL 中，由线性加速器提供的相对论电子束穿过静态波荡器并历经摆动运动。波荡器主要分为两个区域：一是在短波荡器中，每个电子作为独立的运动电荷辐射，从而产生电子束的非相干辐射，辐射功率和强度与电子数成正比；二是对于较长的相互作用长度，辐射电磁波与束流相互作用，并产生微聚束现象。微聚束导致束流内部电荷密度的周期性调制，周期大小等于辐射波长。近期，3400m 长的欧洲 X 射线 FEL 产生了波长为 1.4nm、能量为 900eV 的 X 射线。随着进一步发展，FEL 将作为具有超短时间分辨率或超精细光谱分辨率的可调谐、强相干光子的主要来源，这种相干 X 射线使得生物学家、化学家等能够以纳米或亚纳米分辨率研究各种演化和相互作用过程。

科学家除了对 X 射线 FEL 进行研究，也致力于构建小型 X 射线源，包括紧凑型加速器和紧凑型波荡器。目前可通过几种途径制造紧凑型加速器，如 THz 加速方案。对于紧凑型波荡器，如低温波荡器或光学波荡器，是利用电磁波的振荡让电子摆动。基于光学波荡器的源通常称为逆康普顿散射源或汤姆孙散射源。第一批逆康普顿散射源是在 1963 年发现激光器后不久提出的，并在提议后的一年立刻进行了实验验证。

此后，研究工作聚焦逆康普顿散射源的理论部分。小型化和能产生高达伽马射线能量的高能光子是逆康普顿散射源的两个显著特点。利用 MeV 量级的电子能量实现非常小的辐射波长是逆康普顿散射源的关键特征。它们目前与常规粒子加速器结合以提供高能光束。这些源包括劳伦斯伯克利国家实验室的汤姆孙散射源、杜克大学的高强度伽马射线源以及劳伦斯利弗莫尔国家实验室的超射线设施等。虽然这些紧凑型光源的光束亮度和相干性无法与 FEL 装置提供的光束相比，但它们是核共振荧光、射线照相和光裂变研究的强大工具，用于检测核材料，并且使用逆康普顿散射源可以研究蛋白质结晶学和相衬成像。这些应用促使将新颖、紧凑的加速方案与逆康普顿散射源概念相结合，以实现桌面 X 射线源和伽马射线源。THz 波驱动的逆康普顿散射源使用激光驱动产生 THz 波，通过逆康普顿散射相互作用产生高能光束。图 9-19 所示是使用 THz 电子枪和加速器的 X 射线源的简单示意，可进一步开发为相干发射源。

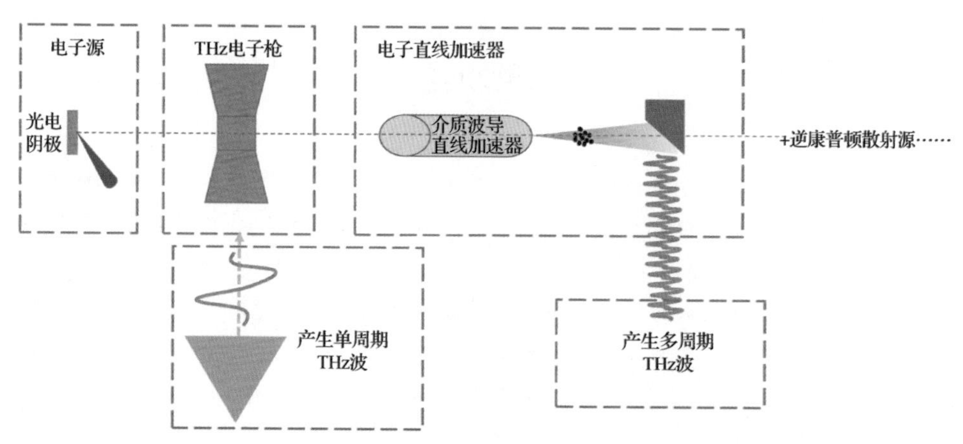

图 9-19　使用 THz 电子枪和加速器的 X 射线源的简单示意

9.5.2 全光 THz 电子加速概念

之前基于 THz 电子枪的低能、高能级联加速诊断和操控等关键技术先后得到了验证，人们看到 THz 电子枪巨大的潜力。近年来，基于激光技术如光学整流技术产生的 THz 波的功率水平不断提高。到现在为止，已经能够建设实际可用的 THz 装置。因此，世界各国分别提出了基于全光 THz 电子加速器装置的建设计划。在介绍这方面内容之前，我们可以回顾一下之前所述的内容。目前加速器领域已经完成了第一阶段，各种新想法、新概念都得到了实验的验证，各个关键点的技术也得到了证明。下一阶段或者现在正在面临的就是如何进一步推动加速器技术继续进步，让基于 THz 波的全光电子加速器落地，实现紧凑型全光 THz 电子加速器。

2018 年，德国电子同步加速器中心提出了阿秒 X 射线光谱成像的想法。利用一台红外激光器，其中一路激光经过四倍频产生紫外脉冲打在金属光电阴极上产生电子束，另外两路激光基于光学整流的方法用铌酸锂晶体产生单脉冲 THz 波，以双馈方式进入加速结构中激励电子枪。把电子束加速到能量为几十 keV、几百 keV 甚至到 1MeV。后续再利用 PPLN 方法产生多周期 THz 波，将其馈入介质管加载的金属圆波导中对电子束进行加速。该方案中所用的 THz 波能量比较高，预期能够把电子束加速到 20MeV。但是，关键技术还需要进一步突破。产生的 20MeV 的电子束与激光器分束出来的另外一路激光进行对撞，即把激光用作光学上的波荡器，或者称为基于逆康普顿散射的电子与激光之间的相互作用。利用该方法最终能够用 20MeV 的电子束产生 5keV 的 X 射线，整个装置能够放在一个台面上或者光学平台上，非常适合用作实验室所需的台式 X 射线源，并且这个 X 射线源的品质也很好。整个系统全部基于同一台红外激光器，系统的稳定性、紧凑性都非常好，有望产生非常好的高品质 X 射线。

本章小结

粒子加速器一直是各类基础科学研究的关键引擎，同时也是工业应用和检测生命健康的重要工具。目前粒子加速器领域蓬勃发展，各实验室纷纷建造具有不同应用前景或者不同应用指标的加速器。在世界范围内，实现电子能量更高、亮度更高的加速器一直是人们追求的目标。传统加速器尺寸过大、造价昂贵、用户有限，新的加速器要求结构更加紧凑。科学家希望建造的加速器不仅是一个国家的大科学装置，还能是一个实验室、一个大学负担得起的紧凑型且随时能用的加速装置。因此，各种新型加速原理和技术纷纷涌现，取得了很大的进展。基于 THz 波的电子加速技术由于兼具红外和激光频段的一些综合优点，是实现高性能桌面加速器的一个重要且非常有潜力的方案，并且前期各个关键技术均取得了重要进展。预计 THz 电子加速器装置以及对束流进行操控的装置一定会成为未来的紧凑型加速器以及先进光源组件或者本身就成为先进加速器，可以用于超快光学、先进光源、生命科学以及材料科学等领域，成为各领域发展的重要工具。

参考文献

[1] RUTHERFORD E. The scattering of α and β particles by matter and the structure of the atom[J]. Philosophical Magazine, 2012, 92(4):379-398.

[2] VAN D R J, COMPTON K T, VAN ATTA L C. The electrostatic production of high voltage for nuclear investigations[J]. Physical Review, 1933, 43(3):149-157.

[3] FALLAHI A. Terahertz acceleration technology towards compact light sources[C]//2021 34th International Vacuum Nanoelectronics Conference (IVNC). Lyon, France: IEEE, 2021:1-2.

[4] NIEGEMANN J, KÖNIG M, STANNIGEL K, et al. Higher-order time-domain methods for the analysis of nano-photonic systems[J]. Photonics and Nanostructures-Fundamentals and Applications, 2009, 7(1):2-11.

[5] ARNOLD A, TEICHERT J. Overview on superconducting photoinjectors[J]. Physical Review Special Topics-Accelerators and Beams, 2011, 14(2):728-730.

[6] NANNI E A, HUANG W R, HONG K H, et al. Terahertz-driven linear electron acceleration[J]. Nature Communications, 2015, 6(1):1-8.

[7] WIMMER L, HERINK G, SOLLI D R, et al. Terahertz control of nanotip photoemission[J]. Nature Physics, 2014, 10(6):432-436.

[8] HUANG W R, NANNI E A, RAVI K, et al. Toward a terahertz-driven electron gun[J]. Scientific Reports, 2015, 5(1):1-8.

[9] HUANG W R, FALLAHI A, WU X, et al. Terahertz-driven, all-optical electron gun[J]. Optica, 2016, 3(11):1209-1212.

[10] ZHANG D, FALLAHI A, HEMMER M, et al. Segmented terahertz electron accelerator and manipulator (STEAM)[J]. Nature Photonics, 2017, 12(6):336-342.

[11] ZHANG D, FAKHARI M, CANKAYA H, et al. Cascaded multicycle terahertz-driven ultrafast electron acceleration and manipulation[J]. Physical Review X, 2020, 10(1):011067.

[12] ROPERS C. Electrons catch a terahertz wave[J]. Science, 2016, 352(6284):410-411.

[13] FABIAŃSKA J, KASSIER G, FEURER T. Split ring resonator based THz-driven electron streak camera featuring femtosecond resolution[J]. Scientific Reports, 2014, 4(1):5645.

[14] KEALHOFER C, SCHNEIDER W, EHBERGER D, et al. All-optical control and metrology of electron pulses[J]. Science, 2016, 352(6284):429-433.

[15] MATLIS N, AHR F, CALENDRON A L, et al. Acceleration of electrons in THz driven structures for AXSIS[J]. Nuclear Instruments & Methods in Physics Research, 2018(909):27-32.